21 世纪应用型人才培养教材
高等职业教育测绘课程系列规划教材

建筑工程测量

主　编　鲁　纯　谭立萍　张慧慧
副主编　孙　静　张　军　胡良柏

西南交通大学出版社
·成　都·

图书在版编目（CIP）数据

建筑工程测量 / 鲁纯，谭立萍，张慧慧主编. —成都：西南交通大学出版社，2015.2（2023.1 重印）
21 世纪应用型人才培养教材　高等职业教育测绘课程系列规划教材
ISBN 978-7-5643-3732-2

Ⅰ. ①建⋯ Ⅱ. ①鲁⋯ ②谭⋯ ③张⋯ Ⅲ. ①建筑测量 – 高等职业教育 – 教材 Ⅳ. ①TU198

中国版本图书馆 CIP 数据核字（2015）第 028100 号

---

21 世纪应用型人才培养教材
高等职业教育测绘课程系列规划教材

建筑工程测量

主编　鲁纯　谭立萍　张慧慧

责 任 编 辑	曾荣兵
封 面 设 计	何东琳设计工作室
出 版 发 行	西南交通大学出版社 （四川省成都市金牛区交大路 146 号）
发 行 部 电 话	028-87600564　028-87600533
邮 政 编 码	610031
网　　　　址	http://www.xnjdcbs.com
印　　　　刷	四川森林印务有限责任公司
成 品 尺 寸	185 mm × 260 mm
印　　　　张	12.5
字　　　　数	309 千
版　　　　次	2015 年 2 月第 1 版
印　　　　次	2023 年 1 月第 2 次
书　　　　号	ISBN 978-7-5643-3732-2
定　　　　价	32.00 元

课件咨询电话：028-87600533
图书如有印装质量问题　本社负责退换
版权所有　盗版必究　举报电话：028-87600562

前 言

本书是编者在总结多年高职高专教学改革成功经验的基础上，结合我国建筑工程测量的基本情况，按照建筑工程测量专业高职高专人才培养的特点编写的。

"建筑工程测量"是高职高专建筑工程专业及其相关专业的一门专业基础课程，是专业核心能力模块的重要组成部分，所以本书在编写过程中紧紧围绕专业人才培养目标，坚持"必需、够用"的原则，合理设置内容。本书的结构设计充分体现了职业教育"就业导向，能力本位"的指导思想，体现了以职业素质为核心的全面素质教育培养，并贯穿于结构设计的全过程。

本书的编写坚持以"应用"为目的，以"必需、够用"为度，从而满足学生职业生涯发展的需求，适应测绘、交通、建筑等工程单位测量岗位的要求。为使本书具有较强的技能性、实用性和先进性，编写人员多次深入施工现场，与现场施工技术人员进行探讨，征求了部分测绘单位和施工单位专家的意见，力求突出高职高专教育的特点，注重理论与实践相结合，尤其强调学生实际动手能力的培养。

《建筑工程测量》作为测量课程基础入门教材，包含3部分内容，第1部分是测量的基本知识，第2部分是地形图测绘，讲述水准测量、角度测量、控制测量和地形图测绘，第3部分是建筑施工测量，讲述民用建筑、工业建筑以及建筑物变形观测和竣工测量，同时介绍了管道施工测量基本知识。

本书由辽宁省交通高等专科学校鲁纯、谭立萍、张慧慧担任主编，重庆能源职业学院孙静、甘肃工业职业技术学院张军、胡良柏担任副主编。编写具体分工如下：辽宁省交通高等专科学校鲁纯负责编写第1~3章，甘肃工业职业技术学院张军负责编写第4章，重庆能源职业学院孙静负责编写第5章，辽宁省交通高等专科学校张慧慧负责编写第6~7章，甘肃工业职业技术学院胡良柏负责编写第8章，辽宁省交通高等专科学校谭立萍负责编写第9~11章。

由于编者水平有限，书中难免存在缺点和疏漏，敬请读者批评指正。

编 者
2014 年 11 月

目 录

第1章 建筑工程测量概论 ·············1
1.1 建筑工程测量的基本内容和任务 ·············1
1.2 测量工作的基准面和基准线 ·············3
1.3 地面点位的表示方法 ·············4
1.4 测量工作概述 ·············7
思考与练习题 ·············8

第2章 水准测量 ·············9
2.1 水准测量原理 ·············9
2.2 水准仪的认识和使用 ·············10
2.3 水准测量的实施方法 ·············14
2.4 水准测量内业计算 ·············17
2.5 水准仪的检验与校正 ·············20
2.6 水准测量的误差及注意事项 ·············22
思考与练习题 ·············24

第3章 角度测量 ·············26
3.1 水平角和竖直角测量原理 ·············26
3.2 光学经纬仪 ·············27
3.3 经纬仪的使用 ·············30
3.4 水平角测量 ·············32
3.5 竖直角测量 ·············34
3.6 经纬仪的检验与校正 ·············35
3.7 角度测量的误差及注意事项 ·············38
思考与练习题 ·············39

第4章 距离测量与直线定向 ·············41
4.1 钢尺量距 ·············41
4.2 全站仪的使用 ·············43
4.3 直线定向 ·············48
4.4 用罗盘仪测定磁方位角 ·············51
思考与练习题 ·············53

第 5 章 控制测量 ... 54
- 5.1 控制测量概述 ... 54
- 5.2 导线测量 ... 55
- 5.3 交会定点 ... 64
- 5.4 高程控制测量 ... 65
- 5.5 GPS 控制测量 ... 70
- 思考与练习题 ... 78

第 6 章 大比例尺地形图及其测绘 ... 80
- 6.1 地形图的比例尺、分幅和编号 ... 80
- 6.2 地物地貌的表示方法 ... 82
- 6.3 地形图的分幅与编号 ... 87
- 6.4 经纬仪测图 ... 92
- 6.5 全站仪数字化测图 ... 95
- 6.6 地形图的检查与验收 ... 101
- 思考与练习题 ... 102

第 7 章 地形图的应用 ... 103
- 7.1 地形图的识读 ... 103
- 7.2 地形图应用的基本内容 ... 104
- 7.3 图形面积的量算 ... 106
- 7.4 工程建设中地形图的应用 ... 109
- 思考与练习题 ... 114

第 8 章 施工测量的基本工作 ... 116
- 8.1 测设的基本工作 ... 116
- 8.2 点的平面位置测设 ... 121
- 8.3 已知设计坡度线的测设 ... 123
- 8.4 曲线测设 ... 124
- 思考与练习题 ... 128

第 9 章 建筑施工测量 ... 130
- 9.1 建筑施工测量概述 ... 130
- 9.2 建筑施工测量前的准备工作 ... 134
- 9.3 施工控制测量 ... 137
- 9.4 民用建筑施工测量 ... 142
- 9.5 工业建筑施工测量 ... 154
- 思考与练习题 ... 164

第 10 章 管道工程测量 ... 165
- 10.1 中线测量 ... 165

  10.2 纵横断面图测绘 ·· 168
  10.3 管道施工测量 ·· 174
  10.4 管道竣工测量 ·· 176
  思考与练习题 ··· 177

第11章 建筑物的竣工测量与变形观测 ·· 178
  11.1 建筑物的竣工测量 ··· 178
  11.2 建筑物的变形观测 ··· 179
  思考与练习题 ··· 189

参考文献 ·· 191

第1章 建筑工程测量概论

学习目标

通过本章学习，明确测量学的定义和建筑工程测量的主要任务，了解地球形状和大小的概念，掌握地面点位的测量原理和方法，并对测量工作的基本内容和基本原则有初步的认识。

1.1 建筑工程测量的基本内容和任务

1.1.1 测量学的定义和分类

测量学是研究地球的形状、大小和地球表面（包括地面上各种物体）的几何形状及其空间位置的科学。

测量学的内容包括测绘和测设两个部分。测绘是指使用测量仪器和工具，通过测量和计算，得到一系列测量数据，或把地球表面的地形缩绘成地形图。测设是指把图纸上规划设计好的建筑物、构筑物的位置在地面上标定出来，作为施工的依据。

测绘科学是一门既古老而又在不断发展的学科。按照研究范围与对象以及采用技术的不同，可以分为大地测量学、地形测量学、工程测量学、摄影测量学与遥感、地图制图学和海洋测绘等分支学科。

大地测量学是研究地球表面广大地区的点位测定及整个地球的形状、大小和变化以及地球重力场测定的理论和方法的学科。

地形测量学是将地球表面局部地区的自然地貌、人工建筑和行政权属界限等测绘成地形图、地籍图等的基本理论和方法的学科。

工程测量学是研究工程建设在设计、施工和管理阶段中所需要进行的测量工作的基本理论和方法的学科。

摄影测量学与遥感是研究利用电磁波传感技术获取目标影像数据，从中提取信息，运用图形、图像和数字形式表达的学科。

地图制图学是研究地图及其编制的理论和方法的学科，其基本任务是利用各种测量成果编制各类地图。

海洋测绘主要是研究海洋定位、海底和海面地形、海洋重力、磁力、环境等信息，以及编制各种海洋图的理论和技术学科。

1.1.2 建筑工程测量的任务

建筑工程测量是测量学的一个组成部分,是一门研究建筑工程在勘测设计、施工和运营管理阶段所进行的各种测量工作的理论、技术和方法的学科。

1. 建筑工程测量的任务

(1)测绘大比例地形图。把工程建设区域内的各种地面物体的位置、形状以及地面的起伏状态,依照规定的符号和比例尺绘成地形图,为工程建设的规划设计提供必要的图样和资料。

(2)建筑物的施工测量。把图样上已设计好的建(构)筑物,按设计要求在现场标定出来,作为施工的依据;配合建筑施工进行各种测量工作,以保证施工质量;开展竣工测量,为工程验收、日后扩建和维修管理提供资料。

(3)建筑物的变形观测。对于一些重要的建(构)筑物,在施工和运营期间,为确保安全,定期对其进行变形观测。

2. 建筑工程测量的作用

建筑工程测量在工程建设中有着广泛的应用,起着重要的作用。例如,建筑用地的选择,道路、管线位置的确定等,都要利用测量所提供的资料和图纸进行规划设计;在施工阶段,需要通过测量工作来衔接、配合各项工序的施工,才能保证设计意图的正确执行;施工竣工后的竣工测量,可为工程的验收、日后的扩建和维修管理提供资料;在工程管理阶段,对建(构)筑物进行变形观测,以确保工程的安全使用。因此,建筑工程测量贯穿于建筑工程建设的始终,服务于施工过程中的每个环节,而且测量的精度和进度直接影响整个工程的质量与进度。

(1)施工准备阶段。

校核设计图纸以建设单位移交的测量点位、数据等测量依据。根据设计与施工要求编制施工测量方案,并按施工要求进行施工场地测设及工程测量。根据批准后的施工测量方案,测设场地平面控制网与高程控制网。场地控制网的坐标系统与高程系统应与设计一致。

(2)施工阶段。

根据工程进度对建筑物、构筑物进行定位放线、轴线控制、高程抄平与竖向投测等,其结果作为各施工阶段按图施工的依据。在施工的不同阶段,做好工序之间的交接检查工作与隐蔽工程验收工作,为处理施工过程中有关工程平面位置、高程和竖直方向等出现的问题提供实测标志与数据。

(3)工程竣工阶段。

检测工程各主要部位的实际平面位置、高程和竖直方向及相关尺寸,作为竣工验收的依据。工程全部竣工后,根据竣工验收资料,编绘竣工图,作为工程运行、管理的依据。

(4)变形观测。

对设计与施工指定的工程部位,按拟定的周期进行沉降、水平位移与倾斜等变形观测,作为验证工程设计与施工质量的依据。

1.2 测量工作的基准面和基准线

1.2.1 地球的形状和大小

测量工作是在地球的表面上进行的，而地球自然表面是很不规则的，有陆地、海洋、高山和平原。海洋面积约占地球表面的71%，虽有高山和深海，但是这些高低起伏差与地球的半径相比是很微小的，可以忽略不计。所以人们设想一个不受风浪和潮汐影响的静止海水面，向陆地和岛屿延伸而形成一个封闭的形体，用这个形体代表地球的形状和大小，这个形体被称为大地体。长期测量实践表明，大地体近似于一个旋转椭球体。为了便于用数学模型来描述地球的形状和大小，测绘工作便取大小与大地体非常接近的旋转椭球体作为地球的参考形状和大小，因此旋转椭球体又称为参考椭球体，它的外表面又称为参考椭球面，如图1-1所示。

我国目前采用的参考椭球体的参数为

长半轴　$a = 6\ 378\ 140$ m
短半轴　$b = 6\ 356\ 755$ m
扁率　　$\alpha = (a-b)/a = 1/298.257$

由于参考椭球的扁率很小，所以在测量精度要求不高的情况下，可以把地球看做是圆球，其半径为6 371 km。

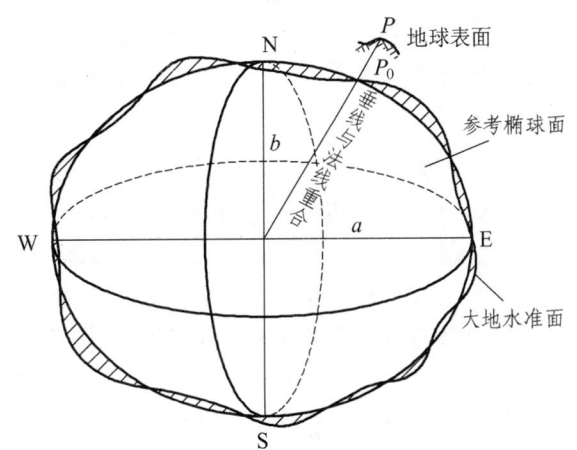

图1-1　大地水准面和参考椭球

1.2.2 铅垂线、水平线、水平面和水准面

铅垂线是重力方向线，可用悬挂垂球的细线方向来表示。与铅垂线正交的直线称为水平线，与铅垂线正交的平面称为水平面。

处处与重力方向垂直的连续曲线称为水准面。任何自由静止的水面都是水准面。水准面因其高度不同而有无数个，其中与不受风浪和潮汐影响的静止海水面相吻合的水准面称为大地水准面。由于地球内部质量分布不均匀，有一地面上各点的铅垂线方向随之产生不规则变化，致使大地水准面成为有微小起伏的不规则的曲面。

确定地面点的位置需要有一个坐标系，测量工作的坐标系通常建立在参考椭球面上，因此参考椭球面就是测量工作的基准面。测量仪器需要用水准器或利用垂球安置，仪器的观测数据是建立在水准面上的，这易于将测量数据沿铅垂线方向投影到大地水准面上，因此实际测量中将大地水准面作为测量工作的基准面。即使在精密测量时不能忽略参考椭球面与大地水准面之间的差异，也是经由以大地水准面为依据获得的数据通过计算改正转换到参考椭球面上的。

由于铅垂线与水准面垂直，知道了铅垂线方向也就知道了水准面方向，而铅垂线又是很容易求得的，所以铅垂线是测量工作的基准线。

1.3 地面点位的表示方法

1.3.1 地面点位的确定方法

设想将地面上高度不同的点分别沿铅垂线方向投影到大地水准面，得到相应的投影点，这些投影点分别表示地面点在球面上的相应位置。如果在测区中央作水平面与水准面相切，则地面点在水平上也有相应的投影点。

由此可见，地面点的空间位置可以用点在水准面或水平面上的位置及点到大地水准面的铅垂距离来表示。

1.3.2 地面点的高程

地面点到大地水准面的铅垂距离，称为该点的绝对高程或海拔，简称高程，用 H 表示。它与地面点的坐标共同确定地面点的空间位置。如图 1-2 中地面点 A、B 的高程分别为 H_A、H_B。

我国曾采用青岛验潮站 1950—1956 年的观测资料确定的黄海平均海水面作为高程起算面，称为"1956 年黄海高程系"，并在青岛观象山的一个山洞里建立了国家水准原点，其高程为 72.289 m。由于验潮资料不足等原因，我国自 1987 年启用"1985 年国家高程基准"。它是采用青岛大港验潮站 1952—1979 年的潮汐观测资料计算的平均海水面，依此推算的国家水准原点高程为 72.260 m。

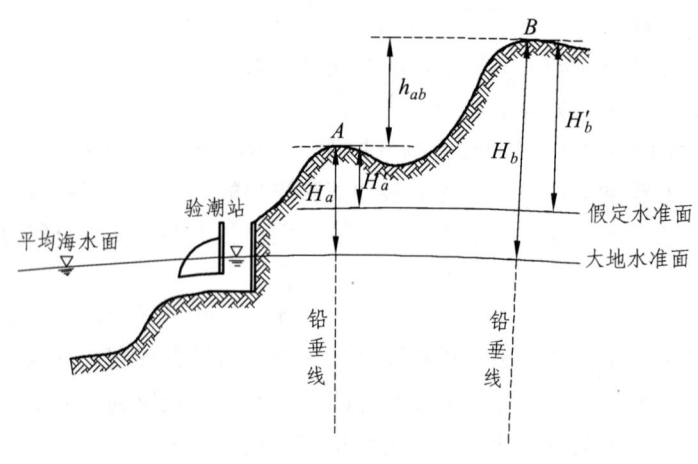

图 1-2 高程系统

局部地区采用国家高程基准有困难时，也可以假定一个水准面作为高程起算面。地面点到假定水准面的铅垂距离称为该点的假定高程或相对高程。如图 1-2 中，A、B 两点的相对高程分别为 H'_A、H'_B。

地面上两点高程之差称为这两点的高差，用 h 表示。如图 1-2 中 A、B 两点间的高差为

$$h_{AB} = H_B - H_A = H'_B - H'_A \tag{1-1}$$

B、A 两点间高差为

$$h_{BA} = H_A - H_B = H'_A - H'_B \tag{1-2}$$

可见

$$h_{AB} = h_{BA} \tag{1-3}$$

1.3.3 地面点的坐标

地面点的坐标常用地理坐标、平面直角坐标或空间直角坐标表示。

1. 地理坐标

地面点在球面上的位置常用经度和纬度来表示，称为地理坐标。因为我国位于东半球和北半球，所以各地的地理坐标都是东经和北纬。例如，北京的地理坐标为东经 116°28′、北纬 39°54′。

2. 平面直角坐标

地理坐标是球面坐标，若直接用于工程建设施工，会给很多计算和测量带来不便。为此，须将球面坐标按一定的数学法则归算到平面上，即测量工作中所称的投影。我国采用的是高斯投影法。

（1）高斯平面直角坐标系。

高斯投影是地球椭球体面投影于平面的一种数学转换过程。高斯投影法从首子午线自西向东开始，将地球按 6°的经差分成 60 个带。在高斯投影中，离中央子午线越远，长度变形越大，当要求变形更小时，可采用 3°带投影。

高斯平面直角坐标系的应用大大简化了测量计算工作，它把在椭球体面上的观测元素全部转换到高斯平面上进行计算，这比在椭球体面上解算球面图形要简单得多。在公路工程测量中也经常应用高斯平面直角坐标，例如，高速公路的勘测设计和施工测量就是在高斯平面直角坐标系中进行的。

（2）独立平面直角坐标系。

当测量的范围较小时，可以把该测区的球面当做平面，直接将地面点沿铅垂线投影到水平面上，用平面直角坐标来表示它的投影位置，如图 1-3 所示。

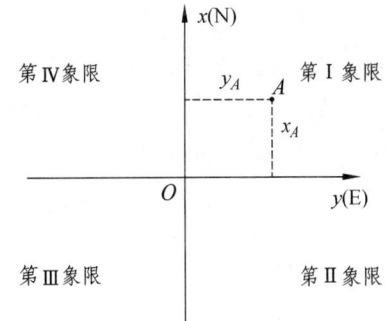

图 1-3 测量学上的独立平面直角坐标系

测量上选用的平面直角坐标系规定纵坐标轴为 x 轴，表示南北方向，向北为正；横坐标轴为 y 轴，表示东西方向，向东为正；坐标原点可假定，也可选在测区的已知点上；象限按顺时针方向编号。

3. 空间直角坐标系

随着卫星定位技术的发展，采用空间直角坐标来表示空间一点的位置已在各个领域得到越来越多的应用。空间直角坐标系以地球的质心为原点 O，z 轴指向地球的北极，x 轴指向格林尼治子午面与地球赤道的交点 E，过 O 点与 xOz 面垂直，按右手规则确定 y 轴方向。

1.3.4 用水平面代替水准面的限度

当测区范围小，用水平面代替水准面所产生的误差不超过测量误差的容许范围内时，可以用水平面代替水准面。但当测区范围较大时，是否容许这种代替，有必要加以讨论。为讨论方便，假定大地水准面为圆球面。

1. 以水平面代替水准面对距离的影响

如图 1-4 所示，A、B、C 是地面点，它们在大地水准面上的投影点是 a、b、c，用该区域中心点的切平面代替大地水准面后，地面点在水平面上的投影点是 a'、b'、c'。设 A、B 两点在大地水准面上的距离为 D，在水平面上的距离为 D'，两者之差 ΔD 即是用水平面代替水准面所引起的距离差异。将大地水准面近似地视为半径为 R 的球面，则有

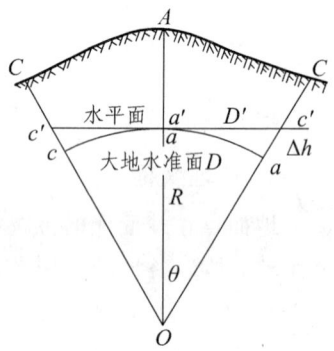

图 1-4 地球曲率的影响

$$\Delta D = D'dD = R(\tan\theta - \theta) \qquad (1\text{-}4)$$

将 $\tan\theta$ 按照级数展开，取其级数前两项带入式（1-4），得

$$\frac{\Delta D}{D} = \frac{D^2}{3R^2} \qquad (1\text{-}5)$$

取地球半径 $R = 6\,371$ km，以不同的距离 D 代入式（1-5），得到表 1-1 的结果。从表 1-1 中的结果可以看出，当 $D = 10$ km 时，所产生的相对误差为 1∶1 220 000，在测量工作中，通常要求距离丈量的相对误差最高为 1/1 000 000，一般丈量仅要求 1/2 000～1/4 000。因此，在 10 km 为半径的圆面积之内进行距离测量时，可以把水准面当做水平面看待，而不须考虑地球曲率对距离的影响。

表 1-1 水平面代替水准面引起的距离误差和相对误差

D/km	10	20	30	40
ΔD/cm	0.8	6.6	102.6	821.2
$\Delta D/D$	1/1 220 000	1/300 000	1/49 000	1/12 000

2. 以水平面代替水准面对高程的影响

如图 1-4 所示，地面点 B 的高程应是铅垂距离 bB，用水平面代替水准面后，B 点的高程为 $b'B$，两者之差 Δh 即为对高程的影响，即

$$\Delta h = bB - b'B = Ob' - Ob = R\sec\theta - R = R(\sec\theta - 1) \quad (1\text{-}6)$$

已知 $\sec\theta$ 按级数展开，仅取前两项代入式（1-6），可以得到：

$$\Delta h = \frac{D^2}{2R} \quad (1\text{-}7)$$

用不同的距离代入式（1-7），便得表 1-2 所列的结果。从表 1-2 中可以看出，用水平面代替水准面对高程的影响是很大，距离为 0.2 km 时，就有 0.31 cm 的高程误差，这在高程测量中是不允许的。因此，进行高程测量时，即使距离很短，也应用水准面作为测量的基准面，即应顾及地球曲率对高程的影响。

表 1-2 水平面代替水准面引起的高程误差

D/km	0.2	0.5	1	2	3	4	5
Δh/cm	0.31	2	8	31	71	125	196

1.4 测量工作概述

1.4.1 测量工作的基本内容

测量工作的主要目的是确定点的坐标和高程。在实际工作中，常常不是直接测量点的坐标和高程，而是观测坐标和高程已知的点与坐标、高程未知的待定点之间的几何位置关系，然后计算出待定点的坐标和高程。

因此，高差测量、角度测量、距离测量是测量工作的基本内容。

测量工作分为外业和内业两种，外业工作的内容包括应用测量仪器和工具在测区内所进行的各种测定和测设工作；内业工作是将外业观测的结果加以整理、计算，并绘制成图以便使用。

1.4.2 测量工作的基本原则

在进行某项测量工作时，往往需要确定许多地面特征点（也称为碎步点）的坐标和高程。假如从一个特征点开始到下一个特征点逐点进行测量，虽可得到各点的位置，但由于测量中不可避免地存在误差，会导致前一点的测量误差传递到下一点，这样累计起来可能会使点位误差达到不可容许的程度。另外，逐点传递的测量效率也低，因此测量工作必须遵循一定的原则进行。

在实际测量工作中应遵循的原则是：在测量布局上要"从整体到局部"；在测量精度上要"由高级到低级"；在测量程序上要"先控制后碎部"。也就是在测区整体范围内选择一些有"控制"意义的点，首先把它们的坐标和高程精确地测定出来，然后分别以这些点作为已知点为基础，测定附近碎部点的位置。这些有控制意义的点组成了测区的测量骨干，称为控制点。

采用上述原则和方法进行测量，可以有效地控制误差的传递和积累，使整个测区的精度较为均匀和统一。

思考与练习题

1. 什么是水准面、大地水准面、旋转椭球体？
2. 什么是高程、假定高程？
3. 测定和测设有何区别？
4. 建筑工程测量的任务是什么？
5. 测量坐标系与数学坐标系有何区别？
6. 测量工作所遵循的原则是什么？
7. 已知 A 点的高程为 77.426 m，测得 A 点到 B 点的高差为 –10.511 m。试问：B 点的高程为多少？
8. 已知某点所在高斯平面直角坐标系中的坐标为：$x = 4\,345\,000$ m，$y = 19\,483\,000$ m。该点位于高斯 6°分带投影的第几带？该带中央子午线的经度是多少？该点位于中央子午线的东侧还是西侧？
9. 某地的大地经度是 109°20′，试计算其在 6°带的带号以及中央子午线的经度。

第 2 章 水准测量

学习目标

通过本章学习,应了解水准测量原理和水准仪基本构造;掌握水准仪的使用方法、水准测量的施测方法和内业计算;能够进行水准仪基本检验和校正;了解水准测量的误差影响。

2.1 水准测量原理

水准测量的基本原理是利用水准仪提供的水平视线,通过读取竖立在两点上水准尺的读数,测定两点间的高差,从而由已知点高程推求未知高程。

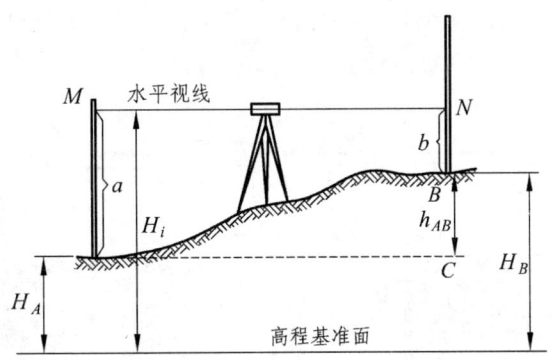

图 2-1 水准测量原理

如图 2-1 所示,欲测定 B 点的高程,需先测定 A、B 两点间的高差 h_{AB}。为此,可在 A、B 两点上竖立水准尺,并在其间安置水准仪,利用水准仪的水平视线分别在 A、B 两点水准尺上的读数 a、b,获得两点间高差为

$$h_{AB} = a - b \tag{2-1}$$

如果水准测量方向是由已知点 A 到待定点 B 进行的,则 A 点为后视,a 为后视读数;B 点为前视点,b 为前视读数。A、B 两点之间的高差等于后视读数减去前视读数。当读数 $a>b$ 时,高差为正值,说明 B 点高于 A 点;当读数 $a<b$ 时,高差为负值,说明 B 点低于 A 点。

如果已知 A 点高程为 H_A 和测得高差为 h_{AB},则 B 点高程为

$$H_B = H_A + h_{AB} \tag{2-2}$$

以上利用高差计算高程的方法,称为高差法。

由图 2-1 可知,B 点高程也可以通过仪器的视线高 H_i 计算:

$$H_i = H_A + a \tag{2-3}$$
$$H_B = H_i - b \tag{2-4}$$

由式（2-3）和式（2-4）用视线高程计算 B 点高程的方法，称为视线高程法。当需要安置一次仪器测多个前视点高程时，利用视线高程法比较方便。

2.2 水准仪的认识和使用

水准测量所使用的仪器为水准仪，使用的工具有水准尺和尺垫。我国水准仪按其精度分为 $DS_{0.5}$、DS_1、DS_3、DS_{10}、DS_{20} 五个等级。"D"和"S"是"大地"和"水准仪"的汉语拼音的第一个字母，其下标数字表示的是该仪器的精度，即每千米往、返测得高差中数的中误差，以毫米计。数字越小，精度越高。

2.2.1 微倾式水准仪的构造

在水准测量中，水准仪的主要作用是提供一条水平视线，并能够照准水准尺进行读数。如图 2-2 所示，微倾式水准仪主要由望远镜、水准器和基座三部分组成。

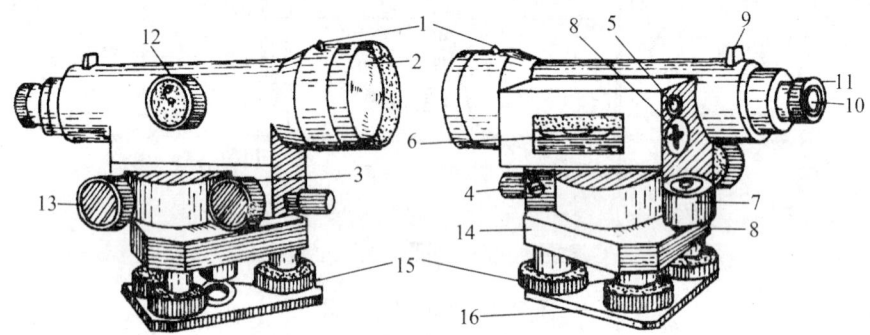

图 2-2 微倾式水准仪的构造图

1—准星；2—物镜；3—微动螺旋；4—制动螺旋；5—符合水准器观测镜；6—水准管；7—圆水准器；
8—校正螺丝；9—照门；10—目镜；11—目镜对光螺旋；12—物镜对光螺旋；
13—微倾螺旋；14—基座；15—脚螺旋；16—连接板

1. 望远镜

望远镜由物镜、目镜和十字丝分划板 3 个主要部分组成，它的主要作用是瞄准远处的水准尺进行读数。十字丝分划板是在玻璃片上刻线后，装在十字丝环上，用三个或四个可转动的螺旋固定在望远镜筒上，如图 2-3 所示。十字丝的上下两条短线称为视距丝，上面的短线称上丝，下面的短线称下丝，由上丝和下丝在标尺上的读数可求得仪器到标尺间的距离。

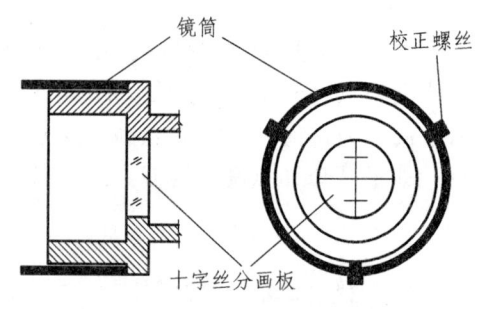

图 2-3 十字丝分划板平面图

十字丝的交点与物镜光心的连线称为视准轴。

为了控制望远镜的水平转动幅度，在水准仪上装有一套制动和微动螺旋。当拧紧制动螺旋时，望远镜就被固定，此时可转动微动螺旋，使望远镜在水平方向做微小转动来精确照准目标；当松开制动螺旋时，微动就失去作用。有些仪器是靠摩擦制动的，因此没有制动螺旋而只有微动螺旋。

2. 水准器

水准器的作用是把望远镜的视准轴安置到水平位置。水准器有管水准器和圆水准器两种。

圆水准器是一个玻璃圆盒，圆盒内装有化学液体，加热密封时留有气泡而成，如图 2-4 所示。圆水准器内表面是圆球面，中央画一小圆，其圆心称为圆水准器的零点，过此零点的法线称为圆水准器轴。当气泡中心与零点重合时，即为气泡居中。此时，圆水准轴线位于铅垂位置。也就是说水准仪竖轴处于铅垂位置，仪器达到基本水平状态。

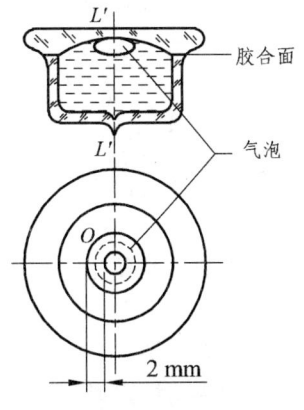

图 2-4　圆水准器

管水准器简称水准管，是把玻璃管纵向内壁磨成曲率半径很大的圆弧面，在管壁上刻上分划线，管内装酒精与乙醚的混合液，加热密封时留有气泡而成，如图 2-5 所示。

水准管内壁的圆弧中心为水准管零点，过零点与内壁圆弧相切的直线称为水准管轴。当气泡两端与零点对称（即气泡居中）时，水准管轴处于水平位置，也就是水准仪的视准轴处于水平位置。

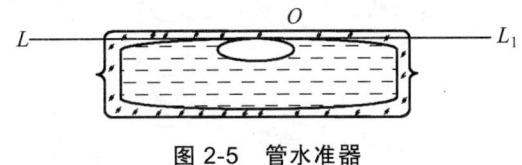

图 2-5　管水准器

符合式水准器是提高管水准器置平精度的一种装置。在水准管上方装有一组符合棱镜组，气泡两端的半影像经过折光反射后反映在望远镜旁的观测窗内，如果两端半影像重合，则表示水准管气泡已居中，否则就表示气泡没有居中。

由于符合式水准器通过符合棱镜组的折光反射把气泡偏移零点的距离放大一倍，因此较小的偏移也能充分反映出来，从而提高了置平精度。

3. 基　座

基座主要由轴座、脚螺旋和连接板组成。仪器上部通过竖轴插入座内，由基座承托整个仪器，仪器用连接螺旋与三脚架连接。

2.2.2　水准尺和尺垫

水准尺是与水准仪配合进行水准测量的工具，水准尺分为直尺、折尺和塔尺。塔尺的最小分划有 5 mm 和 1 cm 两种，按材质分为木制、铝合金、玻璃钢塔尺。双面水准尺的分划，一面是黑白相间的，称为黑色面（主尺），黑面分划的起始数字为"0"；另一面是红白相间的，称为红色面（辅助尺），最小分划均为 1 cm，红面底部起始数字为一常数（4 487 mm、4 587 mm 或 4 687 mm、4 787 mm）。尺常数相差 100 mm 的两把水准尺称为一对水准尺，使用水准尺前一定要认清刻划特点。

尺垫是用来支承水准尺和传递高程的工具,如图 2-6 所示。

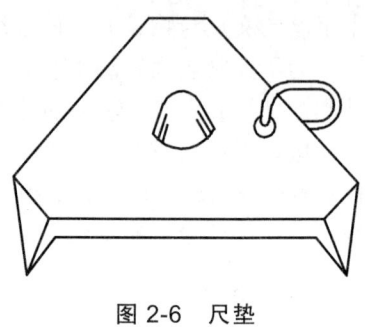

图 2-6 尺垫

2.2.3 微倾式水准仪的技术操作

在水准仪的使用过程中,应首先打开三脚架,使架头大致水平,高度适中,踏实脚架尖后,将水准仪安放在架头上并拧紧中心螺旋。

水准仪的技术操作按以下四个步骤进行:粗平—照准—精平—读数。

1. 粗 平

粗平就是通过调整脚螺旋使圆水准气泡居中,使仪器竖轴处于铅垂位置,视线概略水平。具体做法是:首先用两手同时以相对方向分别转动任意两个脚螺旋,此时气泡移动的方向和左手大拇指的旋转方向相同,然后再转动第三个脚螺旋使气泡居中,如图 2-7 所示。如此反复进行,直至在任何位置水准气泡均位于分划圆圈内为止。

图 2-7 圆水准器气泡居中操作

2. 照 准

照准就是用望远镜照准水准尺,清晰地看清目标和十字丝。其做法是:首先转动目镜对光螺旋使十字丝清晰;然后利用照门和准星瞄准水准尺,瞄准后要旋紧制动螺旋,转动物镜对光螺旋使尺像清晰;再转动微动螺旋,使十字丝的竖丝照准尺面中央。在上述操作过程中,由于目镜、物镜对光不精细,目标影像平面与十字丝平面未重合好,当眼睛靠近目镜上下微微晃动时,物像随着眼睛的晃动也上下移动,这就表明存在着视差。有视差就会影响照准和读数精度,如图 2-8(a)所示。消除视差的方法是:仔细且反复交替地调节目镜和物镜对光螺旋,使十字丝和目标影像处于同一平面,且同时都十分清晰,如图 2-8(b)所示。

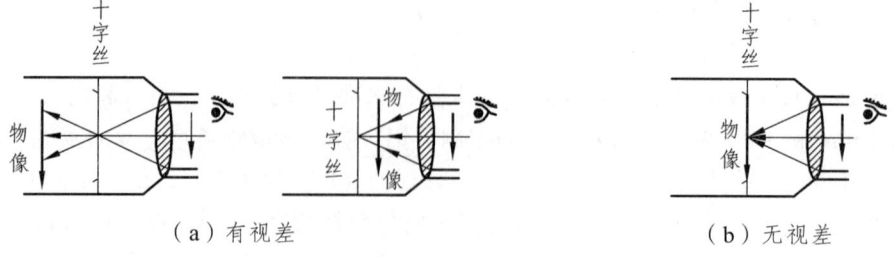

(a)有视差　　　　　　　　　　　(b)无视差

图 2-8 视差

3. 精 平

精平就是转动微倾螺旋将水准管气泡居中，使视线精确水平。其做法是：慢慢转动微倾螺旋，使观察窗中符合水准气泡的影像符合。左侧影像移动的方向与右手大拇指转动方向相同。由于气泡影像移动有惯性，在转动微倾螺旋时要慢、稳、轻。

必须指出的是：具有微倾螺旋的水准仪粗平后，竖轴不是严格铅垂的，当望远镜由一个目标转瞄另一目标时，气泡不一定完全符合，必须重新精平，直到水准管气泡完全符合才能读数。

4. 读 数

读数就是在视线水平时，用望远镜十字丝的横丝在尺上读数，如图 2-9 所示。读数前要认清水准尺的刻划特征，成像要清晰稳定。为了保证读数的准确性，读数时要按由小到大的方向，先估读毫米数，再读出米、分米、厘米数。读数前务必检查符合水准气泡影像是否符合好，以保证在水平视线上读取数值，还要特别注意不要错读单位和发生漏零现象。

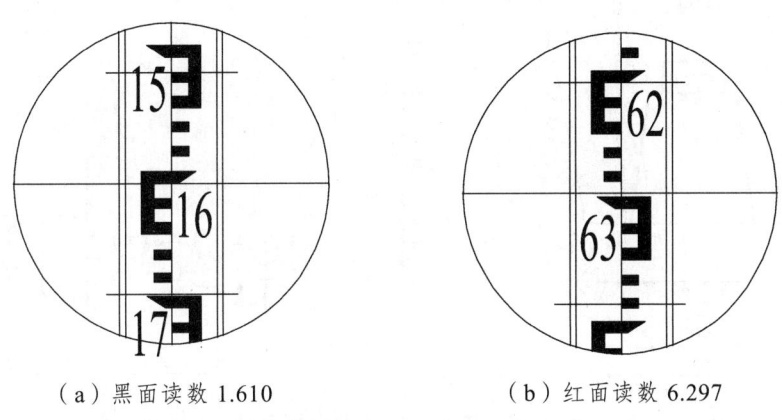

（a）黑面读数 1.610　　　　（b）红面读数 6.297

图 2-9　水准尺读数

2.2.4　自动安平水准仪的技术操作

用微倾式水准仪进行水准测量的关键操作是用水准管气泡居中来获得水平视线，因此，在读数前都要调节微倾螺旋使水准管气泡居中，这对于提高水准测量的速度有很大的障碍。自动安平水准仪就不需要水准管和微倾螺旋，只有一个圆水准器，安置仪器时，只要使圆水准器的气泡居中后，借助一种"补偿器"的特别装置，使视线自动处于水平状态。因此使用这种自动安平水准仪不仅操作简便，而且能大大缩短观测时间，也可对由于水准仪整置不当、地面有微小的振动或脚架的不规则下沉等影响视线水平的因素作出迅速的调整，从而得到正确的读数值，提高水准测量的精度。

自动安平水准仪的技术操作程序分四步进行，即粗平—瞄准—检查—读数。其中，粗平、照准、读数的方法和微倾式水准仪相同。

检查就是按动自动安平水准仪目镜下方的补偿控制按钮查看补偿器工作是否正常，在自动安平水准仪粗平后，也就是概略置平的情况下，按动一次按钮，如果目标影像在视场中晃动，说明补偿器工作正常，视线便可自动调整到水平位置。

2.3 水准测量的实施方法

2.3.1 水准点

用水准测量方法测定成的达到一定精度的高程控制点，称为水准点（bench mark，BM）。为了统一全国的高程系统和满足各种测量的需要，测绘部门在全国各地埋设并测定了很多水准点。国家等级水准点一般用石料或钢筋混凝土制成，深埋到地面冻结线以下，在标石的顶面设有用不锈钢或其他不易锈蚀材料制成的半球状标志；有些水准点也可设置在稳定的墙脚上，称为墙上水准点，如图2-10所示。

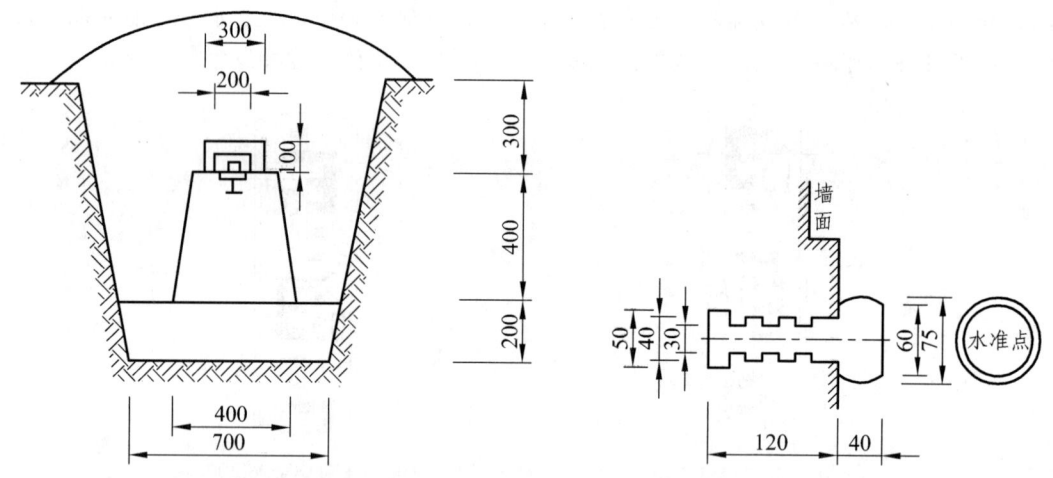

图 2-10 二、三等水准点标石埋设

水准点有永久性和临时性两种。永久性水准点一般用混凝土或钢筋混凝土制成；临时性的水准点可用地面上突出的坚硬岩石或用大木桩打入地下，桩顶钉以半球形铁钉。

埋设水准点后，应绘出水准点与附近固定建筑物或其他地物的关系图，在图上还要写明水准点的编号和高程，称为"点之记"，以便于日后寻找水准点的位置。在水准点编号的前面通常加BM字样，作为水准点的代号。

2.3.2 施测方法

当地面上两点之间的距离较长或地面坡度较陡时，在水准测量实施时不可能只架一次仪器就可测出两点之间高差，而要采取分段施测、中间加过渡点的方式，高程是依次由ZD_1、ZD_2等点传递过来的，这些传递高程的过渡点称为转点。转点既有前视读数又有后视读数，转点的选择将影响到水准测量的观测精度，因此转点要选在坚实、凸起、明显的位置，选在一般土地上时应放置尺垫。每站测量时水准仪应置于两水准尺中间，使前、后视的距离尽可能相等。观测步骤如下：

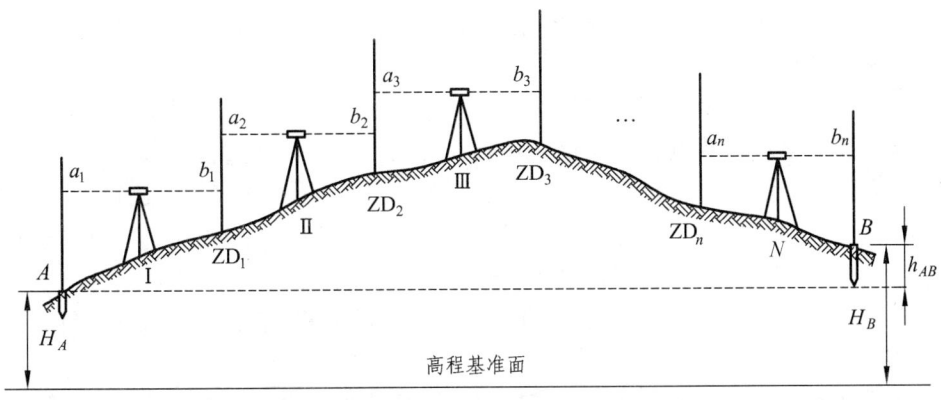

图 2-11　等外水准测量

如图 2-11 所示，置水准仪于已知后视高程点 A 适当距离处，并选择好前视转点 ZD_1，将水准尺置于 A 点和 ZD_1 点上。将水准仪粗平后，先瞄准后视尺，消除视差。精平后读取后视读数 1.851 m，并记入等外水准测量记录表中，见表 2-1。望转动远镜照准前视尺，精平后，读取前视读数值 1.268 m，并记入表中，至此便完成了普通水准测量第一个测站的观测任务。

将仪器搬迁到第二站，把第一站的后视尺移到第二站的转点 ZD_2 上，把第一站的前视变成第二站的后视。按第一站观测顺序进行观测与计算，以此类推，测至终点 B。

先计算出各测站高差：

$$h_1 = a_1 - b_1$$
$$h_2 = a_2 - b_2$$
$$\vdots$$
$$h_n = a_n - b_n$$

将各式相加可得

$$h_{AB} = \sum h = \sum a - \sum b \tag{2-5}$$

B 点高程为

$$H_B = H_A + h_{AB}$$

表 2-1　等外水准测量记录表

测点	标尺读数/m		高差/m		高程/m	备注
	后视	前视	+	−		
A	1.851		0.583		50.000	H_A = 50.000 m
ZD_1	1.425	1.268				
ZD_2	0.863	0.672	0.753			
ZD_3	1.219	1.581		0.718		
B		0.346	0.873		51.491	
$\sum$	5.358	3.867	2.209	0.718	1.491	

为保证观测的精度和计算的准确性,在水准测量过程中,必须进行测站检核和计算检核。进行两种检核的方法分别如下:

(1)测站校核。水准测量的连续性很强,一个测站的误差或错误对整个水准测量成果都有影响。为了保证各个测站观测成果的正确性,可采用以下方法进行校核:

① 变更仪器高法:在一个测站上用不同的仪器高度测出两次高差。测得第一次高差后,改变仪器高度(至少 10 cm),然后再测一次高差。当两次所测高差之差不大于 5 mm 时,观测值符合要求,取其平均值作为最后结果;若大于 5 mm,则需要重测。

② 双面尺法:保持仪器高度不变,用水准尺的红面和黑面高差进行校核。红、黑面高差之差也不能大于 5 mm。

(2)计算校核。计算检核是对记录表中每一页高差和高程计算进行的检核。计算检核的条件需要满足以下等式:

$$\sum h = \sum a - \sum b = H_B - H_A \tag{2-6}$$

若等式成立,说明高差和高程计算正确;否则说明计算有误。

2.3.3 成果校核

进行水准测量时,一般将已知水准点和待测水准点组成一条水准路线,其基本形式有附合水准路线、闭合水准路线和支水准路线,如图 2-12 所示。在水准测量的实施过程中,测站校核只能检核一个测站上是否存在错误,计算检核只能发现每页计算是否有误。对于一条水准路线而言,测站校核和计算校核都不能发现立尺点变动的错误,更不能说明整个水准路线测量的精度是否符合要求。同时,由于受温度、风力、大气折光和水准尺下沉等外界条件的影响,以及水准仪和观测者本身因素的影响,测量不可避免地存在误差。这些误差很小,在一个测站上反映不明显,但是随着测站数的增多,误差积累,有时也会超过规定的限差。因此,还必须对整个水准路线的成果进行校核。

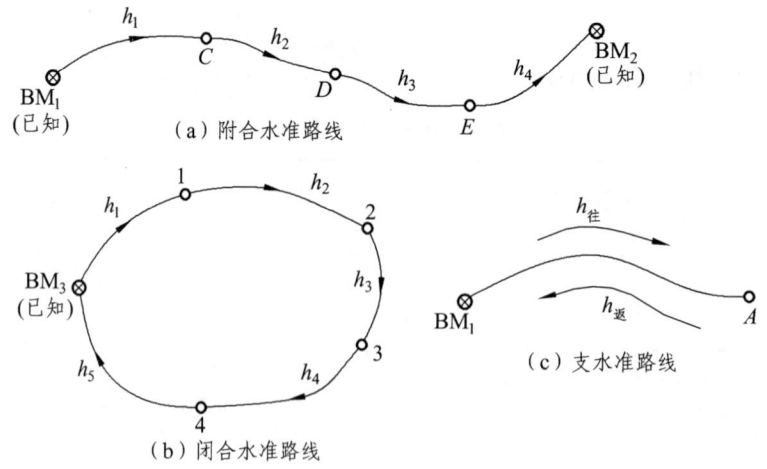

图 2-12 水准路线

1. 附合水准路线的成果校核

如图 2-12（a）所示，从一已知水准点 BM_1 出发，经过测量各测段的高差，求得沿线 C、D、E 待定点高程，最后附合到另一已知水准点 BM_2 的路线，这种路线为附合水准路线。

理论上，附合水准路线中各待测高程点间高差的代数和应等于始、终两个已知水准点的高程之差，即

$$\sum h_{理} = H_{终} - H_{始} \tag{2-7}$$

如果不相等，两者之差称为高差闭合差，用 f_h 表示，即

$$f_h = \sum h_{测} - (H_{终} - H_{始}) \tag{2-8}$$

2. 闭合水准路线的成果校核

如图 2-12（b）所示，从一已知水准点 BM_3 出发，经过测量各测段的高差，求得沿线其他各点高程，最后又闭合到 BM_3 上，称为一个闭合水准路线。显然闭合水准路线的高差在理论上总和等于零，即

$$\sum h_{理} = 0 \tag{2-9}$$

但实际上总是会有误差，致使高差闭合差不等于零，则高差闭合差为

$$f_h = \sum h_{测} \tag{2-10}$$

3. 支水准路线的成果校核

如图 2-12（c）所示，从一已知水准点 BM_1 出发，沿各待定点进行水准测量，既不附合到其他水准点上，也不自行闭合，这种水准路线称为支水准路线。支水准路线要进行往返观测，往测高差与返测高差值的代数和理论上应为零，并以此作为支水准路线测量正确性与否的检验条件。如不等于零，则高差闭合差为

$$f_h = \sum h_{往} + \sum h_{返} \tag{2-11}$$

各种形式的水准测量，其高差闭合差均不应超过规定的容许值，否则即认为水准测量结果不符合要求。高差闭合差容许值的大小与测量等级有关。《工程测量规范》（GB 50026—2007）中对不同等级的水准测量作了高差闭合差容许值的规定。等外水准测量的高差闭合差容许值规定为：

平地：$f_{h容} = \pm 40\sqrt{L}$ mm （2-12）

山地：$f_{h容} = \pm 12\sqrt{n}$ mm （2-13）

式中，L 为水准路线长度，以千米计；n 为测站数。

2.4 水准测量内业计算

水准测量的外业测量数据，如果检核无误，满足规定等级的精度要求，就可以进行内业

成果计算。内业计算工作的主要内容是：调整高差闭合差，计算出各待定点的高程。以下分别介绍各种水准路线的内业计算方法。

2.4.1　附和水准路线的内业计算

某附合水准路线，A、B 为已知水准点，A 点高程为 65.376 m，B 点高程为 68.623 m，点 1、2、3 为待测水准点，各测段高差、测站数、距离如图 2-13 所示。

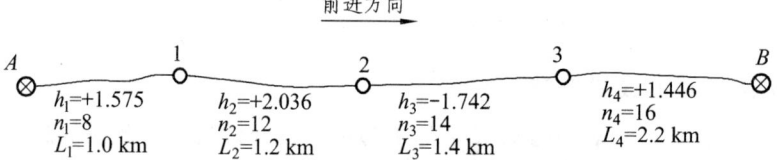

图 2-13　附合水准路线内业计算

1. 闭合差计算

$$f_h = \sum h - (H_B - H_A) = 3.315 - (68.623 - 65.376) = +0.068 \text{ (m)}$$

因是平地，闭合差容许值为

$$f_{h容} = \pm 40\sqrt{L} \text{ mm} = \pm 40\sqrt{5.8} \text{ mm} = \pm 96 \text{ mm}$$

$|f_h| < |f_{h容}|$，故其精度符合要求。

2. 闭合差调整

对同一条水准路线，假设观测条件是相同的，则可认为每个测站产生误差的机会也相等。因此，高差闭合差调整的原则和方法是按与测段距离（或测站数）成正比，并反符号改正到各相应的高差上，得改正后高差，即

$$\left. \begin{array}{l} 按距离：v_i = -\dfrac{f_h}{\sum l} \times l_i \\[2mm] 按测站数：v_i = -\dfrac{f_h}{\sum n} \times n_i \end{array} \right\} \quad (2\text{-}14)$$

改正后高差：$h_{i改} = h_{i测} + v_i$

式中，v_i、$h_{i改}$ 为第 i 测段的高差改正数与改正后高差；$\sum n$，$\sum l$ 为路线总测站数与总长度；n_i、l_i 为第 i 测段的测站数与长度。

附合水准路线成果计算见表 2-2。

以第 1 和第 2 测段为例，测段改正数为

$$v_1 = -\frac{f_h}{\sum l} \times l_1 = -(0.068/5.8) \times 1.0 = -0.012 \text{ (m)}$$

$$v_2 = -\frac{f_h}{\sum l} \times l_2 = -(0.068/5.8) \times 1.2 = -0.014 \text{ (m)}$$

检核：$\sum v = -f_h = -0.068$ (m)

表 2-2 附合水准测量成果计算

测段	测点	距离/km	实测高差/m	改正数/m	改正后的高差/m	高程/m	备注
1	BM_A	1.0	+1.575	−0.012	+1.563	65.376	
2	BM_1	1.2	+2.036	−0.014	+2.022	66.939	
3	BM_2	1.4	−1.742	−0.016	−1.758	68.961	
4	BM_3	2.2	+1.446	−0.026	+1.420	67.203	
∑	BM_B	5.8	+3.315	−0.068	+3.247	68.623	
辅助计算	$f_h = +0.068$ m		$f_{h容} = \pm 96$ mm		$\sum l = 5.8$ km	$-f_h/\sum l = -12$ mm	

第 1 和第 2 测段改正后的高差为

$$h_{1改} = h_{1测} + v_1 = +1.575 - 0.012 = +1.563 \text{ (m)}$$
$$h_{2改} = h_{2测} + v_2 = +2.063 - 0.014 = +2.022 \text{ (m)}$$

检核：$\sum h_{i改} = H_B - H_A = +3.247$ (m)

3. 高程的计算

根据检核过的改正后高差，由起点 A 开始，逐点推算各点高程，如

$$H_1 = H_A + h_{1改} = 65.376 + 1.563 = 66.939 \text{ (m)}$$
$$H_2 = H_1 + h_{2改} = 66.939 + 2.022 = 68.961 \text{ (m)}$$

逐点计算，最后算得 B 点高程应与已知高程相等，否则说明计算有误。

2.4.2 闭合水准路线成果计算

闭合水准路线各测段高差代数和应等于零。如果不等于零，其代数和即为闭合水准路线高差闭合差 f_h，即：$f_h = \sum h_{测}$。当 $f_h < f_{h容}$ 时，可进行闭合水准路线的计算调整，其步骤与附合水准路线相同。

2.4.3 支水准路线成果计算

对于支水准路线，取其往返测高差的平均值作为成果，高差的符号应以往测为准，最后推算出待测点的高程。

2.5 水准仪的检验与校正

2.5.1 水准仪的主要轴线及应满足的条件

如图 2-14 所示，水准仪的主要轴线有望远镜的视准轴 CC、管水准轴 LL、圆水准器轴 $L'L'$ 和仪器竖轴 VV。

根据水准测量原理，微倾式水准仪各轴线间应具备的几何关系是：圆水准器轴应平行于仪器竖轴（$L'L' /\!/ VV$）；十字丝的横丝应垂直于仪器竖轴；水准管轴应平行于望远镜视准轴（$LL /\!/ CC$）。

仪器在出厂前经过严格检验，应满足以上轴系条件。但是由于仪器长期使用和运输中受到震动等原因，可能造成某些部件松动，因此为了保证水准测量质量，在正式作业之前必须对水准仪进行检验与校正。

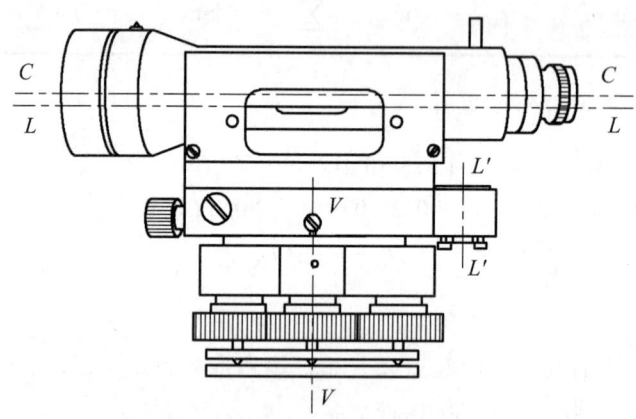

图 2-14 微倾式水准仪的主要轴线

2.5.2 水准仪的检验和校正

1. 圆水准器的检验与校正

目的：使圆水准器轴平行于仪器竖轴，即当圆水准器的气泡居中时，仪器的竖轴应处于铅垂状态。

检验方法：首先转动脚螺旋使圆水准气泡居中，然后将仪器旋转 180°。如果气泡仍居中，说明两轴平行；如果气泡偏移了零点，说明两轴不平行，需校正。

校正方法：先拨动圆水准器的校正螺丝使气泡中点退回距零点偏离量的一半，如图 2-15 所示，然后转动脚螺旋使气泡居中。检验和校正应反复进行，直至仪器转到任何位置时圆水准气泡始终居中，即位于刻划圈内为止。

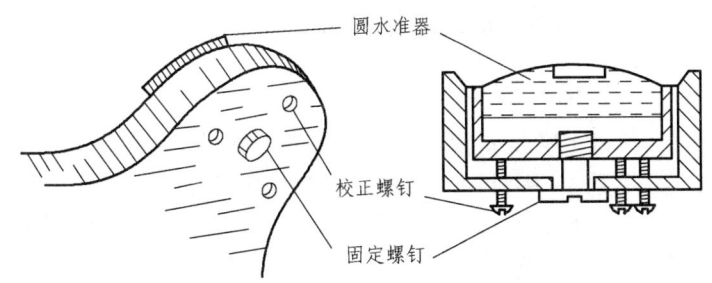

图 2-15 圆水准器的校正螺丝

2. 十字丝横丝的检验与校正

目的：使十字丝横丝垂直于仪器的竖轴，即竖轴铅垂时，横丝应水平。

检验方法：整平仪器后，将横丝的一端对准一明显固定点，旋紧制动螺旋后再转动微动螺旋，如果该点始终在横丝上移动，说明十字丝横丝垂直于竖轴，如图 2-16（a）所示。如果该点离开横丝，说明横丝不水平，需要校正，如图 2-16（b）所示。

校正方法：用螺丝刀松开十字丝环的三个固定螺丝；再转动十字丝环，调整偏移量，直到满足条件为止；最后拧紧该螺丝，上好外罩。

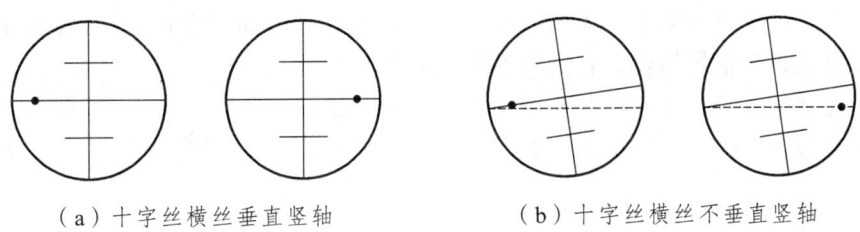

（a）十字丝横丝垂直竖轴　　　　（b）十字丝横丝不垂直竖轴

图 2-16 十字丝检校原理

3. 管水准器的检验与校正

目的：使水准管轴平行于视准轴，即当管水准器气泡居中时，视准轴应处于水平状态。

检验方法：首先在平坦的地面上选择相距 100 m 左右的 A 点和 B 点，在两点放上尺垫或打入木桩，并竖立水准尺，如图 2-17 所示。然后将水准仪器安置在 A、B 两点的中间位置 C 处进行观测，假如水准管轴不平行于视准轴，视线在尺上的读数分别为 a_1 和 b_1，由于视线的倾斜而产生的读数误差均为 Δ，则两点间的高差为

$$h_{AB} = a_1 - b_1 \tag{2-15}$$

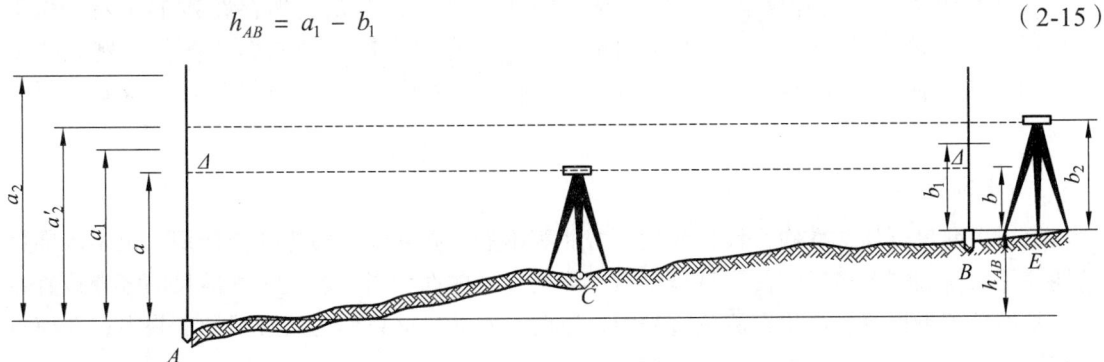

图 2-17 管水准器的检校原理

由图 2-17 可知：$a_1 = a+\Delta$，　　$b_1 = b+\Delta$，代入（2-15）得

$$h_{AB} = (a+\Delta) - (b+\Delta) = a - b \tag{2-16}$$

式（2-16）表明，若将水准仪安置在两点中间进行观测，便可消除由于视准轴不平行于水准管轴所产生的误差读数Δ，得到两点间的正确高差h_{AB}。

为了防止出现错误和提高观测精度，一般应改变仪器高观测两次，若两次高差的误差小于 3 mm，取平均数作为正确高差 h_{AB}。

然后将水准仪安置在距 B 尺 2 m 左右的 E 处，安置好仪器后，先读取近尺 B 的读数值 b_2，因仪器离 B 点很近，两轴不平行的误差可忽略不计。再根据 b_2 正确高差 h_{AB} 计算视线水平时在远尺 A 的正确读数值：

$$a'_2 = b_2 + h_{AB} \tag{2-17}$$

用望远镜照准 A 点的水准尺，若读数与 a'_2 相差小于 4 mm，则说明水准管轴平行于视准轴，否则应进行校正。

校正方法：转动微倾螺旋使横丝对准 A 尺的正确读数 a'_2 时，视准轴已处于水平位置，由于两轴不平行，便使水准管气泡偏离零点，即气泡影像不符合。首先用拨针松开水准管左右校正螺丝（水准管的校正螺丝在水准管的一端），用校正针拨动水准管上、下校正螺丝，拨动时应先松后紧，以免损坏螺丝，直到气泡影像符合为止。

为了避免和减少校正不完善而残留的误差影响，在进行水准测量时，一般要求前、后视距离应基本相等。

2.6　水准测量的误差及注意事项

2.6.1　仪器误差

1. 仪器校正后的残余误差

在水准测量前虽然对仪器进行了严格的检验和校正，但是仍然存在残余误差。由于这种误差大多数是系统性的，可以在测量中采取一定的方法加以减弱或消除。例如，水准管轴与视准轴不平行误差，若在观测时注意前、后视距离相等，则可消除或减弱此项的影响。

2. 水准尺误差

由于水准尺刻划不准确，尺长变化、弯曲等影响，必须经过检验才能使用。由于水准尺长期使用而使底端磨损或在使用过程中沾上泥土，这些都相当于改变了水准尺的零点位置，称为水准尺零点误差。如果在测量过程中，以两支水准尺交替作为后视尺和前视尺，并使每一测段的测站为偶数，即可消除此项误差。

2.6.2 观测误差

1. 视差影响

当视差存在时,十字丝平面与水准尺影像不重合,若眼睛观察的位置不同,便读出不同的读数,因而也会产生读数误差。

2. 读数误差

在水准尺上估读毫米数的误差与人眼的分辨能力、望远镜的放大倍率以及视线长度有关,为减少此项误差,水准测量中常对放大倍数和视线长度作出规定。

3. 水准管气泡居中误差

水准管气泡居中误差会使视线偏离水平位置,从而带来读数误差。采用符合式水准器时,气泡居中精度可提高一倍,操作中应使气泡严格居中,并在气泡居中后立即读数。

4. 水准尺倾斜影响

水准尺无论向前还是向后倾斜,都将使尺上读数增大。误差的大小与在尺上的视线高度及尺子的倾斜程度有关。为减小此项误差,观测时立尺员要认真扶尺,对于装有圆水准器的水准尺,扶尺时应使气泡居中。

2.6.3 外界条件的影响

1. 仪器下沉

当水准仪安置在松软的地面时,仪器会产生下沉现象,由后视转为前视时,前视读数减小,从而引起误差。为减小此项误差的影响,应将测站选择在坚实的地面上,并将脚架踏实。此外,每个测站采用"后—前—前—后"的观测顺序;减少每一测站的观测时间,也可以减弱此项误差。

2. 尺垫下沉

如果在转点发生尺垫下沉,将使下一站后视读数增大,引起高差误差。因此转点应选择在土质坚硬处,并将尺垫踩实。此外,采用往返观测,取平均值的方法可以减弱其影响。

3. 地球曲率及大气折光的影响

水准测量时,用水平视线代替大地水准面在水准尺上的读数,产生的影响为

$$c = \frac{D^2}{2R} \tag{2-18}$$

式中,D 为仪器至水准尺距离;R 为地球平均半径。

由于大气折光,视线并非是水平线,而是一条曲线,曲线的曲率半径为地球半径的 7 倍,其折光量的大小对水准读数产生的影响为

$$r = \frac{D^2}{2 \times 7R} \tag{2-19}$$

折光影响与地球曲率影响之和为

$$f = c - r = 0.43\frac{D^2}{R} \tag{2-20}$$

如果前视水准尺和后视水准尺到测站的距离相等，通过高差计算可以消除或减弱这两项误差的影响。

4. 温度对仪器的影响

温度会引起仪器部件的胀缩，从而可能引起视准轴的构件（物镜、十字丝和调焦镜）相对位置的变化，或者引起视准轴相对于水准管轴位置的变化。由于光学测量仪器是精密仪器，不大的位移量可能使轴线产生几秒偏差，从而使测量结果的误差增大。

温度的变化不仅引起大气折光的变化，而且当烈日照射水准管时，由于水准管本身和管内液体温度的升高，气泡向着温度高的方向移动，影响仪器水平，产生气泡居中误差。因此，观测时应注意撑伞遮阳。

思考与练习题

1. 高差法测量原理是什么？视线高法求高程有什么特点？
2. 如何消除视差？
3. 在水准测量中转点有什么作用？
4. 附合水准路线、闭合水准路线、支水准路线的高差闭合差的计算公式各是什么？
5. 微倾式水准仪主要做哪几项检验？其目的是什么？
6. 将仪器架设在两水准尺间等距离处可消除哪些误差？
7. 水准测量中，设后尺 A 的读数 $a = 2.713$ m，前尺 B 的读数为 $b = 1.401$ m，已知 A 点高程为 15.000 m，则视线高程为多少 m？
8. 如图所示，在水准点 BM_1、BM_2 之间进行水准测量，试将各站读数填入等外水准测量记录表中，并计算出 BM_2 的高程。

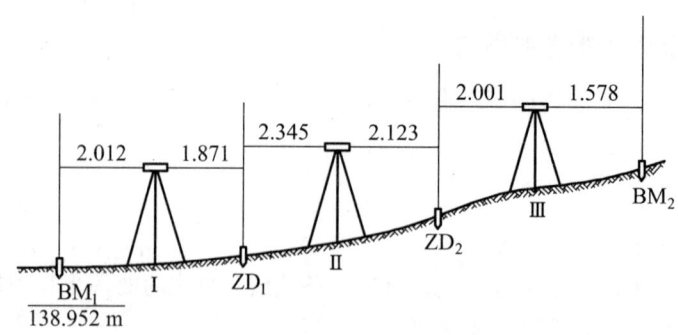

题 8 图

9. 图为附合水准路线的观测成果，按测段路线长度调整高差闭合差，并进行高程计算。

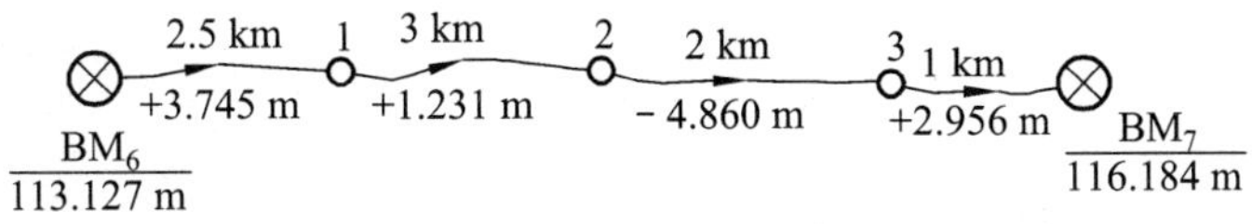

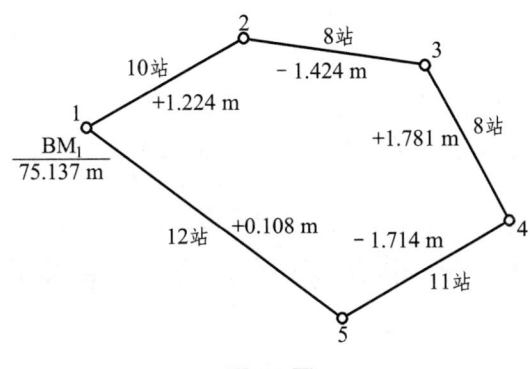

题 9 图

10. 图为闭合水准路线的观测成果，按测站数调整高差闭合差并进行高程计算。

题 10 图

11. 在检验校正水管管轴与视准轴是否平行时，将仪器安置在距 A、B 两点等距离处，得 A 尺读数 $a_1 = 1.573$ m，B 尺读数 $b_1 = 1.215$ m。将仪器搬至 A 尺附近，得 A 尺读数 $a_2 = 1.432$ m，B 尺读数 $b_2 = 1.066$ m。

（1）视准轴是否平行于水准管轴？

（2）当水准管气泡居中时，视线向上倾斜还是向下倾斜？

（3）如何校正？

（4）若是自动安平水准仪，如何较正？

第 3 章 角度测量

学习目标

掌握角度测量基本原理；熟悉光学经纬仪的构造及使用；重点掌握水平角和竖直角测量；了解光学经纬仪的检验与校正；了解角度测量误差及注意事项。

3.1 水平角和竖直角测量原理

3.1.1 水平角测量原理

水平角测量用于确定点的平面位置。

水平角系指相交的两条直线在同一水平面上的投影所夹的角度，或指分别过两条直线所作的竖直面间所夹的二面角。如图 3-1 所示，A、B、O 为地面上的任意点，O 为测站点，A、B 为目标点，则从 O 点观测 A、B 的水平角为 OA、OB 两方向线垂直投影 Oa'、Ob' 在水平面上所成的 $\angle b'Oa'$，或为过 OA、OB 的竖直面间的二面角。水平角取值范围为 $0° \sim 360°$。

在图 3-1 中，为了获得水平角 β 的大小，假想有一个能安置成水平的刻度圆盘，且圆盘中心可以处在过 O 点的铅垂线上的任意位置 O'；另有一个瞄准设备，能分别瞄准 A 点和 B 点，且能在刻度盘上获得相应的读数 a 和 b，则水平角 β 为

$$\beta = b - a \quad (3-1)$$

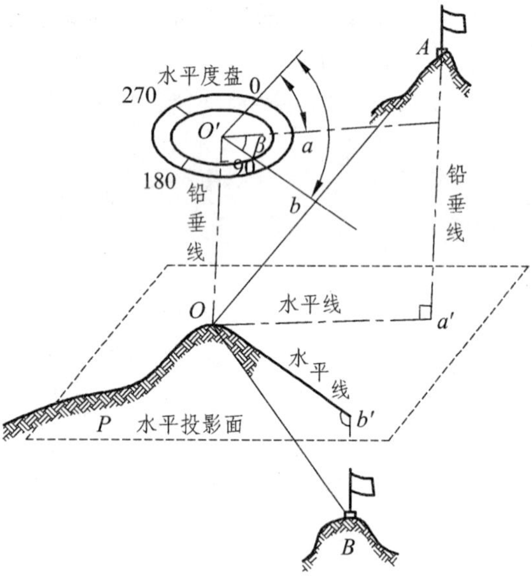

图 3-1 水平角测量原理

3.1.2 竖直角测量原理

竖直角测量用于确定两点间的高差或将倾斜距离转化成水平距离。

竖直角是指在同一竖直面内，某一直线和水平线之间的夹角，又称为称倾斜角，用 α 表示。竖直角有仰角和俯角之分，如图 3-2 所示，视线在水平线之上称为仰角，符号为正，角

值为 0°~+90°；视线在水平线之下称为俯角，符号为负，角值为 -90°~0°。

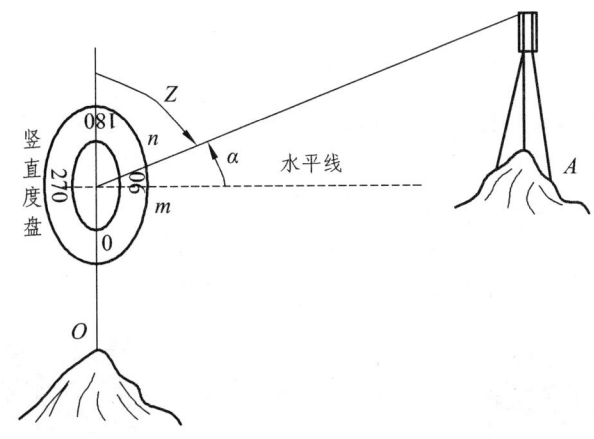

图 3-2 竖直角测量原理

如图 3-2 中，假想在过测站点 O 的铅垂线上安置一个带有垂直圆盘，并令其中心过 O 点，该盘称为竖直度盘，通过瞄准设备和读数装置可分别获得目标视线的读数 n 和水平视线的读 m 数，则竖直角 α 可以写成：

$$\alpha = n - m \tag{3-2}$$

竖直角也可以天顶距的形式来表示，天顶距即为地面点的垂线上方向至观测视线的夹角。设在观测的 OA 方向的天顶距为 Z，竖直角为 α，故天顶距与竖直角的关系为

$$\alpha = 90° - Z \tag{3-3}$$

需要注意的是，在过 O 点的铅垂线上不同的位置设置竖直圆盘时，每个位置观测所得的竖直角是不同的。竖直角与水平角一样，其角值也是度盘上两个方向的读数之差，不同的是，这两个方向必有一个是水平方向。经纬仪设计时，将提供一个固定方向。即视线水平时，竖盘读数为 90° 的倍数。在竖直角测量时，只需要读目标点的一个方向值，即可算出竖直角。

3.2 光学经纬仪

光学经纬仪是能够测定水平角和竖直角的仪器，在测量上广泛使用。光学经纬仪按精度等级可分为 DJ_1、DJ_2、DJ_6 等多个等级，其中"D"和"J"分别为"大地测量"与"经纬仪"的汉语拼音的第一个字母；下标的数字是以秒为单位的精度指标，数字越小，其精度越高。工程上广泛使用的是 DJ_2 型和 DJ_6 型。经纬仪因精度等级的不同或生产厂家的不同，其具体部件的结构可能不尽相同，但它们的基本构造是一样的。

3.2.1 DJ_6 型光学经纬仪的构造

图 3-3 所示的是我国某光学仪器厂生产的 DJ_6 型光学经纬仪，它主要由照准部（包括望

远镜、竖直度盘、水准器、读数设备）、水平度盘、基座三部分组成。现将各组成部分分别介绍如下：

1. 望远镜

望远镜是用来照准远方目标的，其构造和水准仪望远镜的构造基本相同。望远镜和横轴固连在一起放在支架上，并要求其视准轴垂直于横轴，当横轴水平时，望远镜绕横轴旋转的视准面是一个铅垂面。为了控制望远镜的俯仰程度，在照准部外壳上还设置有一套望远镜制动和微动螺旋。在照准部外壳上还设置有一套水平制动和微动螺旋，以控制水平方向的转动。当拧紧望远镜或照准部的制动螺旋后，转动微动螺旋，望远镜或照准部才能做微小的转动。

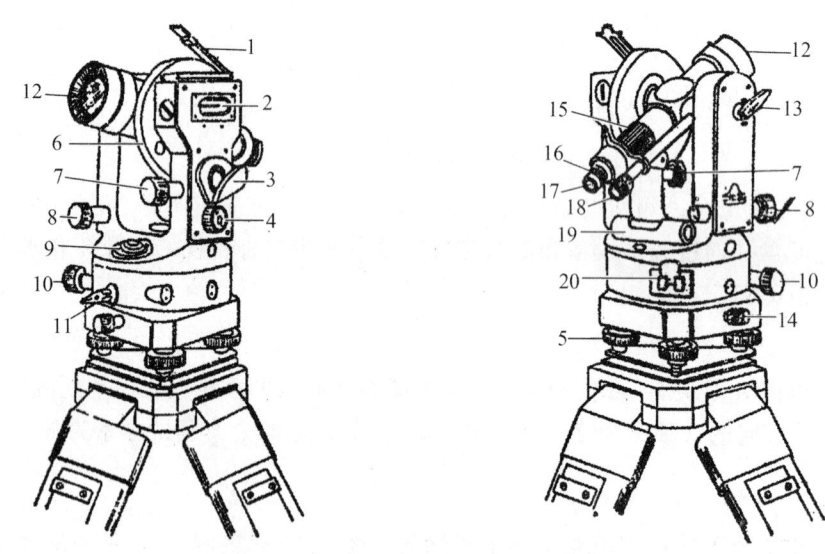

图 3-3 DJ$_6$型光学经纬仪的构造

1—指标水准管反光镜；2—指标水准管；3—度盘反光镜；4—测微轮；5—脚螺旋；6—竖盘；7—指标水准管微动螺旋；8—望远镜微动螺旋；9—圆水准器；10—水平微动螺旋；11—水平制动螺旋；12—物镜；13—望远镜制动螺旋；14—轴座固定螺旋；15—物镜对光螺旋；16—目镜对光螺旋；17—目镜；18—读数显微镜；19—水准管；20—度盘离合器

2. 竖直度盘

竖直度盘固定在横轴的一端，当望远镜转动时，竖盘也随之转动。竖直度盘用以观测竖直角。目前光学经纬仪普遍采用竖盘自动归零装置，既加快了观测速度又提高了观测精度。

3. 水准器

照准部上的管水准器用于精确整平仪器，圆水准器用于概略整平仪器。

4. 读数设备

我国制造的 DJ$_6$ 型光学经纬仪采用分微尺读数设备，把度盘和分微尺的影像通过一系列透镜的放大和棱镜的折射反映到读数显微镜内进行读数，如图 3-4 所示。度盘上两分划线所对的圆心角称为度盘分划值。

在读数显微镜内所见到的长刻划线和大号数字是度盘分划线及其注记，短刻划线和小号数字是分微尺的分划线及其注记。分微尺的长度等于度盘 1° 的分划长度，分微尺分成 6 大格，每大格又分成 10 小格，每小格格值为 1′，可估读到 0.1′。分微尺的 0°分划线是其指标线，它所指度盘上的位置与度盘分划线所截的分微尺长度就是分微尺读数值。为了直接读出小数值，应使分微尺注数增大方向与度盘注数方向相反。读数时，先以在分微尺上的度盘分划线为准读取度数，而后读取该度盘分划线与分微尺指标线之间的分微尺读数的分数，并估读到 0.1′，即得整个读数值。在图 3-4 中水平度盘读数为 180°06.4′，即 180°06′24″；竖直度盘读数为 75°57.2′，即 75°57′12″。

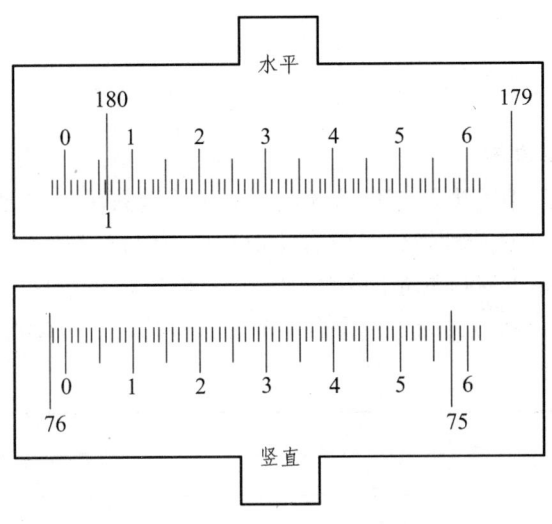

图 3-4　DJ$_6$ 型光学经纬仪读数窗

5. 水平度盘

水平度盘是用光学玻璃制成的圆盘，在盘上按顺时针方向从 0°到 360°刻有等角度的分划线。相邻两刻划线的格值为 1°。度盘固定在轴套上，轴套套在轴座上。水平度盘和照准部之间的转动关系由离合器扳手或度盘变换手轮控制。

6. 基座部分

基座是支撑仪器的底座。基座上有三个脚螺旋，转动脚螺旋可使照准部水准管气泡居中，从而使水平度盘处于水平。基座和三脚架头用中心螺旋连接，可将仪器固定在三脚架上。光学经纬仪装有直角棱镜光学对中器，其具有精确度高的优点。

此外，DJ$_6$ 型光学经纬仪还配有水平度盘拨盘手轮装置，用以配置水平度盘的任一读数。

3.2.2　DJ$_2$ 型经纬仪结构

DJ$_2$ 型光学经纬仪的构造，除轴系和读数设备外基本上和 DJ$_6$ 型光学经纬仪相同。下面着重介绍具不同之处。

1. 水平度盘变换手轮

水平度盘变换手轮的作用是变换水平度盘的初始位置。在进行水平角观测时，根据测角需要对起始方向进行观测时，可先拨开手轮的护盖，再转动该手轮，把水平度盘的读数值配置为所规定的读数。

2. 换像手轮

在读数显微镜内一次只能看到水平度盘或竖直度盘的影像，若要读取水平度盘的读数，需转动换像手轮，使轮上指标红线成水平状态，并打开水平度盘反光镜，此时显微镜呈水平度盘的影像。打开竖直度盘反光镜时，转动换像手轮，使轮上指标线竖直，则可看到竖盘影像。

3. 测微手轮

每次读数时需转动测微手轮使中间窗口的分划线上下重合。

4. 半数字化的读数方法

DJ_2型光学经纬仪采用了半数字化的读数方法，使读数更为方便，不易出错，如图 3-5 所示。中间窗口为度盘对径分划影像，没有注记；上面窗口为度和整 10′的注记，用小方框标记欲读的整 10′数；左边窗口的左侧数字为分，右侧数字为"10″"，每小格为1″。读数时转动测微手轮使中间窗口的分划线上下重合，从上窗口读得 150°00′，左边窗口读得 1′54″，全部读数为150°01′54″。

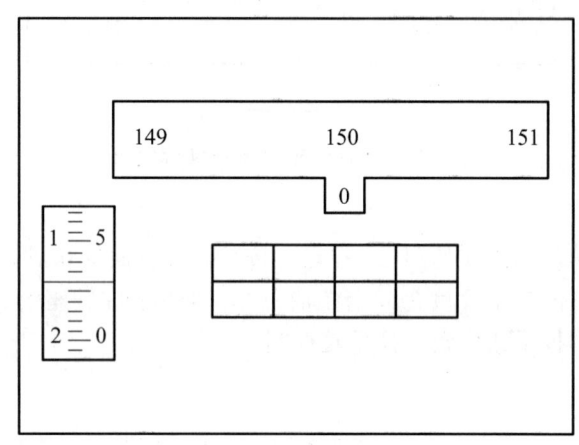

上窗读数：150° 00′
小窗读书：01′ 54 ″
全部读书：150° 01′ 54 ″

图 3-5　DJ_2型光学经纬仪读数窗

3.3　经纬仪的使用

进行角度测量时，要将经纬仪正确安置在测站点上，然后才能观测。经纬仪的使用包括对中、整平、瞄准和读数四项基本操作。对中和整平是仪器安置工作，瞄准和读数是观测工作。对中的目的是使仪器的中心与测站点的标准中心位于同一铅垂线上。整平的目的是使仪器的竖轴垂直，即水平度盘处于水平位置。

3.3.1 仪器的安置

1. 初步对中

对中的目的是使仪器的中心与测站的标志中心位于同一铅垂线上。

（1）将三脚架三条腿的长度调节至大致等长，调解时先不要分开架腿且架腿不要拉到底，以便留有调节的余地。将经纬仪安装在三脚架顶面上，旋紧连接螺旋。

（2）将三脚架的三个脚大致呈三角形的三个顶角，分别放在测站点的周围，使三个脚到测站点的距离大致相等。

（3）固定三脚架的一条腿于测站点旁适当位置，两手分别握住另外两条腿作前后移动或左右转动，同时从光学对中器中观测，使对中器对准测站点。若对中器分划板和测站点成像不清晰，可分别进行对中器目镜和物镜的对中。

2. 初步整平

整平的目的是使仪器的竖轴铅垂、水平度盘水平。

调节三脚架腿的伸缩连接处，使圆水准气泡居中，经纬仪大致处于水平状态。

3. 精确整平

用管水准器精确整平时，先转动仪器的照准部，使照准部水准管平行于任意一对脚螺旋的连线，如图3-6（a）所示，两手同时向内（或向外）旋转两个脚螺旋使气泡居中。气泡移动方向和左手大拇指转动的方向相同；再将照准部绕竖轴旋转90°，如图3-6（b）所示，旋转另一个脚螺旋使气泡居中。重复上述过程，直至仪器旋转到任何位置时水准管气泡都居中为止。

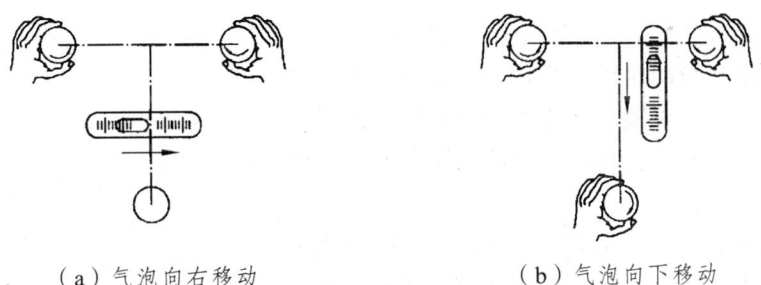

（a）气泡向右移动　　　　　　（b）气泡向下移动

图3-6　经纬仪水准管气泡居中操作示意图

4. 精确对中

初步整平之后，稍微放松连接螺旋，用手轻移仪器，使光学对中器中点准确对准测站点，再旋紧连接螺旋。

上述操作称为经纬仪的安置工作。对中、整平两项工作相互影响，应反复进行对中、整平切换工作，直至仪器整平后光学对中器分划圈对准测站点为止。

3.3.2 调焦和瞄准

经纬仪安置好后，用望远镜瞄准目标，首先将望远镜照准远处，调节对光螺旋使十字丝清晰；然后旋松望远镜和照准部制动螺旋，用望远镜的光学瞄准器照准目标。转动物镜对光螺旋使目标影像清晰；而后旋紧望远镜和照准部的制动螺旋，通过旋转望远镜和照准部的微动螺旋，使十字丝交点对准目标，并观察有无视差（如有视差，应予以消除，具体方法与水准仪相同，即仔细转动物镜对光螺旋，直至尺像与十字丝平面重合）。

3.3.3　读数

打开读数反光镜，调节视场亮度，转动读数显微镜对光螺旋，使读数窗影像清晰可见。读数时，除分微尺型直接读数外，凡在支架上装有测微轮的，均需先转动测微轮，使中间窗口对径分划线重合后方能读数，最后将度盘读数和分微尺读数（测微尺读数）相加所得的结果才是最终的读数值。

3.4　水平角测量

水平角观测的方法一般根据目标的多少、测角精度的要求和施测时候使用的仪器来确定，常用的观测方法有测回法和方向法两种。

3.4.1　测回法

在水平角观测中，为发现错误并提高测角精度，一般要在盘左和盘右两个位置进行观测。当观测者对着望远镜的目镜，竖盘在望远镜的左边时称为盘左位置，又称正镜；竖盘在望远镜的右边时称为盘右位置，又称倒镜。测回法观测水平角操作方法如下：

设 O 为测站点，A、B 为观测目标，$\angle AOB$ 为观测角，如图 3-7 所示。先在 O 点安置仪器，进行整平、对中，然后按以下步骤进行观测：

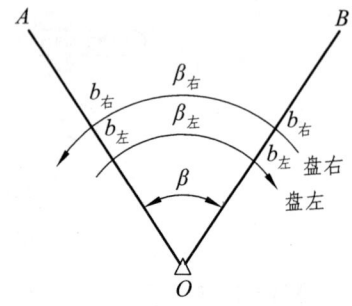

图 3-7　测回法观测水平角

（1）盘左位置：先照准左方目标，即后视点 A，读数为 $a_左$，记入测回法测角记录表，见表 3-1。然后顺时针转动照准部照准右方目标，即前视点 B，读取水平度盘读数为 $b_左$，记入记录表。以上称为上半测回，其观测角值为

$$\beta_左 = b_左 - a_左 \qquad (3-4)$$

（2）盘右位置：倒镜，逆时针旋转照准部。先照准右方目标，即前视点 B，读取水平度盘读数 $b_右$，记入记录表；再逆时针转动照准部照准左方目标，即后视点 A，读取水平度盘读数为 $a_右$，记入记录表。则得下半测回角值为

$$\beta_{右} = b_{右} - a_{右} \tag{3-5}$$

（3）上、下半测回合起来称为一测回。一般规定，用 DJ_6 型光学经纬仪进行观测，当上、下半测回角值之差不超过 40″时，可取其平均值作为一测回的角值，即

$$\beta = \frac{1}{2}(\beta_{左} + \beta_{右}) \tag{3-6}$$

表 3-1　测回法测角记录表

测站	盘位	目标	水平度盘读数 /° ′ ″	水平角		备注
				半测回角 /° ′ ″	测回角 /° ′ ″	
O	左	A	0　01　24	60　49　06	60　49　03	
		B	60　50　30			
	右	A	180　01　30	60　49　00		
		B	240　50　30			

采用测回法观测水平角的过程中，在盘左位置时一般使起始方向（即左目标）的水平度盘读数配置为略大于 0°的度数。对于 DJ_6 型经纬仪，读数方法为：盘左位置瞄准左目标后，水平制动，拨动水平度盘拨盘手轮使水平度盘读数略大于 0 即可，如表 3-1 中的 0°01′24″。

3.4.2　方向观测法

如要观测 3 个及以上的方向，则采用方向观测法进行观测。

如图 3-8 所示，若测站上有 5 个待测方向：A、B、C、D、E，选择其中的一个方向（如A）作为起始方向（亦称零方向），在盘左位置，从起始方向A 开始，按顺时针方向依次照准 A、B、C、D、E，并读取度盘读数，称为上半测回；然后纵转望远镜，在盘右位置按逆时针方向旋转照准部，从最后一个方向 E 开始，依次照准 E、D、C、B、A 并读数，称为下半测回。上、下半测回合为一测回。这种观测方法就叫做方向观测法，简称"方向法"。

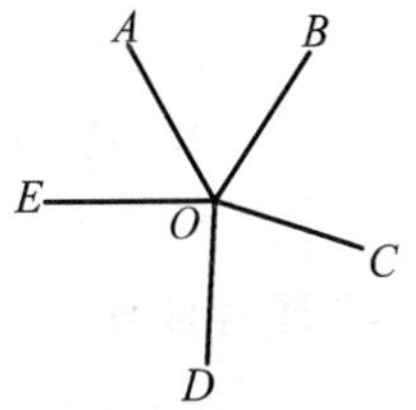

图 3-8　方向观测水平角

如果在上半测回照准最后一个方向 E 之后继续按顺时针方向旋转照准部，重新照准零方向 A 并读数；下半测回也从零方向 A 开始，依次照准 A、E、D、C、B、A，并读数。这种在每半测回中都从零方向开始照准部旋转一整周再闭合到零方向上的操作称为归零。通常把这种进行归零的方向观测法称为全圆方向法。习惯上把方向观测法和全圆方向法统称为方向观测法或方向法。当观测方向多于 3 个时，应采用全圆方向法。

为了提高测量精度，有时需要观测若干个测回。但是为了减少度盘分划误差的影响，在各测回间应进行水平度盘的配置，按测回数 n 将度盘位置依次变换为 $180°/n$。例如，观测 3 个测回，则各测回的起始读数应按 60°递增，即分别设置成略大于 0°、60°、120°。

3.5 竖直角测量

3.5.1 竖直度盘构造

竖直度盘垂直固定在望远镜旋转轴的一端，随望远镜的转动而转动。竖直度盘的刻划与水平度盘基本相同，但其注记随仪器构造的不同分为顺时针和逆时针两种形式，如图3-9所示。

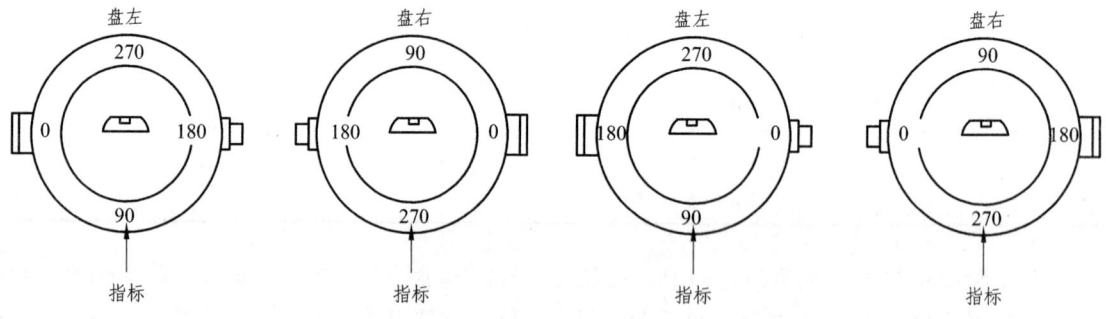

图 3-9　经纬仪竖直度盘构造

目前，光学经纬仪普遍采用竖盘指标自动归零补偿器装置代替传统竖盘指标水准管，其作用是消除仪器整平后的剩余误差给竖盘读数带来的影响。使用时，在仪器整平后按一下按钮，竖盘刻线（读数窗中）互相摆开，然后缓慢回复到初始位置。

竖直角的计算公式是根据竖盘读数指标线处于正确位置时推导出的。即当视准轴水平时，竖盘指标线所指读数应为 90°的倍数，称为始读数。但当指标线所指的读数比始读数增大或减小一个角值 x（竖盘指标差）时，可以通过盘左、盘右观测取平均值予以抵消。

3.5.2 竖直角观测与计算

1. 竖直角计算

当经纬仪在测站上安置好后，首先应依据竖盘的注记形式推导出测定竖直角的计算公式。其具体做法如下：

（1）盘左位置将望远镜大致调至水平位置，这时竖盘读数值约为 90°（若置盘右位置，约为 270°），这个读数称为始读数。

（2）慢慢仰起望远镜物镜，观测竖盘读数（盘左时记作 L，盘右时记作 R），并将结果与始读数相比，是增加还是减少。

（3）以盘左为例，若 $L > 90°$，则竖角计算公式为

$$\alpha_\text{左} = L - 90° \tag{3-7}$$

$$\alpha_\text{右} = 270° - R \tag{3-8}$$

若 $L < 90°$，则竖角计算公式为

$$\alpha_{左} = 90° - L \tag{3-9}$$

$$\alpha_{右} = R - 270° \tag{3-10}$$

平均竖直角
$$\alpha = \frac{\alpha_{左} + \alpha_{右}}{2} = \frac{R - L - 180°}{2} \tag{3-11}$$

竖盘指标差的计算公式为

$$x = \frac{(\alpha_{左} - \alpha_{右})}{2} = \frac{L + R - 360°}{2} \tag{3-12}$$

在测站上安置仪器后，应先判断竖直角计算公式。目前，经纬仪多采用天顶式顺时针注记，当望远镜视线水平，竖盘指标水准管气泡居中时，盘左位置，视线水平读数为 90°，望远镜上仰，读数减小；盘右位置，视线水平时读数 270°，当望远镜上仰，读数增大。此时采用式（3-9）和（3-10）计算竖直角。

2. 竖直角观测方法

在测站上安置好仪器后，用下述方法测定竖直角。

（1）盘左位置：瞄准目标后，用十字丝横丝卡准目标的固定位置，打开竖盘自动归零按钮，读取竖盘读数 L，记入竖直角观测记录表，见表 3-2。用所推导好的竖角计算公式计算出盘左时的竖直角，上述观测称为上半测回观测。

表 3-2 竖直角观测记录表

测站	目标	盘位	竖盘读数 /° ′ ″	半测回竖直角 /° ′ ″	指标差 /″	一测回竖直角 /° ′ ″	备注
O	M	左	59 29 48	+30 30 12	−12	+30 30 00	竖盘为天顶式顺时针注记
		右	300 29 48	+30 29 48			
	N	左	93 18 40	−3 18 40	−13	−3 18 53	
		右	266 40 54	−3 19 06			

（2）盘右位置：仍照准原目标，读取竖盘读数，并记入记录表。用所推导好的竖角计算公式计算出盘右时的竖角，称为下半测回观测。上、下半测回合称一测回。

3.6 经纬仪的检验与校正

3.6.1 经纬仪的主要轴线及应满足的条件

为了保证测角的精度，经纬仪主要部件及轴系应满足的几何条件为：照准部水准管轴应垂直于仪器竖轴（$LL \perp VV$）；十字丝纵丝应垂直于横轴；视准轴应垂直于横轴（$CC \perp HH$）；

横轴应垂直于仪器竖轴（$HH \perp VV$）；竖盘指标差应为零；光学对中器的视准轴应与仪器竖轴重合，如图 3-10 所示。

3.6.2 经纬仪主要部件的检验和校正

由于仪器经过长期外业使用或长途运输及外界影响等，会使各轴线的几何关系发生变化，因此在使用前必须对仪器进行检验和校正。

1. 照准部水准管的检校

目的：当照准部水准管气泡居中时，应使水平度盘水平、竖轴铅垂。

检验方法：将仪器安置好后，先使照准部水准管平行于一对脚螺旋的连线，转动这对脚螺旋使气泡居中；再将照准部旋转 180°，若气泡仍居中，说明条件满足，即水准管轴垂直于仪器竖轴，否则应进行校正。

校正方法：转动平行于水准管的两个脚螺旋，使气泡退回偏离零点的格数的一半，再用拨针拨动水准管校正螺丝，使气泡居中。

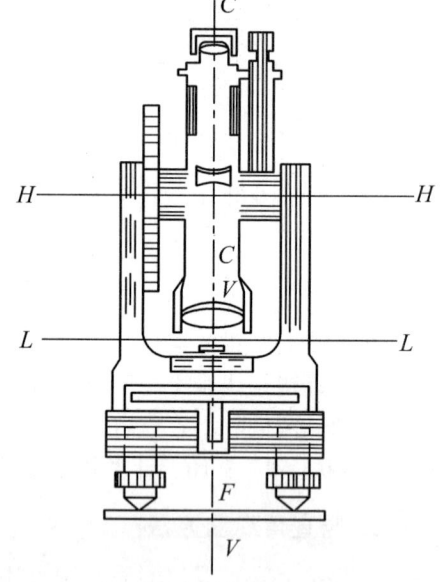

图 3-10 经纬仪轴系关系

2. 十字丝竖丝的检校

目的：使十字丝竖丝垂直横轴。当横轴处于水平位置时，竖丝处于铅垂位置。

检验方法：用十字丝竖丝的一端精确瞄准远处某点，固定水平制动螺旋和望远镜制动螺旋，慢慢转动望远镜微动螺旋。如果目标不离开竖丝，说明此项条件满足，即十字丝竖丝垂直于横轴，否则需要校正。

校正方法：要使竖丝铅垂，就要转动十字丝板座或整个目镜部分。十字丝板座和仪器连接的结构如图 3-11 所示，校正时，首先旋松固定螺丝，转动十字丝板座，直至竖丝铅垂，然后再旋紧固定螺丝。

3. 视准轴的检校

目的：使望远镜的视准轴垂直于横轴。视准轴不垂直于横轴的倾角 c 称为视准轴误差，也称为 $2c$ 误差，它是由于十字丝交点的位置不正确而产生的。

检验方法：选与视准轴近于水平的一点作为照准目标，盘左照准目标的读数为 $a_左$，盘右再照准原目标的读数为 $a_右$，如 $a_左$ 与 $a_右$ 的差值不等于 180°，则表明视准轴不垂直于横轴，应进行视准轴校正。

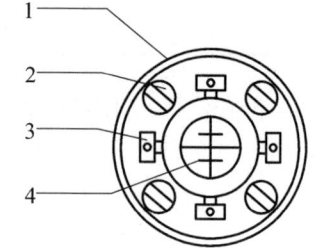

图 3-11 十字丝板和仪器连接的结构
1—镜筒；2—压环固定螺丝；3—十字丝校正螺丝；4—十字丝分划板

校正方法：以盘右位置读数为准，计算两次读数的平均数 a。首先转动水平微动螺旋将度盘读数值配置为读数 a，此时视准轴偏离了原照准的目标，然后拨动十字丝校正螺丝，直至使视准轴再照准原目标为止，即视准轴与横轴相垂直。

4. 横轴的检校

目的：使横轴垂直于仪器竖轴。

检验方法：将仪器安置在一个清晰的高目标附近，其仰角为 30°左右。盘左位置照准高目标 M 点，固定水平制动螺旋，将望远镜大致放平，在墙上或横放的尺上标出 m_1 点，如图 3-12 所示。纵向转动望远镜，盘右位置仍然照准 M 点，放平望远镜，在墙上标出 m_2 点。如果 m_1 和 m_2 重合，则说明此条件满足，即横轴垂直于仪器竖轴，否则需要进行校正。

校正方法：此项校正一般应由厂家或专业仪器修理人员进行。

5. 竖盘指标差的检校

目的：使竖盘指标差 X 为零，指标处于正确的位置。

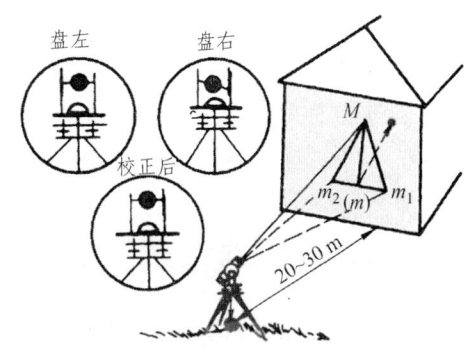

图 3-12 经纬仪横轴检验示意

检验方法：安置经纬仪于测站上，用望远镜在盘左、盘右两个位置观测同一目标，当竖盘指标水准管气泡居中时，分别读取竖盘读数，计算出指标差。如果指标差超过限差，则须校正。

校正方法：求得正确的竖直角后，不改变望远镜在盘右所照准的目标位置，转动竖盘指标水准管微动螺旋，根据竖盘刻划注记形式，在竖盘上配置相应的盘右读数，此时竖盘指标水准管气泡必然不居中，只需用拨针拨动竖盘指标水准管上、下校正螺丝使气泡居中即可。对带补偿器的经纬仪仅需调节补偿装置。

6. 光学对中器的检校

目的：使光学对中器视准轴与仪器竖轴重合。

检验方法：

（1）装置在照准部上的光学对中器的检验。精确地安置经纬仪，首先在脚架中央的地面上放一张白纸，由光学对中器的目镜观测，将光学对中器分划板的刻划中心标记于纸上，然后水平旋转照准部，每隔 120°用同样的方法在白纸上作出标记点，如三点重合，则说明此条件满足，否则需要进行校正。

（2）装置在基座上的光学对中器的检验。将仪器侧放在特制的夹具上，照准部固定不动，但基座可自由旋转，在距离仪器不小于 2 m 的墙壁上钉贴一张白纸，用上述同样的方法转动基座，每隔 120°在白纸上作出一标记点，若三点不重合，则需要校正。

校正方法：白纸上的三点构成误差三角形，绘出误差三角形外接圆的圆心。由于仪器的类型不同，因此校正部位也不同。有的校正转向直角棱镜，有的校正分划板，有的两者均可校正。校正时均须通过拨动对点器上相应的校正螺丝调整目标偏离量的一半，并反复 1~2 次，直到照准部转到任何位置观测时目标都在中心圈以内为止。

注意：光学经纬仪这 6 项检验校正的顺序不能颠倒，而且照准部水准管轴垂直于仪器竖轴的检校是其他项目检验与校正的基础，这一条件不满足，其他几项检验与校正就不能正确进行。另外，竖轴不铅垂对测角的影响不能用盘左、盘右两个位置观测而消除，所以此项检验与校正也是主要的项目。其他几项，在一般情况下有的对测角影响不大，有的可通过盘左、盘右两个位置观测来消除其对测角的影响，因此是次要的检校项目。

3.7 角度测量的误差及注意事项

由于多种原因，任何测量结果中都不可避免地会含有误差，影响测量误差的因素可分为三类：仪器误差、观测误差、外界条件的影响。

3.7.1 仪器误差

仪器误差包括两方面：一方面是仪器检查不完善所引起的残余误差，如视准轴不垂直横轴、横轴不垂直竖轴等；另一方面是由于仪器制造加工不完善引起的误差，如度盘偏心差、度盘刻划误差等。

（1）视准轴不垂直横轴的误差。视准轴不垂直横轴的误差，也称为视准差，其对水平方向观测值的影响为 $2c$，可以通过盘左、盘右两个位置观测取平均值来消除。

（2）横轴不垂直竖轴的误差。横轴不垂直竖轴的误差也称为支架误差，与视准差一样，可以通过盘左、盘右两个位置观测取平均值来消除。

（3）竖轴倾斜误差。竖轴倾斜误差是由水准管轴垂直仪器竖轴的校正不完善而引起的，不能用盘左、盘右两个位置观测取平均值的方法消除。这种残差的影响与视线竖直角的正切成正比，因此要特别注意水准管轴垂直竖轴的检验和校正。

（4）度盘偏心误差。度盘偏心差是由度盘加工不完善及安装不完善引起的，可以通过盘左、盘右两个位置观测取平均值来消除。

（5）度盘刻划误差。度盘刻划误差是由于度盘的刻划不完善引起的，这项误差比较小，可以通过多测回变换度盘起始位置读数的方法来消除。

3.7.2 观测误差

由于操作仪器时不够细心以及眼睛分辨率、仪器性能的客观限制，在观测中不可避免地会存在误差。

（1）测站偏心误差。测角时，若经纬仪对中有误差，将使仪器中心与测站点不在同一铅垂线上，造成测角误差。当观测目标较近或者水平角接近180°时，应特别注意仪器对中。

（2）目标偏心误差。造成目标偏心误差的原因是观测标志与地面点未在同一铅垂线上，致使视线偏移，其影响类似于测站偏心。目标偏心距越大，误差也越大。在目标点较近时，观测标志应尽可能使用垂球，并仔细瞄准，尽量瞄准目标底部。

（3）照准及读数误差。照准目标时应仔细操作，用单丝切取目标中央或用双丝夹中目标，并认真估读。

3.7.3 外界条件的影响

观测是在一定的条件下进行的,外界条件对观测质量会有直接影响,如松软的土壤和大风影响仪器的稳定,日晒和温度变化影响水准管气泡的运动,大气层受地面热辐射的影响会引起目标影像的跳动等,这些都会给观测结果带来误差。因此,要选择目标成像清晰、稳定的有利时间进行观测,设法克服或避开不利条件的影响,以提高观测成果的质量。

思考与练习题

1. 经纬仪的技术操作包括哪些?
2. 试述经纬仪对中、整平的步骤。
3. 叙述用测回法观测水平角的观测程序。
4. 试述光学经纬仪观测竖直角的操作步骤。
5. 经纬仪有哪些主要轴线?它们之间应满足怎样的几何关系?为什么必须满足这些几何关系?
6. 观测水平角时采用盘左、盘右观测方法,可以消除哪些误差对测角的影响?
7. 用测回法观测水平角,其观测数据如表所示,试计算各测回角值。

题 7 表

测站	盘位	目标	水平度盘读数 /° ′ ″	水平角/° ′ ″		备注
				半测回水平角	测回值	
O	左	A	00 00 12			
		B	304 40 30			
	右	A	180 00 48			
		B	124 40 54			
M	左	C	00 01 10			
		D	60 40 20			
	右	C	180 02 40			
		D	240 41 40			

8. 在 O 点架设经纬仪,观测 M、N 两点,其竖盘读数如表所示,完成剩余计算。

题 8 表

测站	目标	盘位	竖盘读数 /° ′ ″	半测回竖直角 /° ′ ″	指标差 /″	一测回竖直角 /° ′ ″	备 注
O	M	左	69 17 24				竖盘为天顶式顺时针注记
		右	290 41 54				
	N	左	98 35 48				
		右	261 23 40				

第4章 距离测量与直线定向

学习目标

了解钢尺量距方法及评定距离测量精度的方法；掌握全站仪的操作方法，熟悉全站仪的测角、测距、坐标测量和坐标放样等基本功能；理解直线定向及坐标方位角的概念，掌握坐标方位角的推导公式。

4.1 钢尺量距

4.1.1 量距工具

1. 量距工具

在工程测量中，根据精度要求的不同，要丈量两点之间的水平距离，这时使用的量距工具通常有钢尺、皮尺、测绳、测钎、标杆和垂球等。钢尺量距较为精确，皮尺和测绳量距较为粗略，本节重点介绍钢尺量距。

钢尺又称钢卷尺，为优质薄钢制作的带状尺，尺的宽度为 10~15 mm，厚度约 0.4 mm，长度有 30 m、50 m 等几种。钢尺的基本分划为厘米，最小分划值为毫米，每厘米、每分米及每米处印有数字注记。钢尺可以卷放在圆形的尺壳内，也可以卷放在金属的尺架上，如图 4-1 所示。

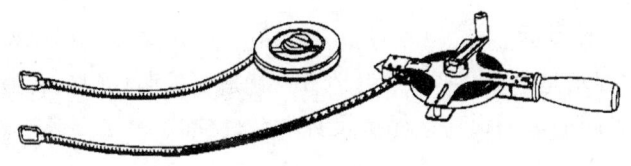

图 4-1 钢尺

根据零点位置的不同，钢尺可分为端点尺和刻线尺两种。以钢尺的最外端作为尺子零点的为端点尺；尺子零点位于钢尺的起点一端某一横线处称为刻线尺。钢尺刻划线的最大注记值称为钢尺的名义长度。

钢尺量距辅助工具有测钎、标杆、垂球，如图 4-2 所示。

测钎由粗铁丝制成，长度为 30~40 cm，上端弯成环形，下端磨尖，一般以 6 根或 11 根为一组，穿在一个铁环上。在距离测量中用于标定尺端点的位置和计算丈量时的整尺段数。

标杆又称为花杆，长度 2 m 或 3 m，杆上按 20 cm 间隔涂上红白相间的油漆，杆底部装有圆锥形的铁脚，在距离测量中用于标志点位和直线定线。垂球用于在倾斜地面丈量距离时将钢尺的端点垂直投影到地面上。

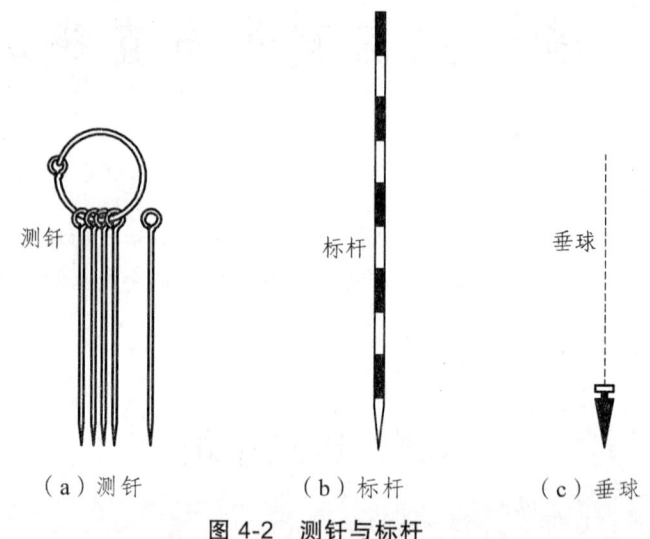

（a）测钎　　　（b）标杆　　　（c）垂球

图 4-2　测钎与标杆

2. 直线定线

当两点之间的距离较远或地面起伏较大时，用一个整尺段长不能丈量全程，则需要在两点直线方向上标定若干临时分段点，以便分段测量。临时分段点之间的长度可以小于或等于尺长度。这种在直线方向上标定出一系列临时分段点的工作，称为直线定线。直线定线的方法有两种：在精度要求不高的情况下可目测定线；当精度要求较高时或测角量边同时进行时，可采用经纬仪定线。

设 A、B 两点互相通视，一名测量员将经纬仪安置在 A 点，用望远镜竖丝瞄准 B 点，水平制动照准部，望远镜上下转动，指挥另一个测量员左右移动标杆，直至标杆与十字丝竖丝重合，在望远镜视线上得到直线上一个分段点。用同样方法定出直线上其他各点，为减小照准误差，可以用直径更小的测钎代替标杆进行定线。

3. 钢尺量距的一般方法

钢尺量距的基本要求是"直、平、准"。"直"就是要量两点间的直线长度，要求定线直；"平"就是要量出两点间的水平距离，保持尺身水平；"准"就是要求对点、投点、读数要准确，符合精度要求。

4.1.2　视距测量的误差分析及注意事项

1. 量距误差分析

钢尺量距的主要误差来源有以下几种：

（1）尺长误差。如果钢尺的名义长度和实际长度不符，则产生尺长误差。尺长误差是积累形成的，其大小与丈量距离成正比。往返丈量不能消除尺长误差，只有加入尺长改正才能消除。因此，距离丈量时要对新的钢尺进行鉴定，求其尺长改正值。

（2）温度误差。钢尺的长度随着温度的变化而变化，当丈量时温度和标准温度不一致则会产生温度误差。钢的膨胀系数按1.25×10^{-5} °C^{-1}计算，温度每变化1 °C其影响为丈量长度的1/80 000。一般量距中，当温度变化小于10 °C时，可以不加改正，但精密量距时必须加温度改正。

（3）尺子倾斜。钢尺不处于水平状态，会使所测距离增大，对于30 m钢尺，如果目估尺子水平误差为0.5 m（倾角约为1°），则由此产生的量距误差为4 mm。因此，用平量法丈量时应尽可能使钢尺水平。

（4）垂曲误差。钢尺悬空丈量时中间下垂，造成垂曲，由此产生的误差为钢尺垂曲差。垂曲误差会使量得的长度大于实际长度，因此，丈量时必须注意尺子的水平状况，整尺段悬空时，应有人在中间托扶。

（5）定线误差。由于丈量时的尺子没有准确地放在所量距离的直线方向上，使所丈量距离不是直线而是一组折线，由此而产生的误差称为定线误差。一般丈量时，要求标杆定线偏差不大于0.1m，经纬仪定线偏差不超过5～7 cm。

（6）拉力误差。钢尺在丈量时所受拉力应与鉴定时拉力相同，拉力的大小将影响尺长的变化，拉力不同将产生拉力误差。对于普通钢尺若拉力变化70 N，尺长将改变1/10 000。故在一般丈量中，只要保持拉力均匀即可；对于精密量距，则需要使用弹簧秤。

（7）对点误差。丈量中，用测钎在地面上标定尺端点时，若插测钎不准确，将会对丈量结果造成一定的影响。距离量测过程中要对点准确，配合默契。

2. 钢尺的维护

（1）钢尺易生锈，丈量结束后应用软布擦拭尺面。

（2）丈量过程中禁止车辆压过钢尺，以防折断。

（3）不可以将钢尺沿地面拖拉，以免磨损尺面刻划。

4.2 全站仪的使用

4.2.1 全站仪的基本结构

全站型电子速测仪简称全站仪，由光电测距仪、电子经纬仪和数据处理系统组合而成，如图4-3所示。全站仪包含水平角测量系统、竖直角测量系统、水平补偿系统和测距系统四大光电系统。

其测角部分相当于电子经纬仪，可以测定水平角、竖直角和进行角度设置；测距部分相当于光电测距仪，测定测站点与目标点的斜距，并通过数据处理解算平距和高差；数据处理系统可以接收指令，分配各种观测作业，进行数据运算，并提供数据存储功能；输入、输出设备包括键盘、显示屏和数据线接口，使全站仪和微机等设备交互通信数据，形成内外一体的测绘系统。

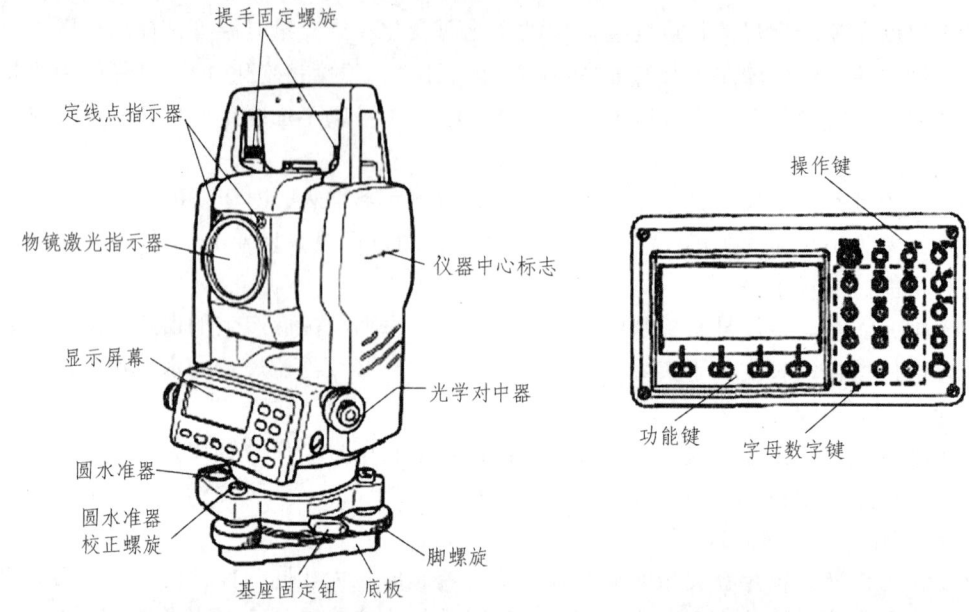

图 4-3 拓普康（TOPCON）GPT-3000N 系列全站仪

4.2.2 全站仪测量前的准备工作

全站仪的种类很多，不同型号的全站仪其具体操作方法会有较大差异，在测量之前一般应完成以下准备工作。

1. 安装电池

在测量前首先检查内部电池的充电情况，如果电池电量不足，要及时充电。测量时将电池安装上使用，测量结束后应取下放置。

2. 安置仪器

将全站仪连接到三脚架上，对中和整平（同一般经纬仪）。因为多数全站仪有双轴补偿功能，所以在整平后的在观测过程中，即使气泡稍有偏离，对观测也不会有影响。

3. 开机

按[POWER]或[ON]键，开机后仪器进行自检，自检结束后进入测量状态。有的全站仪自检结束后需要设置水平度盘与竖盘指标：设置水平度盘指标的方法是旋转照准部一周，听见鸣响即设置完成；设置竖直指标的方法是纵转望远镜一周，听见鸣响设置完成。设置完成后显示窗内显示水平度盘与竖直度盘的读数。

4. 设置仪器参数

根据测量的具体要求，在测前应通过仪器键盘的操作进行参数的选择和设置。主要包括：观测条件参数设置、距离测量模式选择、通信条件参数的设置和计量单位的设置。

4.2.3 全站仪的功能介绍

全站仪作为光电技术的产物，可以完成角度测量、距离测量、坐标测量、放样测量、对边测量、交会测量、面积测量、悬高测量等测量工作，这里仅介绍与工程建筑有关的主要功能。

1. 水平角测量

全站仪测角系统是利用光电扫描度盘自动显示读数，使观测时操作简单，避免产生人为读数误差。水平角观测基本操作过程如下：

（1）选择水平角显示方式。

按角度测量键使全站仪处于角度测量模式。一般全站仪具有左角（逆时针角）和右角（顺时针角）两种模式可以选择，按照我们的习惯与经纬仪保持一致，通常选择右角观测模式。

（2）起始方向水平度盘读数设置。

测定两条直线间的水平夹角，选择其中一个方向为起始方向。照准起始方向，设置当前的水平度盘读数为 0°00′00″，即水平方向置零。也可以将起始方向水平度盘读数设置成已知角度，完成水平度盘定向。

（3）水平角测量。

照准起始方向，设置完水平度盘读数后，顺时针转动望远镜，照准前视方向，此时显示的水平度盘读数为两方向之间的水平夹角。如观测一测回角度值其操作过程与经纬仪测水平角观测相同。

竖直角观测只需照准目标点，屏幕显示第一行"V"即为竖直读盘读数。竖直角观测值显示方式可以在竖直角与天顶距之间切换。

2. 距离测量

全站仪进行距离测量时，考虑到大气折光和地球曲率对距离测量的影响，首先要设置正确的大气改正数，然后选择棱镜类型、设置棱镜常数；长距离测量时还应进行返回信号检测。距离观测的基本操作过程如下：

（1）设置大气改正值或气温、气压值。

测距红外光在大气中的传播速度会随大气折射率的不同而变化，而大气折射率与大气的温度和气压有着密切的关系。温度 15 ℃ 和大气压强为 760 mmHg 是仪器设置的一个标准状态，此时大气改正值为 0。测量过程中，可以输入温度和气压值，全站仪自动计算大气改正值（也可以直接输入大气改正值），并对测距结果进行改正。

（2）设置棱镜常数。

全站仪在距离测量时发射的光线，在反射棱镜中经折射后沿原入射方向反射回全站仪。光在反射棱镜的玻璃中传播速度比在空气中慢，而其在反射棱镜中传播所用的时间会使所测距离超过某一数值，这个数值称为棱镜常数。测距前将棱镜常数输入仪器中，仪器会对所测距离进行改正。目前多数全站仪已经在仪器内部修正这一问题，若使用原厂棱镜，棱镜常数一般为零。

（3）测距模式的选择。

全站仪测距模式有精测模式、跟踪模式、粗测（速测）模式三种。精测模式是常用的测距模式，测量时间约为 2.5 s，最小显示单位为 1 mm；跟踪模式用于测量移动目标或放样时连续测距，最小显示单位一般为 1 cm；粗测模式测量时间约为 0.7 s，最小显示单位为 1 cm 或 1 mm。在距离测量或坐标测量时，可以按测距模式键选择不同的测距模式。

（4）距离测量。

照准目标棱镜中心，按测距键，距离测量开始，测距完成后显示斜距、平距、高差。输入准确的仪器高和棱镜高，可以得到测站点与待测点之间的高差。有些型号的全站仪在距离测量时不能设置仪器高和棱镜高，显示的高差值是全站仪横轴中心与棱镜中心的高差。

3. 坐标测量

全站仪可以直接测算点的三维坐标，如图 4-4 所示，O 为测站点，A 为后视点，点 1 位待定点。已知 A 的坐标为（N_A, E_A, Z_A），O 的坐标为（N_O, E_O, Z_O），求待测点 1 的坐标（N_1, E_1, Z_1）。

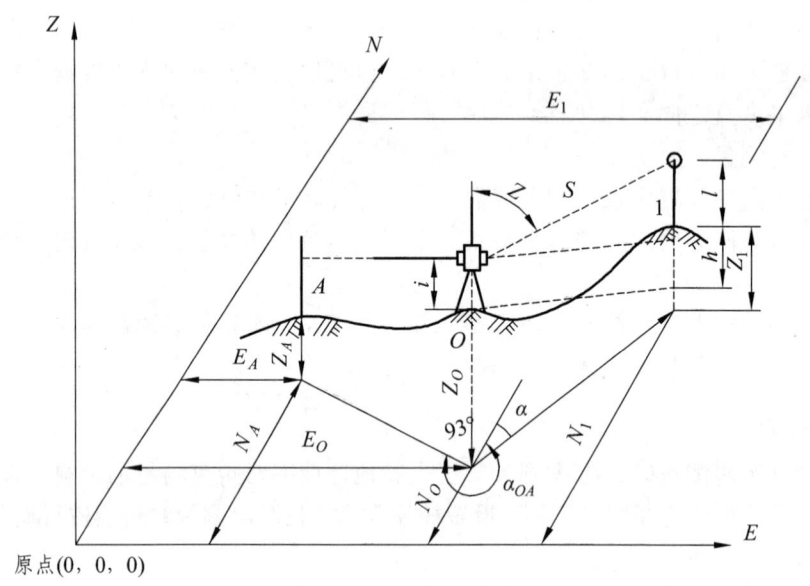

图 4-4　坐标测量计算原理

根据坐标反算其坐标方位角 $\alpha_{OA} = \arctan\dfrac{E_A - E_O}{N_A - N_O}$，为后视 OA 边坐标方位角。由此可得待测点 1 的坐标（N_1, E_1, Z_1）为

$$N_1 = N_O + s \cdot \sin z \cdot \cos \alpha \qquad (4-1)$$

$$E_1 = E_O + s \cdot \sin z \cdot \sin \alpha \qquad (4-2)$$

$$Z_1 = Z_O + s \cdot \cos z + i - v \qquad (4-3)$$

式中，N_1, E_1, Z_1 为待测点坐标；N_O, E_O, Z_O 为测站点坐标；s 为测站点至待测点的斜距；z 为天顶距；α 为测站点至待测点方向的坐标方位角；i 为仪器高；v 为棱镜高。

需说明的是，全站仪上常用（N, E, Z）表示点的三维坐标，其中 N 对应 x，E 对应 y，Z 对应 H。坐标测量基本操作过程如下：

（1）设置棱镜常数、大气改正或气温、气压值。

（2）设定测站点数据。测量前需将测站点坐标、仪器高通过键盘输入。仪器高是指仪器的横轴中心至测站点的垂直高度，可以用钢卷尺量出。

（3）设定后视点定向元素。照准后视点，输入后视点的坐标或后视边坐标方位角。当输入后视点的坐标时，全站仪自动计算后视方向坐标方位角，水平度盘读数显示该坐标方位角值。

（4）输入棱镜高。棱镜高是指棱镜中心至地面点的垂直高度。

（5）待测点坐标测量。精确照准前视目标棱镜中心，按坐标测量键，全站仪开始测量，屏幕上显示待测点的三维坐标。

4. 全站仪放样

全站仪可以用于角度、距离放样，也可用于坐标放样。在放样过程中，通过对放样点的角度、距离或坐标的测量，仪器将显示预先设计好的放样值与实测值之差，以指导准确放样。

（1）角度和距离放样。

角度和距离放样是根据相对于某参考方向转过的角度和放样的距离测设所需点位。其操作步骤如下：

① 全站仪安置于测站点，精确照准后视点的参考方向。

② 选择放样模式为角度和距离放样，依次输入放样距离和放样角度。

③ 水平角放样。转动全站仪的照准部使 dHA 变为 0°00′00″，固定照准部，此时仪器视线方向即角度放样的方向。其中，dHA 表示水平角差值，即

$$水平角差值 = 水平角实测值 - 水平角放样值$$

④ 距离放样。沿视线方向安置棱镜，使棱镜的中心正对仪器，选取距离放样测量模式，根据仪器显示的距离差值 dHD，引导棱镜在仪器视线方向前后移动，直到 dHD 显示值为零，此时棱镜所在的位置就是待放样点的点位。其中，dHD 表示平距差值，即

$$平距差值 = 平距实测值 - 平距放样值$$

（2）坐标放样。

在已知放样点坐标的情况下可以选择坐标放样。坐标放样之前输入测站点、后视点和放样点的坐标，仪器便会自动计算放样点的角度和距离，利用角度和距离放样功能便可测设放样点的位置。也可以进行坐标放样，移动棱镜使三维坐标显示值为零，此时棱镜处既为放样点位置。其操作步骤如下：

①~④步操作与坐标测量程序的前 4 步操作相同。

⑤输入放样点坐标。

⑥参照角度和距离放样的步骤，将放样点的平面位置定出。

⑦高程放样，将棱镜置于放样点上，在坐标放样模式下测量该点坐标，根据其与已知高程的差值，上下移动棱镜，直至差值显示为零，放样点点位即确定。

4.2.4　全站仪使用的注意事项与保养

全站仪是一种结构复杂、制造精密的仪器，在使用过程中应当遵循其操作规程，正确、

熟练地使用。

1. **使用时的注意事项**

（1）新购置的仪器，首次使用时应结合仪器认真阅读仪器使用说明书。通过反复学习，熟练掌握仪器的基本操作、文件管理、数据通讯等内容，最大限度地发挥全站仪的作用。

（2）阳光下或降雨中作业时应当给仪器打伞遮阳、遮雨。长时间在高温环境中，可能对仪器的使用产生不良影响。

（3）仪器应保持干燥，不要将仪器浸入水中，遇雨后应将仪器擦干，放在通风处，完全晾干后才能装箱。

（4）全站仪望远镜不可直接照准太阳，以免损坏发光二极管。

（5）全站仪在迁站时，应握住提手取下仪器放入仪器箱中。

（6）运输过程中应尽可能减轻震动，剧烈震动可能导致测量功能受损。

（7）建议在电源打开期间不要将电池取出，以免存储数据丢失，在电源关闭后再装入或取下电池。

2. **仪器的保养**

（1）仪器应该保持清洁，镜头不可用手去触摸，可用镜头纸清理。

（2）应按说明书的要求进行电池充电。

（3）定期对仪器的性能进行检查。

（4）仪器出现故障应与厂家联系修理，不可随意拆卸仪器。

4.3　直线定向

确定地面直线与标准方向间的水平夹角称为直线定向。

4.3.1　标准方向

在测量工作中常用的标准方向有真子午线方向、磁子午线方向、坐标子午线方向三种。

1. **真子午线方向**

地球表面任一点指向地球南北极的方向线为该点的真子午线，真子午线的切线方向为该点真子午线方向。可以应用天文测量方法或者陀螺经纬仪来测定地球表面任一点的真子午线方向。地面上两点真子午线之间的夹角为子午线收敛角，用 γ 表示。

2. **磁子午线方向**

地球表面任一点与地球磁场南、北极连线所组成的平面与地球表面的交线称为该点的磁子午线，磁子午线在该点的切线方向称为该点的磁子午线方向。磁针静止时所指的方向为该点的磁子午线方向，可以应用罗盘仪来测定。

由于地球的南、北极与地球磁场的南、北极不重合，因此过地表任意一点 P 的真子午线方向与磁子午线方向也不重合，两者间的夹角为磁偏角，用 δ 表示。当磁子午线在真子午线东侧时，称为东偏，δ 为正；当磁子午线在真子午线西侧时，称为西偏，δ 为负。我国磁偏角在 $+6°\sim-10°$ 之间变化。

3. 坐标子午线方向

坐标子午线方向又称坐标纵轴方向，它是指直角坐标系中坐标纵轴的方向。地面上各点真子午线都是指向地球的南北极。但由于不同点的真子午线方向是不平行的，这给计算工作带来不便，因此在普通测量中一般采用坐标子午线作为标准方向，这样测区内地面各点的标准方向是相互平行的。

在高斯平面直角坐标系中，中央子午线与坐标子午线方向一致，除中央子午线外，其他地区的真子午线与坐标子午线不重合，两者所夹的角即为中央子午线与该地区子午线之间所夹的收敛角 γ。当坐标子午线在真子午线东侧，γ 为正；当坐标子午线在真子午线西侧，γ 为负。

4.3.2 直线方向的表示方法

1. 方位角与坐标方位角

测量中直线的方向常用方位角表示。方位角是指由标准方向的北端顺时针方向旋转至该直线方向的水平夹角。方位角的取值范围是 $0°\sim360°$。因为标准方向有三种，坐标方位角也有三种。

以真子午线北端起算的方位角为真方位角，用 A 表示。

以磁子午线北端起算的方位角为磁方位角，用 A_m 表示。

以坐标子午线（坐标纵轴）北端起算的方位角，称为坐标方位角，用 α 表示。

根据真子午线、磁子午线、坐标纵轴子午线三者之间的相互关系，如图4-5所示，三种方位角有以下联系：

$$A = A_m + \delta \ (\delta\ 东偏为正，西偏为负) \tag{4-4}$$

$$A = \alpha + \gamma \ (\gamma\ 东偏为正，西偏为负) \tag{4-5}$$

因此

$$\alpha = A_m + \delta - \gamma \tag{4-6}$$

如图4-6所示，设直线 AB 前进方向的 α_{AB} 为正坐标方位角，其反方向 BA 的坐标方位角 α_{BA} 为直线 AB 的反坐标方位角，同一条直线的正、反坐标方位角互差 $180°$。正、反坐标方位角的关系为

$$\alpha_{AB} = \alpha_{BA} \pm 180° \tag{4-7}$$

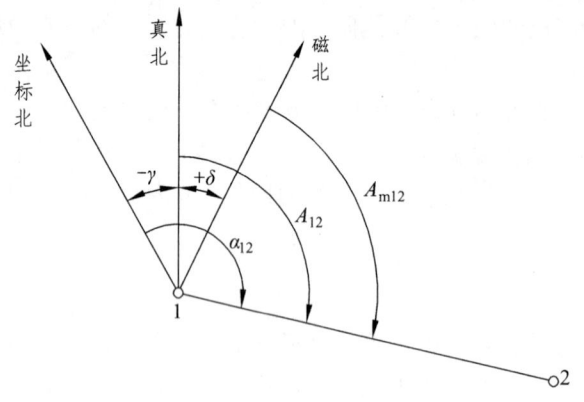
图 4-5　三种方位角之间的关系

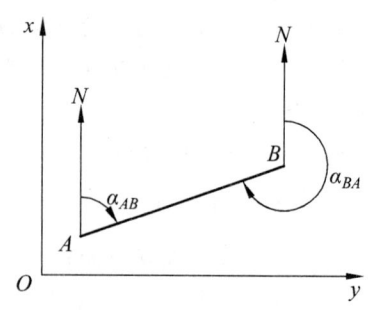
图 4-6　正、反坐标方位角

2. 象限角

由坐标纵轴的北端或南端起,沿顺时针或逆时针方向量至该直线的锐角,称为该直线的象限角,用 R 表示,其角值范围为 $0°\sim 90°$。

如图 4-7 所示,直线 $O1$、$O2$、$O3$、$O4$ 的象限角分别为北东 R_{O1}、南东 R_{O2}、南西 R_{O3} 和北西 R_{O4}。

3. 方位角和象限角的关系

方位角与象限角的换算关系如下:

在第一象限　$R=\alpha$　　　　在第二象限 $R=180°-\alpha$

在第三象限　$R=\alpha-180°$　在第四象限 $R=360°-\alpha$

4.3.3　坐标方位角的推算

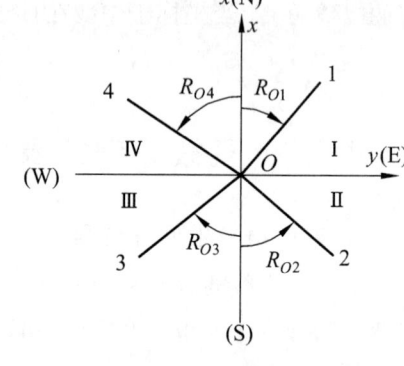
图 4-7　象限角

在实际工作中并不需要直接测定每条直线的坐标方位角,而只需通过与已知坐标方位角的直线连测后推算出各直线的坐标方位角即可,如图 4-8 所示。

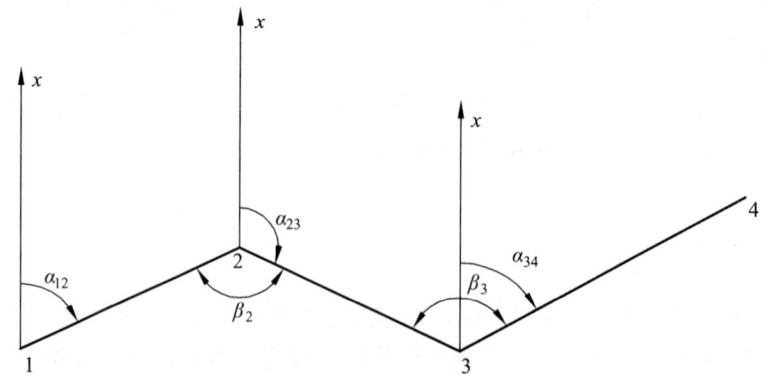
图 4-8　坐标方位角推算

$$\alpha_{23}=\alpha_{12}-\beta_2+180°　　　　　(4-8)$$

$$\alpha_{34} = \alpha_{23} + \beta_3 - 180° \tag{4-9}$$

因 β_2 在推算路线前进方向的右侧，该转折角称为右角；β_3 在左侧，称为左角。从而归纳出推算坐标方位角的一般公式为

$$\alpha_{前} = \alpha_{后} + \beta_{左} - 180° \tag{4-10}$$
$$\alpha_{前} = \alpha_{后} - \beta_{右} + 180° \tag{4-11}$$

计算中，如果 $\alpha_{前} > 360°$，应自动减去 $360°$；如果 $\alpha_{前} < 0°$，则自动加上 $360°$。

4.4 用罗盘仪测定磁方位角

4.4.1 罗盘仪的结构

罗盘仪是利用磁针测量直线磁方位角的一种仪器，如图 4-9 所示。该仪器构造简单，使用方便，但精度不高，外界环境对仪器的影响较大，如钢铁建筑和高压电线都会影响其精度。当测区内没有国家控制点，需要在小范围内建立假定坐标系的平面控制网时，可用罗盘仪测量磁方位角，作为该控制网起始边的坐标方位角。

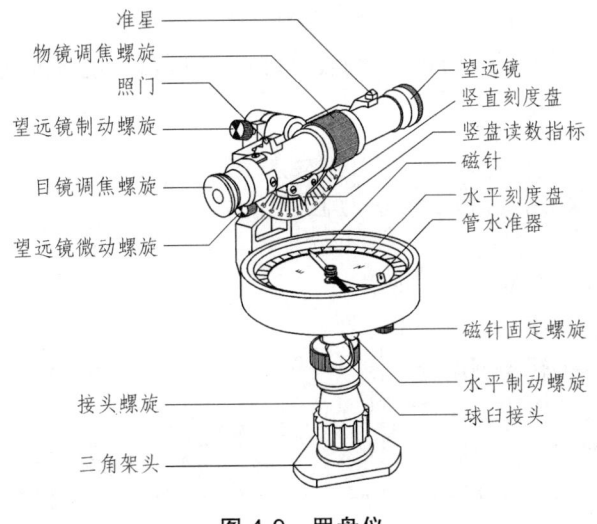

图 4-9 罗盘仪

罗盘仪主要由磁针、刻度盘、望远镜和基座组成。

1. 磁　针

磁针用人造磁铁制成，磁针在度盘中心的顶针尖上可自由转动。为了减轻顶针尖的磨损，不使用时，可用位于底部的固定螺旋升高杠杆，将磁针固定在玻璃盖上，如图 4-10 所示。

磁针两端受地球两磁极吸引力不同的影响而导致磁针倾斜。由于我国位于北半球，则磁

针北端往下倾斜，为了使磁针保持水平，常在磁针南端加上几圈细铜丝。磁针在地磁影响下，将指向地磁南北极。

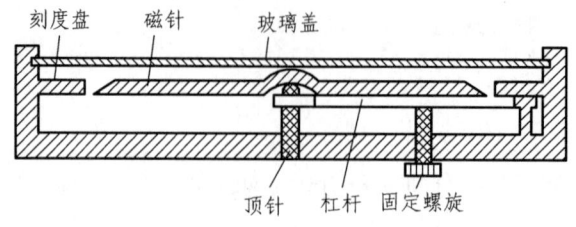

图 4-10　罗盘结构

2. 刻度盘

用钢或铝制成的圆环制成刻度盘，并随望远镜一起转动。刻度盘上每隔 10° 有一注记，按逆时针方向从 0° 注记到 360°，最小分划为 1° 或 30′。盘内注有 N（北）、E（东）、S（南）、W（西）字。刻度盘内装有一个圆水准器或者两个相互垂直的管水准器，用手控制使气泡居中，罗盘仪处于水平状态。

3. 望远镜

罗盘仪的望远镜与经纬仪的望远镜结构基本相似，也有物镜对光、目镜对光螺旋和十字丝分划板等，其望远镜的视准轴与刻度盘的 0° 分划线共面。

4. 基　座

基座采用球臼结构，松开球臼接头螺旋，可摆动刻度盘，使水准气泡居中。度盘处于水平位置后，旋紧球臼接头螺旋。

4.4.2　罗盘仪测定直线磁方位角

欲测定直线 AB 的磁方位角，先将罗盘仪安置在直线起点 A，挂上垂球对中。松开球臼接头螺旋，用手转动刻度盘，使水准器气泡居中。拧紧球臼接头螺旋，使仪器处于对中和整平状态。之后松开磁针固定螺旋，让它自由转动，转动罗盘，用望远镜照准 B 点目标。待磁针静止后，磁针北端所指的度盘分划值即为 AB 边的磁方位角角值，如图 4-11 所示。

使用罗盘仪时，要避开高压电线和避免铁质物体接近罗盘，以免影响磁针位置的正确性。测量结束后，旋紧磁针固定螺旋将磁针固定，避免磁针磨损，保护磁针灵敏性。

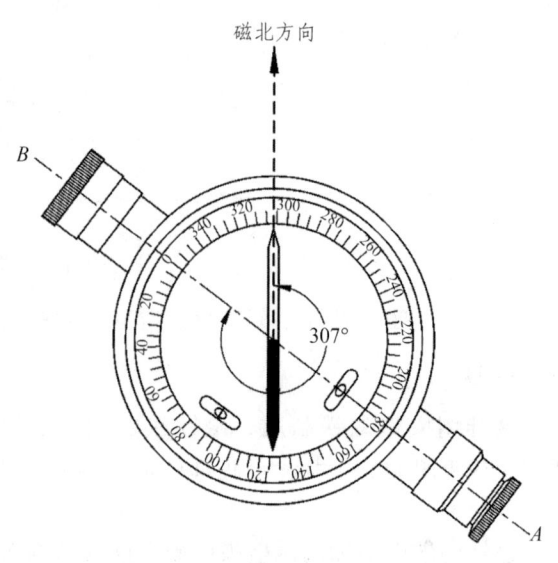

图 4-11　罗盘仪测定磁方位角

思考与练习题

1. 距离测量目前使用哪些仪器？
2. 距离丈量有哪些主要误差？为了保证距离丈量的精度，应注意哪些问题？
3. 全站仪有哪些主要功能？
4. 简答全站仪坐标测量原理。
5. 全站仪坐标放样时，先进行角度放样还是进行距离放样？
6. 测量中作为直线定向依据的基本方向线有哪些？真方位角、磁方位角、坐标方位角三者之间的关系是什么？
7. 如图所示，已知 $\alpha_{12} = 49°20'00''$，$\beta_1 = 125°25'00''$，$\beta_3 = 126°15'00''$，求其余各边坐标方位角。

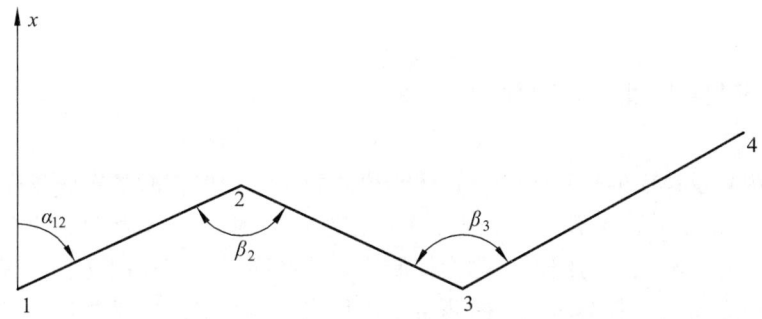

题 7 图 坐标方位角推导

8. 如图所示一图根闭合导线，已知直线 12 的坐标方位角为 253°43'00''，$\beta_1 = 115°55'00''$，$\beta_2 = 91°28'00''$，$\beta_3 = 112°34'00''$，$\beta_4 = 95°45'00''$，$\beta_5 = 124°18'00''$，求其他各边的坐标方位角。

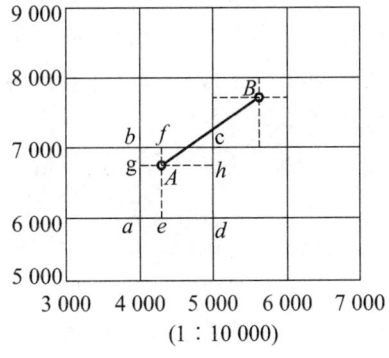

题 7 图 闭合导线计算

第 5 章 控制测量

> **学习目标**

了解控制测量的意义和作业；掌握导线测量和交会定点的外业观测和内业计算方法；掌握四等水准测量和三角高程测量的基本方法。

5.1 控制测量概述

5.1.1 测量控制网和施工控制网

无论工程规划设计前的地形图测绘，还是道路施工工程施工时的定线放样，都必须遵循"从整体到局部，先控制后碎部"的原则。即先在测区内选择若干有控制意义的控制点，按一定的规律和要求组成网状几何图形，称为控制网。控制网有国家控制网、城市控制网和小地区控制网。为建立测量控制网而进行的测量工作称为控制测量。控制测量是其他各种测量工作的基础，具有控制全局和限制测量误差传播及积累的重要作用。

控制测量包括平面控制测量、高程控制测量和三维控制测量。确定点的平面位置的工作称为平面控制测量，平面控制测量的常规方法有三角测量和导线测量。三角测量，即在地面上选择一系列的点，构成连续三角形，测定三角形各个顶点水平角，并根据起始边长、方位角和起始点坐标，经数据处理确定各个顶点平面位置的测量方法。导线测量，即在地面上按照一定要求选定一系列的点，依相邻次序连成折线，并测量各个线段的边长和转折角，再根据起始数据确定各个点的平面位置的测量方法。

高程控制测量主要采用水准测量的方法，高程控制测量网多采用分级布设、逐级控制的方法建立。

对于施工测量阶段，其主要内容包括：施工前的施工控制网建立，建筑物施工放样工作，检查、验收工作和变形观测工作。可见，首先应该面向施工对象建立专门的施工控制网，然后进行主要部位的轴线定线工作，最后由这些建筑轴线进行工程的细部放样。

施工控制网布设形式多样，这与面对的工程性质和周围条件有关，应根据总平面设计图与施工地形条件确定。

5.1.2 测量坐标系和施工坐标系

设计和施工部门常采用的独立坐标系统，称为施工坐标系或建筑坐标系。施工坐标系的坐标轴与主要建筑物主轴线平行或垂直，坐标原点设在总平面图的西南角，以保证所有建筑物的设计坐标均为正值。施工坐标系的纵轴常用 A 表示，横轴用 B 表示，施工坐标系也叫 AB 坐标系。

施工坐标系与测量坐标系往往不一致，因此，施工测量前常常需要进行施工坐标系与测量坐标系的坐标换算。

如图 5-1 所示，设 Oxy 为测量坐标系，$AO'B$ 为施工坐标系，x_0、y_0 为施工坐标系的原点 O' 在测量坐标系中的坐标，α 为施工坐标系的纵轴在测量坐标系中的坐标方位角。设已知 P 点的施工坐标为 (A_P, B_P)，则可按下式将其换算为测量坐标 (x_P, y_P)：

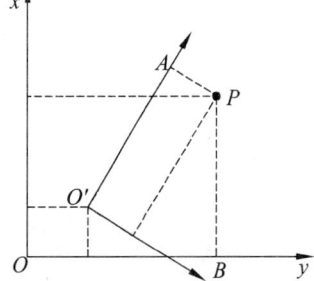

$$\left.\begin{array}{l} x_P = x_0 + A_P \cos\alpha - B_P \sin\alpha \\ y_P = y_0 + A_P \sin\alpha + B_P \cos\alpha \end{array}\right\} \quad (5\text{-}1)$$

图 5-1　坐标转换

如已知 P 点的测量坐标为 (x_P, y_P)，则可将其换算为施工坐标 (A_P, B_P)：

$$\left.\begin{array}{l} A_P = (x_P - x_0)\cos\alpha + (y_P - y_0)\sin\alpha \\ B_P = -(x_P - x_0)\sin\alpha + (y_P - y_0)\cos\alpha \end{array}\right\} \quad (5\text{-}2)$$

5.1.3　控制网布设一般要求

在满足施工进度、质量等基本要求的情况下，道路工程施工、布网中还应该注意以下几点：

1. 投影面的选择不同

施工放样时需要应用控制点间的实际距离，因为施工控制网的起始边长度不需要投影到平均海平面上，但在长距离线路控制测量时，应注意是否需要进行换带计算，并转换至高斯平面，以求最高精度。

2. 布网方案

无论是平面网还是高程网，都应采用两级布网形式，而且第二级的精度不一定比第一级的精度低，这是施工控制网的一个特点。

3. 精度要求

不同建筑物或同一建筑物的不同部分，其精度要求不一样，选择精度时首先应考虑设计中对这些建筑物的容许误差，再考虑施工现场条件和施工顺序、方法等。

5.2　导线测量

5.2.1　导线的布设形式

根据测区的情况和要求，导线可以布设成以下三种常用形式。

1. 闭合导线

如图 5-2 所示，导线从已知控制点 B 和已知方向 BA 出发，经过点 1、2、3、4，最后仍回到起点 B，形成一个闭合多边形，这样的导线称为闭合导线。闭合导线本身有严密的几何条件，因此能起到检核成果的作用，适用于面积较宽阔的独立地区的测图控制。

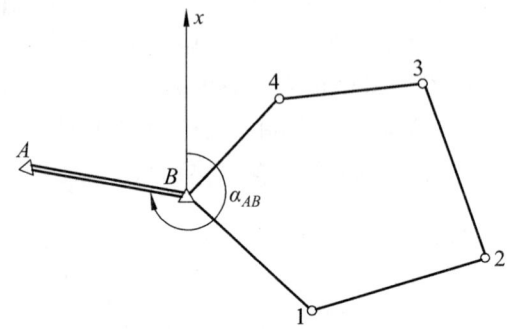

图 5-2　闭合导线

2. 附合导线

如图 5-3 所示，导线从已知控制点 B 和已知方向 AB 出发，经过点 1、2、3，最后附合到另一已知点 C 和已知方向 CD 上，这样的导线称为附合导线。这种布设形式具有检核观测成果的作用。附合导线适用于带状地区的测图控制，此外也广泛用于公路、铁路、管道、河道等工程的勘测与施工控制点的建立。

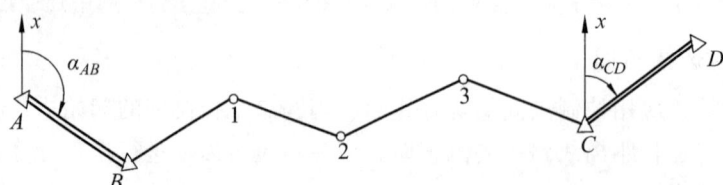

图 5-3　附合导线

3. 支导线

支导线是由一已知点和已知方向出发，既不附合到另一已知点，又不回到原起始点的导线。如图 5-4 所示，B 为已知控制点，α_{AB} 为已知方向，点 1、2 为支导线点。由于这种导线没有已知点进行校核，错误不易被发现，且点位精度逐点降低，所以导线的点数不得超过 3 个。

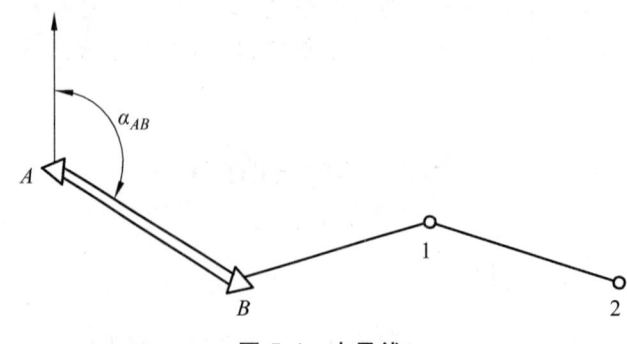

图 5-4　支导线

5.2.2 导线测量的外业工作

1. 踏勘选点

在选点前,应先收集测区已有地形图和已有高级控制点的成果资料,将控制点展绘在原有地形图上;然后在地形图上拟订导线布设方案;最后到野外踏勘,核对、修改、落实导线点的位置,并建立标志。

选点时应注意以下几点:
(1)导线点应选在地势较高、视野开阔的地方,便于施测周围地形。
(2)相邻两导线点间要互相通视,便于测角与量边。
(3)导线应沿着平坦、土质坚实的地面设置,以便于丈量距离(仅适用于经纬仪钢尺量距导线测量)。
(4)导线边长要选得大致相等,相邻边长不应过于悬殊。
(5)导线点位置须能安置仪器,便于保存。
(6)导线点应尽量选在靠近重要地物的位置。

2. 建立标志

导线点位置选定后,要在每一点位上打一个木桩,在桩顶钉一小钉,作为点的标志。也可在水泥地面上用红漆划一圆,圆内点一小点,作为临时标志。需要长期保存的导线点应埋设混凝土桩,桩顶嵌入带"+"字的金属标志,作为永久性标志。导线点应统一编号。为了便于寻找,应量出导线点与附近明显地物的距离,绘出草图,注明尺寸,该图称为"点之记"。

3. 导线边长测量

导线边长可用钢尺直接丈量,或用光电测距仪、全站仪直接测定。

4. 转折角测量

导线转折角的测量一般采用测回法观测。在附合导线中一般统一观测左角或右角(在公路测量中,一般是观测右角);在闭合导线中,一般测内角。当采用顺时针方向编号时,闭合导线的右角即为内角,逆时针方向编号时,则左角为内角;对于支导线,应分别观测左、右角。不同等级导线的测角技术要求不同,对于图根导线,一般用 DJ_6 型经纬仪或全站仪测一测回,当盘左、盘右两半测回角值的较差不超过 $\pm 40''$ 时,取其平均值作为观测成果。

5. 连接角测量

导线与高级控制点进行连接,以取得坐标和坐标方位角的起算数据,称为连接测量。如图5-5所示,A、B 为已知点,点 1~5 为新布设的导线点,连接测量就是观测连接角 β_B、β_1 和连接边 D_{B1}。

如果附近无高级控制点,则应用罗盘仪测出导线起始边的磁方位角以确定导线的方向,并假定起始点的坐标作为起算数据。

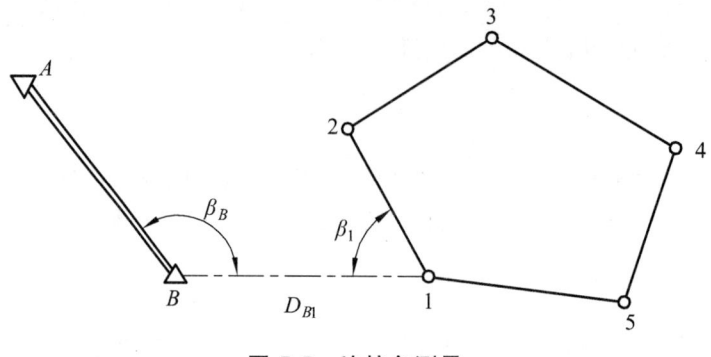

图 5-5 连接角测量

5.2.3 导线测量的内业计算

导线测量内业计算的目的是根据已知的起算数据和外业的观测成果，经过误差调整，推算出各导线点的平面坐标。

1. 坐标计算的基本公式

（1）坐标正算。

根据已知点的坐标及边长和坐标方位角计算未知点的坐标，称为坐标的正算。

如图 5-6 所示，设 A 为已知点，B 为未知点，当 A 点的坐标 (x_A, y_A)、边长 D_{AB} 和坐标方位角 α_{AB} 均为已知时，在直角坐标系中 A、B 两点坐标增量为

$$\left. \begin{array}{l} \Delta x_{AB} = x_B - x_A = D_{AB} \cos \alpha_{AB} \\ \Delta y_{AB} = y_B - y_A = D_{AB} \sin \alpha_{AB} \end{array} \right\} \quad (5\text{-}3)$$

根据 A 点坐标及算得的坐标增量，计算 B 点坐标：

$$\left. \begin{array}{l} x_B = x_A + \Delta x_{AB} \\ y_B = y_A + \Delta y_{AB} \end{array} \right\} \quad (5\text{-}4)$$

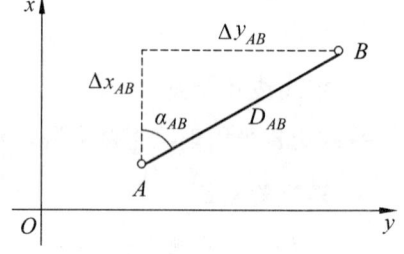

图 5-6 导线坐标计算

（2）坐标反算。

由两个已知点的坐标反算其坐标方位角和边长，称为坐标的反算。

如图 5-6 所示，若设 A、B 为两已知点，其坐标分别为 (x_A, y_A) 和 (x_B, y_B)，则可得

$$\alpha_{AB} = \arctan \frac{\Delta y_{AB}}{\Delta x_{AB}} = \arctan \frac{y_B - y_A}{x_B - x_A} \quad (5\text{-}5)$$

$$D_{AB} = D_{AB} = \sqrt{(x_B - x_A)^2 + (y_B - y_A)^2} \quad (5\text{-}6)$$

计算方位角时需要注意，按式（5-3）计算出来的是象限角，还应按坐标增量 Δx 和 Δy 的正负号决定 AB 边所在的象限，才能换算为 AB 边的坐标方位角。

2. 附合导线的计算

如图 5-7 所示为一附合导线，下面将以图中数据为例，结合表 5-1 介绍附合导线的计算步骤。

第5章 控制测量

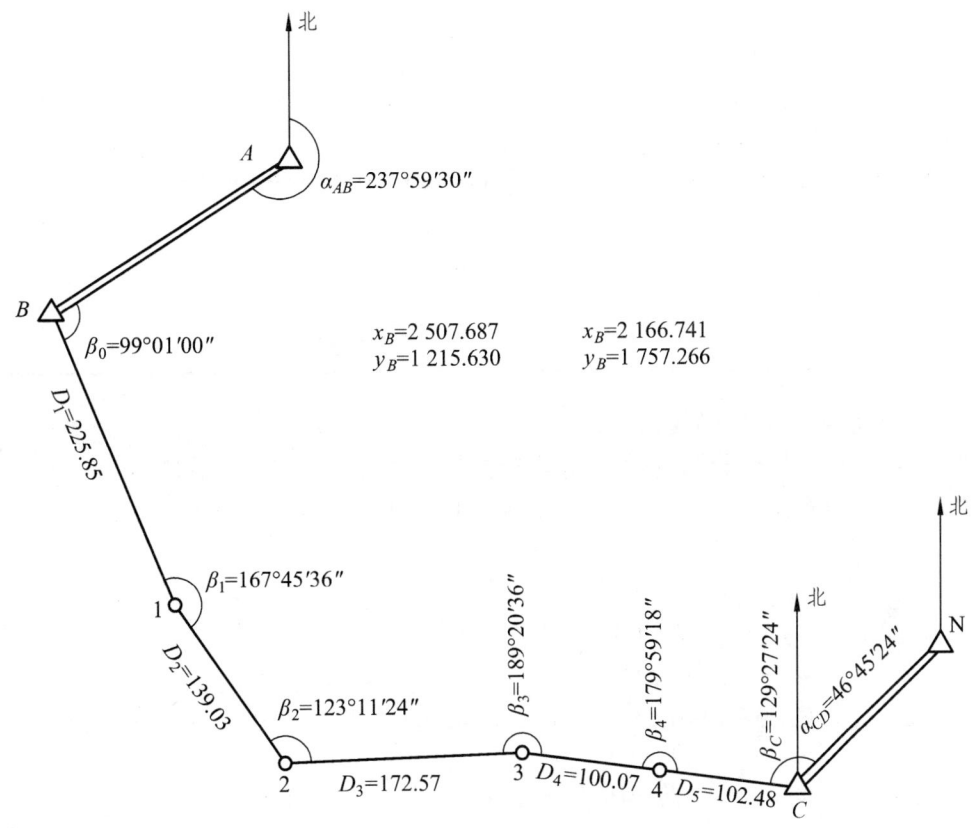

图 5-7 附合导线

表 5-1 附合导线坐标计算表

点号	观测角 /° ′ ″	改正后的角值 /° ′ ″	坐标方位角 /° ′ ″	边长 /m	增量计算值 Δx′/m	增量计算值 Δy′/m	改正后的增量值 Δx/m	改正后的增量值 Δy/m	坐标 x/m	坐标 y/m
1	2	3	4	5	6	7	8	9	10	11
$\frac{A}{B}$	+6 99 01 00	99 01 06	237 59 30 157 00 36	225.85	+0.045 −207.911	−0.043 +88.210	−207.866	+88.167	2 507.687	1 215.630
1	+6 167 45 48	167 45 42	144 46 18	139.03	+0.028 −113.568	−0.026 +80.198	−113.540	+80.172	2 299.821	1 303.797
2	+6 123 11 24	123 11 30	89 57 48	172.57	+0.035 +6.133	−0.033 +172.461	+6.618	+172.428	2 186.281	1 383.969
3	+6 189 20 36	189 20 42	97 18 30	100.07	+0.020 −12.730	−0.019 +99.257	−12.710	+99.238	2 192.449	1 556.397
4	+6 179 59 18	179 59 24	97 17 54	102.48	+0.021 −13.019	−0.019 +101.650	−12.998	+101.631	2 179.739	1 655.635
C	+6 129 27 24	129 27 30	46 45 24						2 166.741	1 757.266
D										
Σ				740						

续表

点号	观测角 /° ′ ″	改正后的角值 /° ′ ″	坐标方位角 /° ′ ″	边长 /m	增量计算值		改正后的增量值		坐标	
					$\Delta x'$/m	$\Delta y'$/m	Δx/m	Δy/m	x/m	y/m
辅助计算	$\alpha'_{CD} = 46°44'48''$ $\alpha_{CD} = 46°45'24''$ $f_\beta = -36''$	$f_{\beta容} = \pm40''\sqrt{6} = \pm98''$ $f_\beta < f_{\beta容}$			$\sum(\Delta x) = -341.095$ $f_x = -0.149$ $f = \sqrt{f_x^2 + f_y^2} = 0.20$ $K = \dfrac{0.20}{740} \approx \dfrac{1}{3\,700} < \dfrac{1}{2\,000}$	$\sum(\Delta y) = +541.776$ $f_y = 0.140$				

（1）角度闭合差的计算与调整。

如图 5-7 所示，附合导线连接在已知高级控制点 A、B、C 和 D 上，起始边坐标方位角和终边坐标方位角可根据坐标反算求得。根据导线的连接角、转折角和起始边方位角，推算各边方位角。

$$\alpha_{B1} = \alpha_{AB} + \beta_B - 180°$$
$$\alpha_{12} = \alpha_{B1} + \beta_1 - 180°$$
$$\alpha_{23} = \alpha_{12} + \beta_2 - 180°$$
$$\alpha_{34} = \alpha_{23} + \beta_3 - 180°$$
$$\alpha_{4C} = \alpha_{34} + \beta_4 - 180°$$
$$\alpha_{CD} = \alpha_{4C} + \beta_C - 180°$$

以上各式相加，得

$$\alpha_{CD} = \alpha_{AB} + \sum\beta - 6 \times 180°$$

或

$$\sum\beta_{理} = \alpha_{CD} - \alpha_{AB} + 6 \times 180°$$

假设导线各观测角度不存在误差，上式成立，则 $\sum\beta$ 为理论值，写成一般形式为

$$\sum\beta_{理} = \alpha_{终} - \alpha_{始} + n \times 180°$$

式中，n 为包括连接角在内的导线转折角个数。由于观测中存在误差，因此观测角总和 $\sum\beta_{测}$ 与 $\sum\beta_{理}$ 不相等，其差值为角度闭合差 f_β，即

$$f_\beta = \sum\beta_{测} - \sum\beta_{理}$$

即

$$f_\beta = \sum\beta_{测} + \alpha_{始} - \alpha_{终} - n \times 180° \tag{5-7}$$

当观测角为右角时，角度闭合差计算公式为

$$f_\beta = \sum\beta_{测} - \alpha_{始} + \alpha_{终} - n \times 180° \tag{5-8}$$

图根导线角度闭合差容许值为

$$f_{\beta容} = \pm40''\sqrt{n}$$

若 $|f_\beta| \leq |f_{\beta容}|$，则可进行角度闭合差的调整，应分析原因进行重测。角度闭合差的调整

原则是将 f_β 以相反的符号平均分配到各观测角度中。

各角的改正数：$V_\beta = -f_\beta / n$ （5-9）

改正后的角度：$\beta_改 = \beta_测 + V_\beta$

计算时，根据角度取位的要求，改正数可凑整到 1″、6″或 10″。若不能均分，则在一般情况下，给短边的夹角多分配一点，使各角改正数的总和与反号的闭合差相等，即 $\sum V_\beta = -f_\beta$，此条件用于计算检核。

（2）推算各个边的坐标方位角。

根据起始边已知坐标方位角和改正后的角值，按方位角推算公式推算各边的坐标方位角。推算终边坐标方位角应与已知边的终边坐标方位角相等，否则应重新计算。

（3）坐标增量的计算。

根据已经推算的各导线边坐标方位角和相应的边长，计算各边的坐标增量。

（4）坐标增量闭合差的计算和调整。

理论上，各边的纵横坐标增量代数和应等于始、终两已知点的纵横坐标差，即

$$\begin{cases} \sum \Delta x_理 = x_C - x_B \\ \sum \Delta y_理 = y_C - y_B \end{cases}$$

而实际上，由于调整之后的各个转折角和实际测量的各导线边长均含有误差，导致实际计算的各个边的纵横坐标增量的代数和不等于附合导线终点和起点的纵横坐标之差。它们的差值即为纵横坐标增量闭合差 f_x 和 f_y，即

$$\begin{cases} f_x = \sum \Delta x - \sum \Delta x_理 = \sum \Delta x - (x_C - x_B) \\ f_y = \sum \Delta y - \sum \Delta y_理 = \sum \Delta y - (y_C - y_B) \end{cases}$$

坐标增量闭合差的一般公式为

$$\begin{cases} f_x = \sum \Delta x - (x_终 - x_始) \\ f_y = \sum \Delta y - (y_终 - y_始) \end{cases} \quad （5-10）$$

由于 f_x 和 f_y 的存在，使导线不能和 CD 边连接，存在一个缺口，这个缺口的长度称为导线全长闭合差，用 f_D 表示，即

$$f_D = \sqrt{f_x^2 + f_y^2} \quad （5-11）$$

导线越长，全长闭合差越大。因此，以 f_D 值得大小不能显示导线测量的精度，应当将 f_D 与导线全长 $\sum D$ 相比较。通常采用相对闭合差来衡量导线测量的精度，计算公式为

$$K = \frac{f_D}{\sum D} = \frac{1}{\sum D / f_D} \quad （5-12）$$

导线相对全长闭合差应小于容许相对闭合差 $K_容$。图根导线的 $K_容$ 为 1/2 000。

若 K 不超过 $K_容$，则说明测量成果符合精度要求，可以进行调整，否则需要重测。调整

的原则是将 f_x 和 f_y 以相反符号按与边长成正比分配到相应的纵横坐标增量中，以 v_{xi} 和 v_{yi} 分别表示第 i 边的纵横坐标增量改正数，即

$$\left. \begin{aligned} v_{xi} &= -\frac{f_x}{\sum D} \times D_i \\ v_{yi} &= -\frac{f_y}{\sum D} \times D_i \end{aligned} \right\} \quad (5\text{-}13)$$

纵横坐标增量改正数之和应满足下式：

$$\left. \begin{aligned} \sum v_x &= -f_x \\ \sum v_y &= -f_y \end{aligned} \right\} \quad (5\text{-}14)$$

各边坐标增量计算值加改正数，即得各边的改正后的坐标增量，即

$$\left. \begin{aligned} \Delta x_{i改} &= \Delta x_i + v_{xi} \\ \Delta y_{i改} &= \Delta y_i + y_{xi} \end{aligned} \right\} \quad (5\text{-}15)$$

求得各导线边的改正后坐标增量之代数和应分别等于终、始已知点坐标之差，以资检核。

（5）导线点的坐标计算。

根据起点已知坐标和改正后的坐标增量来推算各导线点坐标，最后推算出终点坐标，其值应与已知坐标相同，以此作为计算检核的依据。

3. 闭合导线的计算

闭合导线的计算步骤与附合导线基本相同，两种导线计算的区别主要是角度闭合差和坐标增量闭合差的计算方法不同。以下是对闭合导线角度闭合差和坐标增量闭合差计算方法的介绍。

（1）角度闭合差计算。

图 5-8 为一闭合导线，n 边形闭合导线内角和的理论值应为

$$\sum \beta_理 = (n-2) \times 180°$$

由于角度观测不可避免地存在误差，使得实际观测的内角和 $\sum \beta_测$ 与 $\sum \beta_理$ 不相等，其差值为闭合导线角度闭合差 f_β，即

$$f_\beta = \sum \beta_测 - \sum \beta_理 = \sum \beta_测 - (n-2) \times 180° \quad (5\text{-}16)$$

若 $|f_\beta| \leq |f_{\beta容}|$，则可进行角度闭合差的调整，调整方法与附合导线相同。

（2）坐标增量闭合差的计算。

根据闭合导线本身的几何特点，由边长和坐标方位角计算出的各边纵横坐标增量的代数和的理论值应为零，即

$$\begin{cases} \sum \Delta x_理 = 0 \\ \sum \Delta y_理 = 0 \end{cases}$$

而实际上，由于调整之后的各个转折角和实际测量的各导线边长均含有误差，导致实际计算的各个边的纵横坐标增量的代数和不等于零，从而产生纵横坐标增量闭合差 f_x 和 f_y，即

$$\left.\begin{array}{l} f_x = \sum \Delta x_{测} \\ f_y = \sum \Delta y_{测} \end{array}\right\} \quad (5\text{-}17)$$

闭合导线坐标增量闭合差的调整与附合导线相同。闭合导线坐标计算见表 5-2。

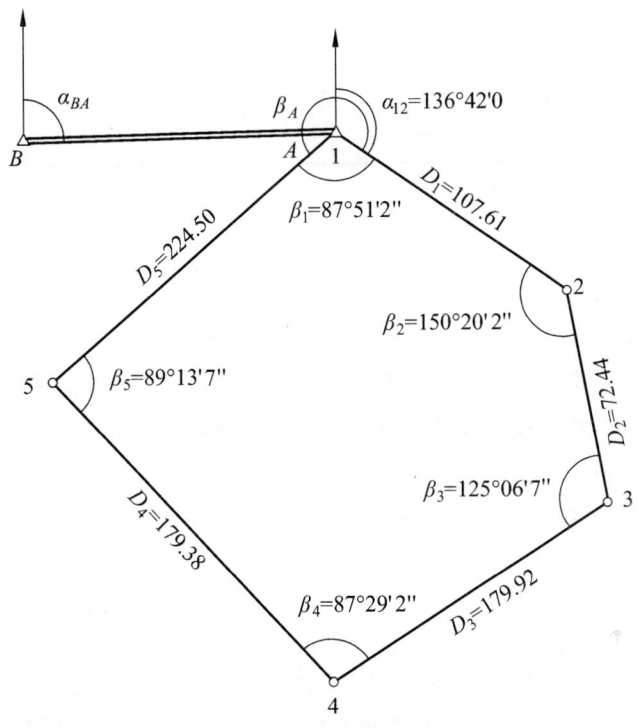

图 5-8 闭合导线计算

表 5-2 闭合导线坐标计算

点号	观测角 /° ′ ″	改正后的角值 /° ′ ″	坐标方位角 /° ′ ″	边长 /m	增量计算值		改正后的增量值		坐标	
					Δx/m	Δy/m	Δx/m	Δy/m	x/m	y/m
1	2	3	4	5	6	7	8	9	10	11
1	−12 87 51 12	87 52 00	136 42 00	107.61	−0.01 −77.32	−0.03 +73.80	−77.33	+73.77	800.00	1000.00
2	−12 150 20 12	150 20 00	166 22 00	72.44	−0.01 −70.40	−0.02 +17.07	−70.41	+17.05	721.67	1073.77
3	−12 125 06 42	125 05 30	221 15 30	179.92	−0.03 −135.25	−0.04 −118.65	−135.28	−118.69	651.26	1090.82
4	−12 87 29 12	87 29 00	313 46 30	179.38	−0.03 +124.10	−0.04 +159.99	+124.07	−129.56	515.98	927.13
5	−12 89 13 42	89 13 30	44 33 00	224.50	−0.04 +129.99	−0.06 +157.49	+159.95	+157.43	640.05	824.57
1									800.00	1 000.00
2										

续表

点号	观测角 /° ′ ″	改正后的角值 /° ′ ″	坐标方位角 /° ′ ″	边长 /m	增量计算值		改正后的增量值		坐标	
					Δx/m	Δy/m	Δx/m	Δy/m	x/m	y/m
Σ	540 01 00	540 00 00		763.85						
辅助计算	\multicolumn{10}{l}{$f_\beta = \pm 1' \quad f = \sqrt{f_x^2 + f_y^2} = \pm 0.22 \text{ (m)}$ $f_{\beta容} = \pm 40''\sqrt{n} = \pm 40''\sqrt{5} = \pm 89''$ $k = \dfrac{f}{\sum D} = \dfrac{0.22}{763.85} \approx \dfrac{1}{3390}$}

5.3 交会定点

进行平面控制测量时，如果导线点密度不足不能满足工程需要，则可以利用已知点采用交会法进行个别点的加密。交会法分为测角交会和距离交会两种。

5.3.1 测角交会

测角交会分为前方交会、侧方交会和后方交会三种。如图 5-9（a）所示，已知 A、B 两点坐标，为了计算 P 点坐标，只需要观测水平角 α 和 β，就可以求出未知点 P 的平面坐标，这种方法称为前方交会。如图 5-9（b）所示，通过观测水平角 α 和 γ 或者 β 和 γ，来测定未知点 P 的平面坐标，称为侧方交会。如图 5-9（c）所示，为了求得未知点 P 的坐标，在 P 点上瞄准 A、B 和 C 三个已知点，测得水平角 α 和 β，这种方法称为后方交会。在进行后方交会时，应特别注意 P 点不能位于或接近三个已知点的外接圆上，否则 P 点坐标为不定解或计算精度低。

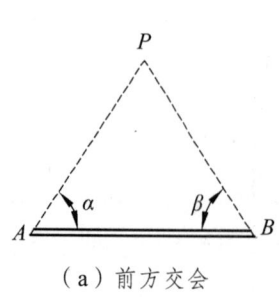
（a）前方交会

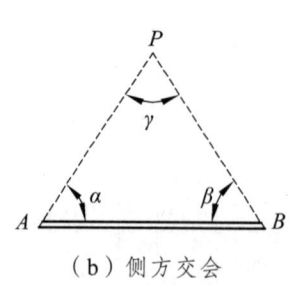
（b）侧方交会

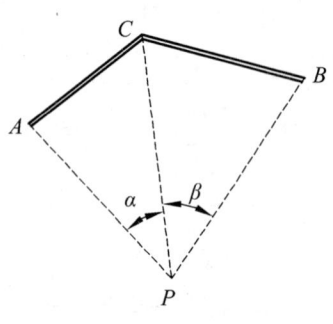
（c）后方交会

图 5-9 测角交会

5.3.2 距离交会

距离交会即通过测量距离，由已知点的坐标计算未知点的坐标。如图 5-10 所示，采用测量边长 D_a 和 D_b 的方法测定未知点 P 的坐标。

在实际工作中，具体采用哪种交会法需要根据点位布设、设备情况等选定。由于交会法计算过程中的重复运算公式较多，因此采用计算机或可编程计算器进行计算比较方便。

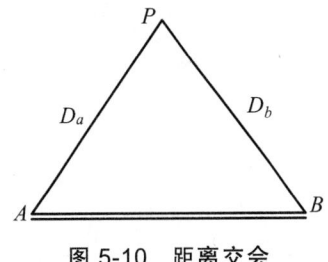

图 5-10　距离交会

5.4　高程控制测量

5.4.1　三、四等水准测量

小地区高程控制测量多采用三、四等水准测量，多布设为附合水准路线、闭合水准路线等形式，三、四等水准测量的主要技术指标见表 5-3。

三、四等水准测量使用水准仪进行观测时，水准尺采用整体式双面水准尺，观测前必须对水准仪和水准尺进行检验。测量时，水准尺应安置在尺垫上，并保证水准尺扶直。双面水准尺的尺常数 K 有 4 687、4 787 或 4 487、4 587，一般应成对使用水准尺。

表 5-3　三、四等水准测量的技术指标

等级	标准视线长度/m	前后视距差/m	前后视距累计差/m	黑红面读数差/mm	黑红面高差之差/mm
三	75	3.0	6.0	2.0	3.0
四	100	5.0	10.0	3.0	5.0

1. 每一测站的观测程序

（1）后视黑面尺，读取下、上、中丝读数，即（1）、（2）、（3）。
（2）前视黑面尺，读取下、上、中丝读数，即（4）、（5）、（6）。
（3）前视红面尺，读取中丝读数，即（7）。
（4）后视红面尺，读取中丝读数，即（8）。

以上（1），（2），…，（8）内的号码，表示观测与记录的顺序，见表 5-4。这样的观测顺序简称为"后—前—前—后"，其优点是可以大大削弱仪器下沉误差的影响。四等水准也可采用"后—后—前—前"的观测程序。

表 5-4 三、四等水准测量观测记录

测站编号	点号	后尺 下丝/上丝 后视距 视距差 d/m	前尺 下丝/上丝 前视距 $\sum d$/m	方向及尺号	水准尺读数 黑面	水准尺读数 红面	K+黑$-$红	平均高差/m	备注
		(1) (2) (15) (17)	(4) (5) (16) (18)	后 前 后－前	(3) (6) (11)	(8) (7) (12)	(10) (9) (13)	(14)	
1	BM$_1$—ZD$_1$	1.426 0.995 43.1 +0.1	0.801 0.371 43.0 +0.1	后 106 前 107 后－前	1.211 0.586 +0.625	5.998 5.273 +0.725	0 0 0	+0.625 0	K 为尺长数,如： $K_{106}=4.787$ $K_{107}=4.687$ 已知 BM$_1$ 高程为： $H=56.345$m
2	ZD$_1$—ZD$_2$	1.812 1.296 51.6 －0.2	0.570 0.052 51.8 －0.1	后 107 前 106 后－前	1.554 0.311 +1.243	6.241 5.097 +1.144	0 +1 －1	+1.243 5	
3	ZD$_1$—ZD$_3$	0.889 0.507 38.2 +0.2	1.712 1.333 38.0 +0.1	后 106 前 107 后－前	0.698 1.523 －0.825	5.486 6.210 +0.724	－1 0 －1	－0.824 5	
4	ZD$_3$—A	1.891 1.525 36.6 －0.2	0.758 0.390 36.8 －0.1	后 107 前 106 后－前	1.708 0.534 +1.134	6.395 5.361 +1.034	0 0 0	+1.134 0	
每页检核		$\sum$(15) = 169.5 －) $\sum$(16) = 169.6 = －0.1 = 末站(18)	$\sum$[(3)+(8)] = 29.291 －) $\sum$[(6)+(7)] = 24.935 = +4.356	总视距 $\sum$(15)+ $\sum$(16) = 339.1（mm）	$\sum$[(11)+(12)] = 4.356			$\sum$(14) = +2.1780 2$\sum$(14) = +4.356	

2. 测站上的计算方法

（1）视距部分。

后视距 （15）= [（1）－（2）]×100

前视距 （16）= [（4）－（5）]×100

前、后视距差（17）=（15）－（16）[对于三等水准，（17）≤ ±3 m；对于四等水准，（17）≤ ±5 m]

前、后视距累积差（18）= 上站（18）+本站（17）[对于三等水准，（18）≤ ±6 m；对于四等水准，（18）≤ ±10 m]

（2）高差部分。

同一水准尺红黑面中丝读数之差，应等于该尺红、黑面的零点常数差 K（设 $K106$ = 4.787 m，$K107$ = 4.687 m）。

（9）=（6）+$K106$ －（7）[对于三等水准,（9）≤ ±2 mm；对于四等水准,（9）≤ ±3 mm]

（10）=（3）+K106 −（8）[对于三等水准，（10）≤ ± 2 mm；对于四等水准，（10）≤ ± 3 mm]

黑面高差（11）=（3）−（6）
红面高差（12）=（8）−（7）
校核（13）=（11）−[（12）± 0.100]=（10）−（9）[对于三等水准，（13）≤ ± 3 mm；对于四等水准，（13）≤ ± 5 mm]

式中，0.100 为两根水准尺红面起点注记之差，即 4.786 − 4.687 = 0.100。

平均高差（14）= 0.5{（11）+[（12）± 0.100]}

3. 每页的计算校核

（1）高差部分。

① 测站数为偶数。

$$\sum[(3)+(8)] - [(6)+(7)] = \sum[(11)+(12)] = 2\sum(14)$$

② 测站数为奇数。

$$\sum[(3)+(8)] - [(6)+(7)] = \sum[(11)+(12)] = 2\sum(14) \pm 0.100$$

（2）视距部分。

$$末站视距累积差 = 末站（18）= \sum(15) - \sum(16)$$

在完成一测段单程测量后，须立即计算其高差总和；完成水准路线往返观测或附合、闭合路线观测后，应尽快计算高差闭合差，并进行成果检验，若高差闭合差未超限，便可进行闭合差调整，最后按调整后的高差计算各水准点的高程。

5.4.2 三角高程测量

1. 三角高程测量的基本原理

根据两点间的水平距离或斜距离以及竖直角来求出两点间的高差。在地形起伏较大的地区用水准测量方法测定控制点的高程较为困难，通常采用三角高程测量的方法。

三角高程测量是根据已知点高程及两点之间的竖直角和距离，应用三角公式计算两点间的高差，求出未知点的高程。三角高程测量又可分为经纬仪三角高程测量和光电测距三角高程测量。

如图 5-11 所示，已知 AB 水平距离 D，A 点高程 H_A，在测站 A 观测垂直角 α，则

$$h_{AB} = D_{AB} \tan \alpha_{AB} + i_A - v_B \tag{5-18}$$

$$H_B = H_A + h_{AB} \tag{5-19}$$

式中，i 为仪器高，v 为觇标高。

为了提高三角高程测量的精度，一般要进行直、返觇双向观测，并取平均值作为最后结果。

直觇观测：$H_B = H_A + h_{AB} = H_A + D_{AB}\tan\alpha_{AB} + i_A - v_B$ （5-20）

反觇观测：$H_B = H_A + h_{AB} = H_A - h_{BA} = H_A - (D_{BA}\tan\alpha_{BA} + i_B - v_A)$ （5-21）

直、反觇双向观测的高差平均值：$h_{AB中} = \dfrac{h_{AB} - h_{BA}}{2}$ （5-22）

待定点 B 的直、反觇双向观测所得的高程结果值：$H_B = H_A + h_{AB中}$ （5-23）

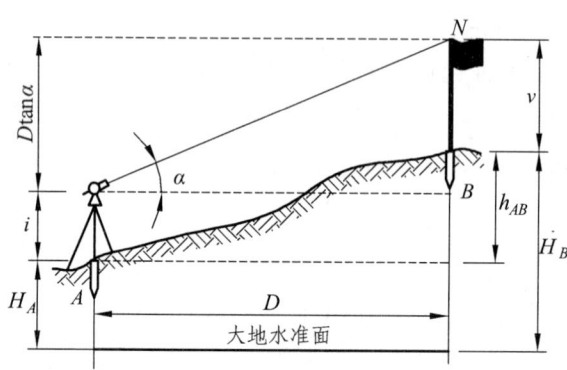

图 5-11 三角高程测量

2. 三角高程测量的技术要求

表 5-5 三角高程测量的技术要求

等级	仪器	测回数	竖盘指标差/″	竖直角较差/″	直反觇高差较差 /mm	路线高差闭合差 /mm
四等	DJ_2	3	7	7	$\pm 40\sqrt{D}$	$\pm 20\sqrt{\sum D}$
五等	DJ_2	2	10	10	$\pm 60\sqrt{D}$	$\pm 30\sqrt{\sum D}$
图根	DJ_6	1	25	25	$\pm 400 D$	$\pm 0.1 H_D\sqrt{n}$

注：① D 为测距边长度（单位为 km），n 为边数；
② H_D 为等高距（单位为 m）。

3. 三角高程测量的外业观测

（1）量取仪器高度（i）及觇标高（v）。

（2）竖直角观测。注意三点：① 观测时一般利用十字丝中丝横切觇标的顶端；② 进行竖盘读数前，必须保证竖盘指标水准管气泡居中；③ 计算竖盘指标差 x、竖直角 α 并核对是否超限。

（3）在三角高程测量时应尽可能地采用对向直、反觇观测，以削弱气曲差对高差观测值的影响。

4. 三角高程测量的外业验算

（1）由三角高程测量的对向观测所求得的直、反测高差（经过两差改正）之差 $\Delta h_{AB} = h_{AB} - h_{BA} \leq$ 三角高程测量技术要求的规定。

（2）三角高程附（闭）合路线的附（闭）合高差 $f_h = \sum h_测 - (H_终 - H_始) \leq$ 三角高程测量技术要求的规定。

5. 三角高程测量的内业平差计算

（1）绘制三角高程内业计算略图并抄录外业观测数据；
（2）设计并编制三角高程内业计算表格；
（3）抄录点名、起算点高程及外业观测数据（直、反觇高差平均值、边长）；
（4）计算三角高程路线附（闭）合差 f_h 并检核；
（5）按路线距离成比例反号分配附（闭）合差 f_h 并检核；
（6）计算各边高差平差值 h；
（7）计算各待定点高程平差值 H。

6. 三角高程测量内业计算示例

表 5-6、表 5-7 为某图根三角高程测量内业计算示例。

表 5-6　三角高程测量直反觇高差计算表

边号	距离/m	直觇 垂直角 /° ′ ″	直觇 仪器高/m	直觇 目标高/m	直觇 直觇高差/m	反觇 垂直角 /° ′ ″	反觇 仪器高/m	反觇 目标高/m	反觇 反觇高差/m	直反觇高差较差/m	$\Delta h_\text{允}$/m	平均高差/m
A—T1	81.370	+3 20 17	0.975	0.991	+4.730	−3 57 42	1.295	0.397	−4.737	−0.007	±0.032	+4.734
T1—T2	72.606	+1 32 13	1.295	0.991	+2.252	−1 59 22	1.253	0.991	−2.260	−0.008	±0.029	+2.256
T2—T3	53.292	+0 04 16	1.253	0.991	+0.328	−0 40 58	1.299	0.991	−0.327	+0.001	±0.021	+0.328
T3—T4	61.580	−0 12 20	1.299	0.991	+0.087	−0 18 51	1.252	0.991	−0.077	+0.010	±0.025	+0.082
T4—T5	86.932	−0 21 38	1.252	0.991	−0.286	−0 00 21	1.279	0.991	+0.279	−0.007	±0.035	−0.282
T5—T6	83.377	−2 56 44	1.279	0.991	−4.002	+2 34 44	1.231	0.991	+3.995	−0.007	±0.033	−3.998
T6—T7	68.637	−2 58 04	1.231	0.991	−3.318	+2 31 44	1.281	0.991	+3.321	+0.003	±0.027	−3.320
T6—T8	79.348	−1 23 01	1.281	0.991	−1.627	+0 52 27	1.396	0.991	+0.616	−0.011	±0.032	−1.622
T7—A	71.099	+1 08 37	1.396	0.986	+1.829	−2 03 17	0.975	0.265	−1.841	−0.012	±0.028	+1.835

表 5-7　闭合三角高程路线高差闭合差调整与高程计算

点号	距离/m	观测高差/m	高差改正数/m	改正后高差/m	高程/m	辅助计算
A					100.121	
T1	81.370	+4.734	−0.002	+4.732	104.853	
T2	72.606	+2.256	−0.001	+2.255	107.108	
T3	53.292	+0.328	−0.001	+0.327	107.435	
T4	61.580	+0.082	−0.001	+0.081	107.516	已知高程 $H_A = 100.121$ (m)
T5	86.932	−0.282	−0.002	−0.284	107.232	$f_h = \sum h = +0.013$ (m)
T6	83.377	−3.998	−0.002	−4.000	103.232	$f_{h容} = 0.1H_D\sqrt{n} = 0.300$ (m)
T7	68.637	−3.320	−0.001	−3.321	99.911	
T8	79.348	−1.622	−0.002	−1.624	98.287	
A	71.099	+1.835	−0.001	+1.834	100.121	
∑	658.241	+0.013	−0.013	0		

5.5 GPS 控制测量

GPS 中文全称为全球定位系统,是随着现代科学技术的迅速发展而建立起来的新一代精密卫星导航定位系统。由于 GPS 具有定位精度高、观测时间短、观测站间无需通视、能提供全球统一的地心坐标等特点,被广泛应用于大地控制测量。

5.5.1 GPS 系统组成

GPS 系统包括三大部分:地面控制部分、空间部分和用户部分,图 5-12 显示了 GPS 定位系统的三个组成部分及其相互关系。

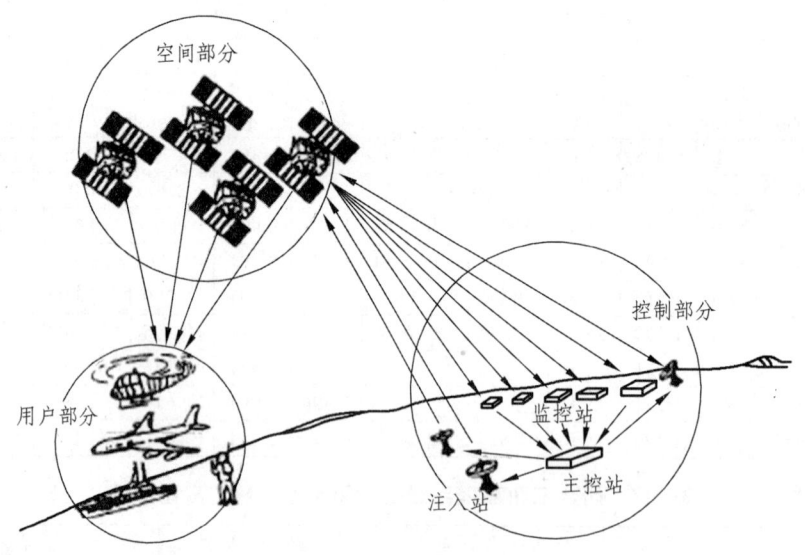

图 5-12 GPS 系统组成

1. 地面控制部分

GPS 的地面控制部分由分布在全球的由若干个跟踪站组成的监控系统所构成,根据其作用的不同,跟踪站分为主控站、监控站和注入站。主控站有一个,位于美国科罗拉多(Colorado)的法尔孔(Falcon)空军基地。它的作用是根据各监控站对 GPS 的观测数据,计算出卫星的星历和卫星时钟的改正参数等,并将这些数据通过注入站注入卫星;对卫星进行控制,向卫星发布指令;当工作卫星出现故障时,调度备用卫星,替代失效的工作卫星工作。另外,主控站还具有监控站的功能。监控站有 5 个,除了主控站外,其他 4 个分别位于夏威夷(Hawaii)、阿松森群岛(Ascencion)、迭哥伽西亚(Diego Garcia)和卡瓦加兰(Kwajalein)。监控站的作用是接收卫星信号,监测卫星的工作状态。注入站有 3 个,它们分别位于阿松森群岛(Ascencion)、迭哥伽西亚(Diego Garcia)和卡瓦加兰(Kwajalein)。注入站的作用是将主控站计算的卫星星历和卫星时钟的改正参数等注入卫星。

地面监控系统提供每颗 GPS 卫星所播发的星历,并对每颗卫星工作情况进行监测和控制。地面监控系统的另一重要作用是保持各颗卫星处于同一时间标准——GPS 时间系统（GPST）。

2. 空间部分

GPS 工作卫星及其星座由 21 颗工作卫星和 3 颗在轨备用卫星组成，记作（21+3）GPS 星座。24 颗卫星均匀分布在 6 个轨道平面内，轨道倾角为 55°，各个轨道平面之间夹角为 60°，即轨道的升交点赤经各相差 60°。每个轨道平面内各颗卫星之间的升交角相差 90°。每颗卫星的正常运行周期为 11 h 58 min，若考虑地球自转等因素，将提前 4 min 进入下一周期。

3. 用户部分

主要指 GPS 接收机，此外还包括气象仪器、计算机、钢尺等仪器设备。

GPS 接收机主要由天线单元、信号处理部分、记录装置和电源组成。

天线单元，由天线和前置放大器组成，灵敏度高，抗干扰性强。接收天线把卫星发射的十分微弱的信号通过放大器放大后进入接收机。GPS 天线分为单极天线、微带天线、锥形天线等。

信号处理部分是 GPS 接收机的核心部分，进行滤波和信号处理，由跟踪环路重建载波，解码得到导航电文，获得伪距定位结果。记录装置主要有接收机的内存硬盘或记录卡（CF 卡）。电源，分为外接和内接电池（12 V），机内还有一锂电池。GPS 接收机的基本类型主要分为大地型、导航型和授时型 3 种。

5.5.2　GPS 系统的特点

GPS 系统的特点概况为：高精度、全天候、高效率、多功能、操作简便、应用广泛等。

1. 定位精度高

应用实践已经证明，GPS 相对定位精度在 50 km 以内可达 10^{-6}，100～500 km 可达 10^{-7}，1 000 km 可达 10^{-9}。在 300～1 500 m 工程精密定位中，1 小时以上观测的解其平面位置误差小于 1 mm，与 ME-5000 电磁波测距仪测定得边长比较，其边长较差最大为 0.5 mm，校差中误差为 0.3 mm。

2. 观测时间短

随着 GPS 系统的不断完善，软件的不断更新，20 km 以内快速静态相对定位，仅需 15～20 min；RTK 测量中，当每个流动站与参考站相距在 15 km 以内时，流动站观测时间只需 1～2 min。

3. 测站间无须通视

GPS 测量不要求测站之间互相通视，只需测站上空开阔即可，因此可节省大量的造标费用。由于无需点间通视，点位位置根据需要，可稀可密，使选点工作甚为灵活，也可省去经典大地网中的传算点、过渡点的测量工作。

4. 可提供三维坐标

经典大地测量将平面与高程分别采用不同方法施测。GPS 可同时精确测定测站点的三维坐标（平面+大地高）。目前通过局部大地水准面精化，GPS水准测量可满足四等水准测量的精度要求。

5. 操作简便

随着GPS接收机不断改进，自动化程度越来越高，有的已达"傻瓜化"的程度，接收机的体积越来越小，重量越来越轻，极大地减轻了测量工作者的工作紧张程度和劳动强度。

6. 全天候作业

目前GPS观测可在一天24 h内的任何时间进行，不受阴天黑夜、起雾刮风、下雨下雪等气候的影响。

7. 功能多、应用广

GPS系统不仅可用于测量、导航，精密工程的变形监测，还可用于测速、测时。测速的精度可达0.1 m/s，测时的精度优于0.2ns，其应用领域在不断扩大。当初，设计GPS系统的主要目的是用于导航、收集情报等军事目的。但是，后来的应用开发表明，GPS系统不仅能够达到上述目的，而且用GPS卫星发来的导航定位信号能够进行厘米级甚至毫米级精度的静态相对定位、米级至亚米级精度的动态定位、亚米级至厘米级精度的速度测量和毫微秒级精度的时间测量。因此，GPS系统展现了极其广阔的应用前景。

5.5.3　GPS的应用

1. GPS应用于导航

主要是为船舶、汽车、飞机等运动物体进行定位导航。例如：船舶远洋导航和进港引水；飞机航路引导和进场降落；汽车自主导航；地面车辆跟踪和城市智能交通管理；紧急救生；个人旅游及野外探险；个人通讯终端（与手机、PDA、电子地图等集成一体）。

2. GPS应用于授时校频

每个GPS卫星上都装有铯原子钟作星载钟；GPS全部卫星与地面测控站构成一个闭环的自动修正系统（见图6.10）；采用协调世界时UTC（USNO/MC）为参考基准。

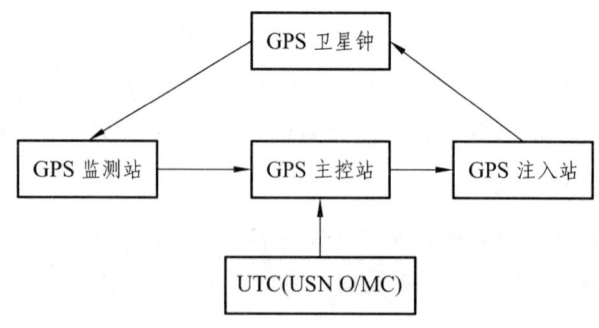

图5-13　GPS时间系统建立

当前精密的GPS时间同步技术可以实现$10^{-10} \sim 10^{-11}$s的同步精度。这一精度可以用于国际上各重要时间和相关物理实验室的原子钟之间的时间传递。利用它可以在地球上不同区域相当远的距离（数千千米）的实验室上利用各种精密仪器设备对太空的天体、运动目标，如脉冲星、行星际飞行探测器等进行同步观测，以确定它们的太空位置、物理现象和状态的某些变化。

3. GPS 在高精度测量方面的应用

如各种等级的大地测量、控制测量；道路和各种线路放样；水下地形测量；地壳形变测量、大坝和大型建筑物变形监测；GIS 数据动态更新；工程机械（轮胎吊，推土机等）控制；精细农业等。

近些年来，随着大量的建筑工程项目开工建设，对测绘工作提出了新的要求：快速、经济、准确。传统的测量方法越来越难以跟上设计技术的步伐和快速的施工速度。GPS 技术的出现正迎合了现代测绘的新要求。目前 GPS 技术已被成功应用于建筑勘测设计、施工放样以及运营过程中的安全检测等各个方面。

经过 30 余年的实践证明，GPS 系统是一个高精度、全天候和全球性的无线电导航、定位和定时的多功能系统。GPS 技术已经发展成为多领域、多模式、多用途、多机型的高新技术国际性产业。目前已遍及国民经济各个部门，并开始逐步深入人们的日常生活。

5.5.4　GPS 基本定位原理

利用 GPS 进行定位的基本原理，是以 GPS 卫星和用户接收机天线之间距离（或距离差）的观测量为基础，并根据已知的卫星瞬间坐标来确定用户接收机所对应的点位，即待定点的三维坐标（x, y, z）。GPS 定位的关键是测定用户接收机天线至 GPS 卫星之间的距离。

1. 伪距测量

伪距测量（pseudo-range measurement）是在用全球定位系统进行导航和定位时，用卫星发播的伪随机码与接收机复制码的相关技术，测定测站到卫星之间的、含有时钟误差和大气层折射延迟的距离的技术和方法。测得的距离含有时钟误差和大气层折射延迟，而非"真实距离"，故称伪距。它是为实现伪距定位，利用测定的伪距组成以接收机天线相位中心的三维坐标和卫星钟差为未知数的方程组，经最小二乘法解算以获得接收机天线相位中心三维坐标，并将其归化为测站点的三维坐标。由于方程组含有 4 个未知数，必须有 4 个以上经伪距测量而获得的伪距。此法既能用于接收机固定在地面测站上的静态定位，又可用于接收机置于运动载体上的动态定位。但后者的绝对定位精度较低，只能用于精度要求不高的导航。

2. 载波相位测量

利用 GPS 卫星发射的载波为测距信号。由于载波的波长（λ_{L1} = 19.03 cm，λ_{L2} = 24.42 cm）比测距码波长要短得多，因此对载波进行相位测量，就可能得到较高的测量定位精度。

3. 相对定位

相对定位是目前 GPS 测量中精度最高的一种定位方法，它广泛用于高精度测量工作中。由于 GPS 测量结果中不可避免地存在着种种误差，但这些误差对观测量的影响具有一定的相关性，所以利用这些观测量的不同线性组合进行相对定位，便可能有效地消除或减弱上述误差的影响，提高 GPS 定位的精度；同时消除了相关的多余参数，也大大方便了 GPS 的整体平差工作。如果用平均误差量与两点间的长度相比的相对精度来衡量，GPS 相位相对定位的方法的相对定位精度一般可以达 10^{-6}（1 ppm），最高可接近 10^{-9}（1 ppb）。

静态相对定位的最基本情况是用两台 GPS 接收机分别安置在基线的两端，固定不动；同步观测相同的 GPS 卫星，以确定基线端点在 WGS—84 坐标系中的相对位置或基线向量。由于在测量过程中通过重复观测取得了充分的多余观测数据，从而改善了 GPS 定位的精度。

4. 单点定位

SPP（Single Point Positioning），其优点是只需用一台接收机即可独立确定待求点的绝对坐标，且观测方便，速度快，数据处理也较简单。主要缺点是精度较低，一般来说，只能达到米级的定位精度，目前的手持 GPS 接收机大多采用的这种技术。

5. 精密单点定位

PPP（Precise Point Positioning），利用载波相位观测值以及由 IGS 等组织提供的高精度的卫星钟差来进行高精度单点定位的方法。目前，根据一天的观测值所求得的点位平面位置精度可达 2～3 cm，高程精度可达 3～4 cm，实时定位的精度可达分米级。但该定位方式所需顾及方面较多，如精密星历、天线相位中心偏差改正、地球固体潮改正、海潮负荷改正、引力延迟改正、天体轨道摄动改正等，所以精密单点定位目前还处于研究、发展阶段，有些问题还有待深入研究解决。由于该定位方式只需一台 GPS 接收机，作业方式简便自由，所以 PPP 已成为当前 GPS 领域一个研究热点。

5.5.5 GPS 外业观测

1. GPS 外业观测的作业方式

同步图形扩展式的作业方式具有作业效率高、图形强度好的特点，是目前在 GPS 测量中普遍采用的一种布网形式，在此主要介绍该布网方式的作业方式。

采用同步图形扩展式布设 GPS 基线向量网时的观测作业方式主要以下几种式：点连式、边连式、网连式和混连式。

（1）点连式。

① 观测作业方式。在观测作业时，相邻的同步图形间只通过一个公共点相连。这样，当有 m 台仪器共同作业时，每观测一个时段，就可以测得 $m-1$ 个新点，当这些仪器观测了 s 个时段后，就可以测得 $1+s\times(m-1)$ 个点。

② 特点。优点是作业效率高，图形扩展迅速；缺点是图形强度低，如果连接点发生问题，将影响到后面的同步图形。

（2）边连式。

① 观测作业方式。

在观测作业时，相邻的同步图形间有一条边（即两个公共点）相连。这样，当有 m 台仪器共同作业时，每观测一个时段，就可以测得 $m-2$ 个新点，当这些仪器观测了 s 个时段后，就可以测得 $2+s\times(m-2)$ 个点。

② 特点。具有较好的图形强度和较高的作业效率。

（3）网连式。

① 观测作业方式。在作业时，相邻的同步图形间有 3 个（含 3 个）以上的公共点相连。这样，当有 m 台仪器共同作业时，每观测一个时段，就可以测得 $m-k$ 个新点，当这些仪器观测了 s 个时段后，就可以测得 $k+s\times(m-k)$ 个点。

② 特点。所测设的 GPS 网具有很强的图形强度，但网连式观测作业方式的作业效率很低。

（4）混连式。

① 观测作业方式。在实际的 GPS 作业中，一般并不是单独采用上面所介绍的某一种观测作业模式，而是根据具体情况，有选择地灵活采用这几种方式的混连式作业。

② 特点。实际作业中最常用的作业方式，它实际上是点连式、边连式和网连式的一个结合体。

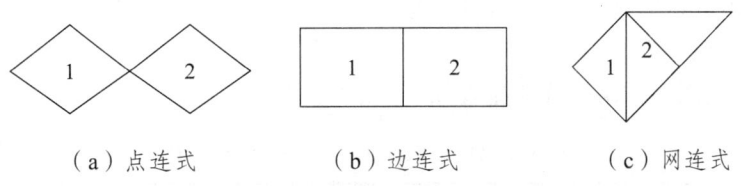

（a）点连式　　　　（b）边连式　　　　（c）网连式

图 5-14　GPS 外业观测的作业方式

2. 观测作业

（1）观测作业流程。

GPS 外业作业流程如下：

① 网形规划及时段安排。GPS 网形规划与控制点的分布有关，为使整个网形的点位中误差值均匀，网形最好能依据控制点的分布规划。最好能避开中午（上午 11:00—下午 1:00）时段安排观测。时段安排后，填写计划时段表，前明确指示测量员测站行程。

② 摆站程序。外业负责人应明确告知摆站人员其所摆设测站点名、点号及开关机时间；若架站人员有未明了事项，应主动向负责人请示了解。下面以重点提醒的方式提出架设 GPS 的注意事项及操作程序：a. 找寻点位。该点若已去过，应该不会发生问题；若是没去过点位而按点之记找寻的，在到达点位之后应确认该点的标石号码，检核无误后再行架设仪器。b. 架设仪器。仪器的定心及定平是基本功，此处不详细赘述。c. 记录观测手簿。手簿是数据下载及内业计算最重要的信息记录，外业所发生的错误都必须要经由手簿的记载来改正，因此手簿数据的记载务必要求正确、详尽。记录过程中，应注意点名、点号书写是否正确，天线高、天线盘及接收仪的型号、序号记录是否正确，开关机时间务必记录等。

③ 资料下载。GPS 外业收集的数据须经由传输线连接下载（DOWNLOAD），或经由记忆磁卡（PCMCIA 卡）传输至计算机中，再经由仪器商所提供的计算软件计算基线，最后再组成网形计算坐标。因此，数据下载也是一门重要的课题，外业上所发生的一些错误就必须在这个阶段完成侦错及改正。下载软件及硬件的连接这里不予讨论。

④ 资料检核。为保证测量数据的正确性，在外业交付内业的最后阶段，必须再次确认各项数据是否有误，检核后将下列各档案移交内业人员：a. 当日计划时段表：交付网形、时段规划。b. 测站手簿、实际观测时段表、下载磁性数据（raw data 及 RINEX data），交付内业

计算人员。

（2）观测作业的注意事项。

目前接收机的自动化程度较高，操作人员只需做好以下工作即可：

① 各测站的观测员应按计划规定的时间作业，确保同步观测。

② 确保接收机存储器（目前常用 CF 卡）有足够存储空间。

③ 开始观测后，正确输入天线高及天线高量取方式。

④ 观测过程中应注意查看测站信息、接收到的卫星数量、卫星号、各通道信噪比、相位测量残差、实时定位的结果及其变化和存储介质记录等情况。一般来讲，主要注意 DOP 值的变化，如 DOP 值偏高（GDOP 一般不应高于 6），应及时与其他测站观测员取得联系，适当延长观测时间。

⑤ 同一观测时段中，接收机不得关闭或重启；将每测段信息如实记录在 GPS 测量手簿上。

⑥ 进行长距离高等级 GPS 测量时，要将气象元素、空气湿度等如实记录，每隔一小时或两小时记录一次。

附：GPS 外业观测记录手簿（见表 5.8 ~ 5.10）。

表 5-8　AA、A 与 B 级测量记录手簿

点号		点名		图幅编号	
观测记录员		日期段号		观测日期	
接收机名称及编号		天线类型及其编号		存储介质编号数据文件名	
温度计类型及编号		气压计类型及其编号		备份存储介质编号	
近似纬度		近似经度		近似高程	
采样间隔		开始记录时间		结束记录时间	
天线高测定		天线高测定方法及略图		点位略图	
测前：　　　测后： 测定值＿＿＿　＿＿＿ m 修正值＿＿＿　＿＿＿ m 天线高＿＿＿　＿＿＿ m 平均值＿＿＿　＿＿＿ m					
记事					
气象元素及天气情况					
时间/UTC	气压/mbar	干温/°C	湿度/°C	天气情况	

表 5-9　测站跟踪作业记录手簿

时间/UTC	跟踪卫星号（PRN）及信噪比	纬度 /° ′ ″	经度 /° ′ ″	大地高 /m	PDOP

注：气象元素各栏内应记录气象仪器读数和相对应的修正值。

表 5-10　C、D、E 级测量记录手簿

点号		点名		图幅编号	
观测记录员		日期段号		观测日期	
接收机名称及编号		天线类型及其编号		存储介质编号数据文件名	
温度计类型及编号		气压计类型及编号		备份存储介质编号	
近似纬度		近似经度		近似高程	
采样间隔		开始记录时间		结束记录时间	
天线高测定	天线高测定方法及略图		点位略图		
测前：　　测后： 测定值_____　_____m 修正值_____　_____m 天线高_____　_____m 平均值_____　_____m					

时间/UTC	跟踪卫星号（PRN）及信噪比	纬度 /(° ′ ″)	经度 /(° ′ ″)	大地高 /m	PDOP
记事					

5.5.6　GPS 测量数据处理与成果检核

GPS 测量外业结束后，必须对采集的数据进行处理，以求得观测基线和观测点位的成果，同时进行质量检核，以获得可靠的最终定位成果。数据处理是用专用软件进行的，不同的接收机以及不同的作业模式配置各自的数据处理软件。GPS 测量数据处理主要包括基线解算和 GPS 网平差。通过基线解算，将外业采集的数据文件进行整理分析检验，剔除粗差，检测和

修复整周跳变，修复整周模糊度参数，对观测值进行各种模型改正，解算出合格的基线向量解（一般选择合格的双差固定解）。在此基础上，进行 GPS 网平差或与地面网联合平差，同时将结果转换为地面网的坐标。

GPS 技术施测的成果，由于种种原因，会存在一些误差，使用时应对成果进行检测。检测的方法很多，可以视实际情况选择合适的方法。GPS 测量成果质量的检核的内容包括：外业数据质量检核、GPS 网平差结果质量检核。

思考与练习题

1. 什么是坐标正算？什么是坐标反算？坐标反算时坐标方位角如何确定？
2. 什么叫坐标方位角、正（反）方位角？
3. 导线测量的目的是什么？其外业工作如何进行？
4. 如何计算闭合导线和附合导线的角度闭合差？
5. 何谓导线坐标增量闭合差？何谓导线全长相对闭合差？坐标增量闭合差是根据什么原则进行分配的？
6. 闭合导线与附合导线的内业计算有何异同点？
7. 试述全站仪三角高程测量的全过程。
8. 如表所示，已知坐标方位角及边长，试计算各边的坐标增量 Δx、Δy。

题 8 表

边　号	坐标方位角/° ′ ″	边长/m
AB	81　45　37	346.512
BC	94　33　59	523.805
CD	267　21　44	527.024

9. 如表所示，已知 A、B、C、D 各点坐标，试计算 AB 和 CD 的坐标方位角和边长。

题 9 表

点　号	x/m	y/m	点　号	x/m	y/m
A	9 821.071	4 293.387	C	9 187.419	2 642.792
B	9 590.933	4 043.074	D	9 310.541	2 931.040

10. 某闭合导线，其横坐标增量总和为 −0.35 m，纵坐标增量总和为 +0.46 m。如果导线总长度为 1 216.39 m，试计算导线全长相对闭合差和边长每 100 m 的坐标增量改正数。
11. 根据表中的观测数据完成四等水准测量各测站的计算及每页的计算校核。

题 11 表　四等水准测量观测记录表

测站编号	点　号	后尺 上丝	前尺 上丝	方向及尺号	水准尺读数/m		K+黑 −红	平均高差 /m	备注
		下丝	下丝						
		后视距	前视距		黑面	红面			
		视距差 d/m	$\sum d$/m						
1	BM$_1$—ZD$_1$	2.606	1.025	后	2.184	6.973			
		1.761	0.169	前	0.596	5.282			
				后−前					
2	ZD$_1$—ZD$_2$	2.627	1.781	后	2.236	6.922			
		1.844	1.031	前	1.407	6.195			
				后−前					
3	ZD$_2$—ZD$_3$	1.868	1.993	后	1.385	6.172			
		0.901	1.057	前	1.524	6.213			
				后−前					
4	ZD$_3$—ZD$_4$	1.821	2.107	后	1.487	6.172			
		1.161	1.480	前	1.793	6.578			
				后−前					
每页检核									

第 6 章　大比例尺地形图及其测绘

> **学习目标**

了解地形图比例尺、分幅和编号的概念；掌握地物及地貌在地形图上的表示方法；掌握大比例地形图测绘方法。

6.1　地形图的比例尺、分幅和编号

6.1.1　地图的概念及其分类

地图是根据特定的数学法则，将地球上的自然、社会和经济现象，通过制图综合，按照某种比例尺缩小并以符号和注记缩绘在平面上的图形。测量工作主要是研究地形图。地形图是地球表面实际情况的客观反映，各项工程建设都需要先在地形图上进行规划、设计。

地面上的道路、河流等自然物体或房屋、桥梁等人工建筑物（构筑物）称为地物；地球表面的山峰、丘陵、平原、盆地、沟壑、峡谷等高低起伏的形态称为地貌。地物和地貌总称为地形。地形图就是将地表一定区域内的地物、地貌按照某种数学法则投影到水平面上，再按照规定的符号和比例尺，经过综合取舍绘制而成的图形。如果是仅反映地物的平面位置，不反映地貌形态的图，称为平面图。

地图按照其载体不同可分为纸质地图和电子地图。传统的纸质地图是以纸张为载体，是三维地形在二维平面上的模拟；电子地图（数字地图）是以数字形式存储在计算机里。

地图按照表达方式不同可分为线划图和影像图。用各种线划符号和注记说明表示的为线划图；在航拍相片的基础上加工而成并保留有地面影像的为影像图。

地图按照其表达的内容来分，又可以分为全要素地图和专题地图。专题地图是指以某一类或几类特定要素为重点描述对象的地图，如行政区划图、交通地图、旅游地图等。而全要素地图是指包含各类地图信息的综合性地图。

6.1.2　比例尺

1. 地形图比例尺概念及其分类

地形图比例尺是指图上线段长度和实地相应长度之比。

比例尺按照表示方法的不同，可分为数字比例尺和图示比例尺。

（1）数字比例尺。

数字比例尺一般是以 1 作为分子的分数形式表示的，设图上某一直线长度为 d，相应地

面线段的水平距离为 D，则图的比例尺为：$d/D = 1/M = 1/(D/d)$，式中 M 为比例尺分母。

在国家基本比例尺地形图系列中，通常将 1∶500、1∶1 000、1∶2 000、1∶5 000、1∶10 000 的地形图称为大比例尺地形图，将 1∶2.5 万、1∶5 万、1∶10 万的地形图称为中比例尺地形图，将 1∶20 万、1∶50 万、1∶100 万的地形图称为小比例尺地形图。

数字比例尺分数值越大，即分母越小，则比例尺也越大，它在图上表示的地物地貌也越详细。数字比例尺通常标注在图廓下方正中央处。

（2）图示比例尺。

直线比例尺又称图式比例尺。为了直接而方便地进行图上与实地相应的水平距离化算和减少图纸伸缩误差，常在图廓下方绘一直线比例尺。绘制时，先在图上绘两条平行线段，再把它们分成若干相等的线段，称为比例尺的基本单位，一般为 2 cm，将左端的一段基本单位又分成十等份，如图 6-1 所示。

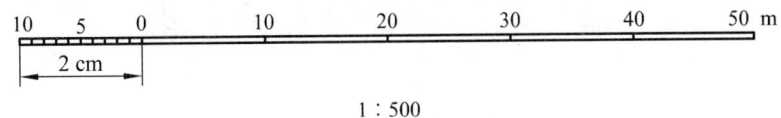

图 6-1　图示比例尺

2. 地形图比例尺精度

通常认为人的肉眼在图纸上的分辨力为 0.1 mm，所以规定图上 0.1 mm 所对应的实地距离叫做比例尺精度，用 δ 表示，则 $\delta = 0.1 \text{ mm} \times M$，见表 6-1。例如 1∶2 000 地形图的精度为 0.2 m。

表 6-1　几种常见比例尺地形图的比例尺精度

比例尺	1∶500	1∶1 000	1∶2 000	1∶5 000	1∶10 000
比例尺精度/m	0.05	0.1	0.2	0.5	1.0

根据比例尺的精度，可以确定测图时距离量取的精度，如测绘 1∶2 000 比例尺地形图时，其比例尺的精度为 0.2 m，故测图时量距的精度只需 0.2 m，小于 0.2 m 在图上表示不出来。反之，当设计规定需在图上能量出的实地最短长度时，根据比例尺的精度，可以反算从而确定测图比例尺。例如，欲表示实地最短线段长度为 0.5 m，则测图比例尺不得小于 1∶5 000。

比例尺越大，表示的实地地物和地貌情况越详细，精度越高。但是对于同一测区，测绘大比例尺地形图通常要增加测绘工作量和经费，因此采用何种比例尺测图，应从工程实际需要的精度出发，而不应盲目追求更大比例尺的地形图。

6.1.3　地形图的要素

1. 数学要素

地形图的数学要素主要包括控制点、坐标系统、高程系统、等高距、测图比例尺、图幅编号等。坐标网分为地理坐标网和直角坐标网，它们是地图投影的具体表现形式。在绘制大比例尺地形图时，先要建立方格网，以 10 cm×10 cm 绘制，当比例尺为中比例尺或小比例尺时，则绘制 2 cm×2 cm 网格，这时称为公里网。

2. 地理要素

地理要素是地图的主体，普通地图上的地理要素是地球表面上最基本的自然和人文要素，分为独立地物、居民地、交通网、水系、地貌、土质和植被、境界线等。

3. 整饰要素

整饰要素是一组为方便使用而附加的文字和工具性资料，常包括外图廓、图名、图号、接图表、图例、指北针、测图时间、图式版本号、测图单位、测量员、绘图员、检查员和保密等级等。

6.2 地物地貌的表示方法

为了便于测图和用图，规定在地形图上使用许多不同的符号来表示地物和地貌的形状和大小，这些符号汇总于《地形图图式》。《地形图图式》是测绘地形图的基本依据之一，是正确识读和应用地形图的重要工具。表 6-2 是常见的地物符号。

6.2.1 地物符号

地形图上表示各种地物的形状大小及其位置的符号，叫地物符号。如测量控制点、居民地、独立地物、管线、道路、水系、植被等。根据地物的形状大小和描绘方法的不同，地物符号可以分为以下几种：

1. 依比例尺符号

地物的平面轮廓，依地形图比例尺缩绘到图上的符号，称为依比例尺符号。如房屋、湖泊、农田等。依比例尺符号不仅能反映出地物的平面位置，而且能反映出地物的形状和大小。大部分的面状地物符号都属于依比例符号，这类符号可表示出地物的轮廓特征。

2. 不依比例尺符号

有些重要地物的轮廓较小，按测图比例尺缩小在图纸上无法表示出来，而用规定的符号表示，称为不依比例符号。如控制点、独立树、电杆、水塔、路灯。不依比例符号只表示物体的中心或中线的位置，不表示物体的形状和大小。大部分的点状地物符号都属于不依比例符号。

3. 半依比例尺符号

对于一些狭长地物，如管线、围墙、通讯线等，其长度依测图比例尺表示，宽度不依比例尺表示，称为半依比例尺符号。大部分的线状地物符号都属于半依比例符号。

注意：这几种符号的使用不是固定不变的，同一地物，在大比例尺图上采用依比例符号，而在中小比例尺图上可能采用不依比例尺符号或半依比例尺符号。

4. 注记符号

有些地物用相应的符号表示还无法表达清楚时，则需对其相应的特性、名称等用文字或数字加以注记。地形图上用文字、数字或特定符号对地物的性质、名称、高程等加以说明，称为地物注记。如地名、控制点名、水准点高程、房屋层数、机关名称、河流流向、道路等级、道路名称等。

表 6-2 常见的地物符号

编号	符号名称	图 例	编号	符号名称	图 例
1	坚固房屋 4—房屋层数		9	水稻田	
2	普通房屋 2—房屋层数		10	旱 地	
3	窑洞 1—住人的 2—不住人的 3—地面下的		11	灌木林	
4	台 阶		12	菜 地	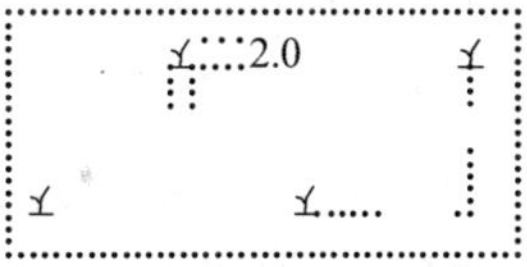
5	花 圃		13	高压线	
6	草 地		14	低压线	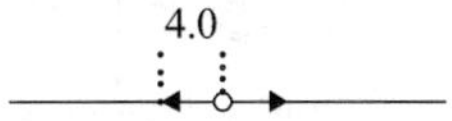
			15	电 杆	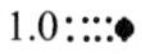
			16	电线架	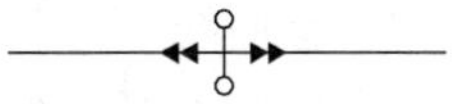
7	经济作物地		17	砖、石及混凝土围墙	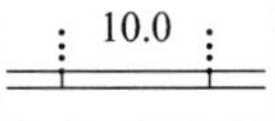 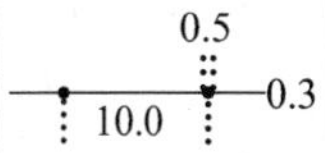
			18	土围墙	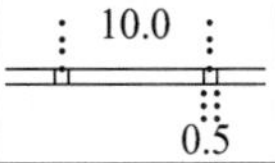
8	水生经济作物地		19	栅栏、栏杆	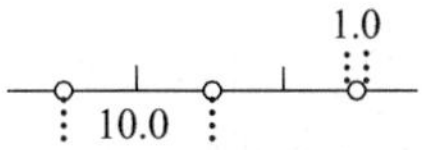
			20	篱 笆	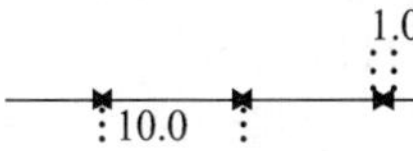

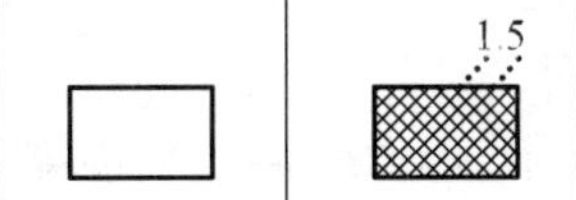

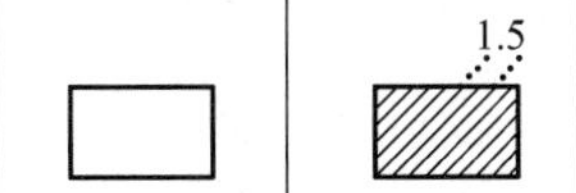

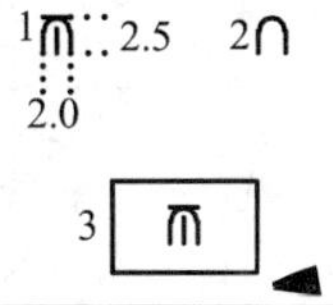

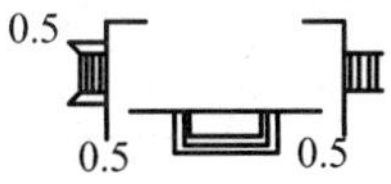

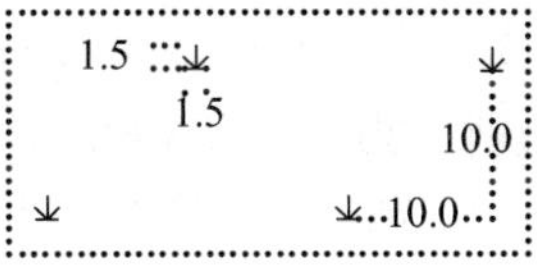

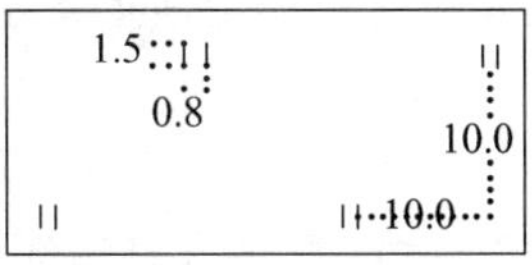

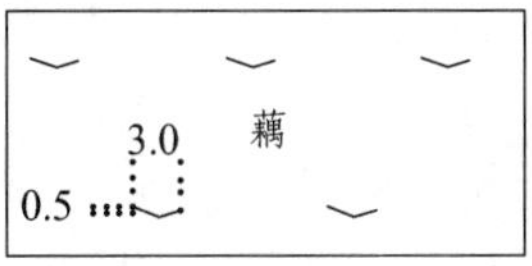

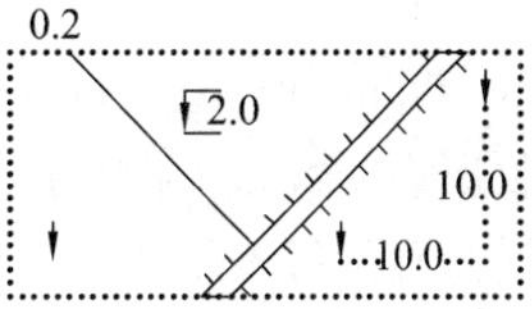

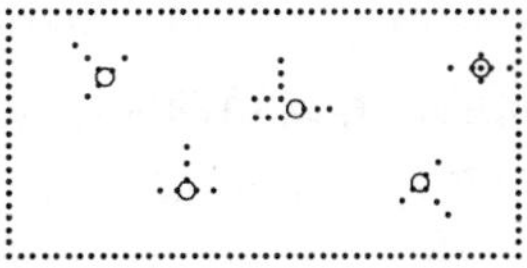

6.2.2 地貌符号

地形图上表示地貌的方法很多，普通地貌（山头、山脊、山谷、山坡、鞍部等）通常用等高线表示，典型地貌（陡坎、斜坡、冲沟、悬崖、绝壁、梯田等）通常用特殊符号表示。用等高线表示地貌不仅能表示出地面的起伏形态，而且可以根据它求得地面的坡度和高程等，所以等高线是目前大比例尺地形图表示地貌的主要方法。

1. 等高线

等高线地面上高程相等的各相邻点所连成的闭合曲线。如图 6-2 所示，设想以若干高度（图中的 100 m、95 m、80 m 等）的平面与某山头相交，在将所有交线依次投影到水平面上，得到一组闭合曲线。显然每条闭合曲线上高程相等，所以称为等高线。

2. 等高距

地形图上相邻两条等高线的高差，称为等高距，用 h 表示。同一幅地形图上等高距通常都是相同的。等高距的大小是依据地形图的比例尺、地面起伏状况、精度要求及用图目的决定的。

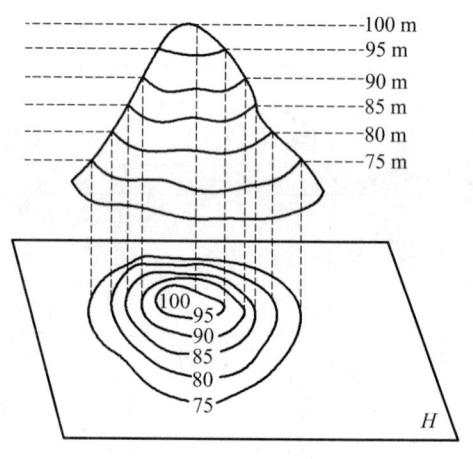

图 6-2　等高线

3. 等高线平距

相邻两等高线间的水平距离称为等高线平距，用 d 表示。同一幅图中等高距相同，所以等高线平距 d 的大小和地形陡缓程度有关。地面坡度越大，d 越小，反之 d 越大；若地面坡度均匀则等高线平距相等。

4. 等高线的分类

为了更加清晰地表示地貌特征，同时方便用图，通常规定地形图上采用如下四种等高线，如图 6.3 所示。

（1）首曲线。

按规定基本等高距测定的等高线称为首曲线，也称为基本等高线。

（2）计曲线。

为计算方便，每隔四条首曲线加粗描绘的等高线称为计曲线，也称为加粗等高线。

（3）间曲线。

当首曲线不足以显示局部地貌特征时，按 1/2 基本等高距绘制的等高线称为间曲线，也称为半距等高线，常以长虚线表示，描绘时可不闭合。

（4）助曲线。

当首曲线和计曲线仍不足以显示局部地貌特征时，按 1/4 基本等高距绘制的等高线称为助曲线，也称为辅助等高线。常以短虚线表示，描绘时也可不闭合。

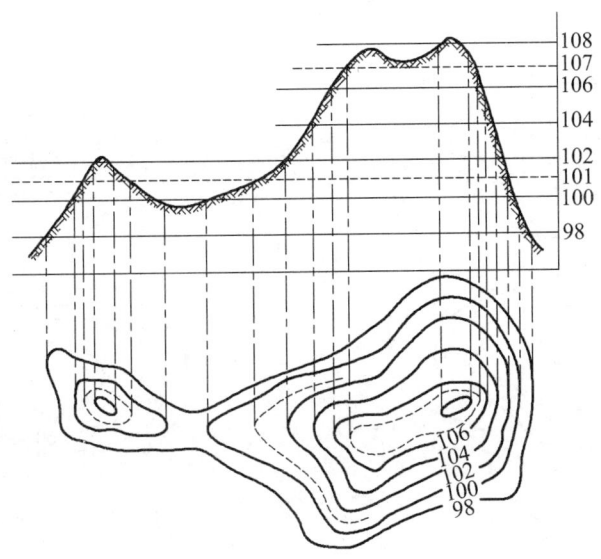

图 6-3　首曲线、计曲线、间曲线

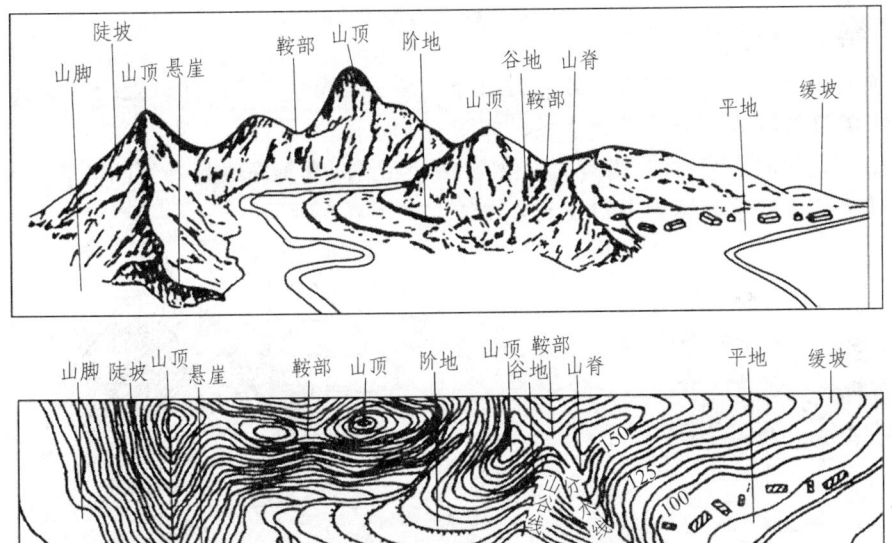

图 6-4　几种典型地貌的等高线

5. 几种典型地貌的等高线（见图 6-4）

（1）山头与洼地的等高线。

山地是指中间突起而高程高于四周的高地。高大的山地称为山岭，矮小的称为山丘。山的最高处称为山顶。地表中间部分的高程低于四周的低地称为洼地，大的洼地叫做盆地。

山头和洼地的等高线形状相似，都是一组闭合的曲线。区分方法是，根据等高线上注记的高程判断：如果从里向外，高程依次增大则为洼地；反之为山头。如图 6-5 和 6-6 所示。

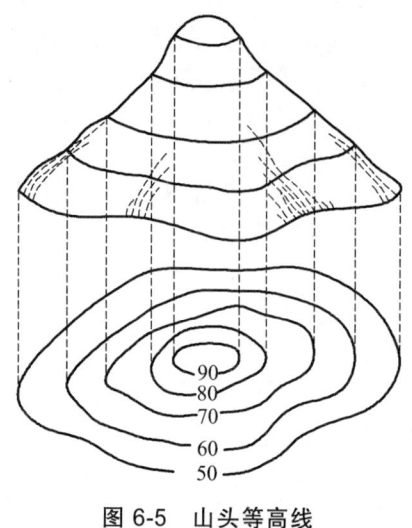

图 6-5　山头等高线　　　　　图 6-6　洼地等高线

如果等高线上无高程注记，则在等高线的斜坡下降方向绘一短线来表示坡度降低方向，这些短线称为示坡线。

（2）山脊与山谷的等高线。

从山顶向山脚延伸并突起的部分称为山脊，其等高线是一组凸向低处的等高线。山脊上相邻最高点的连线称为山脊线或分水线，如图 6-7 所示。

两个山脊之间向一个方向延伸的低凹部分称为山谷，其等高线是一组凸向高处的等高线。山谷中相邻最低点的连线称为山谷线或合水线，如图 6-8 所示。

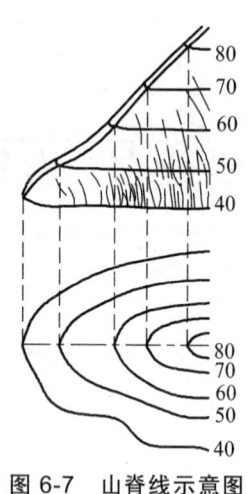 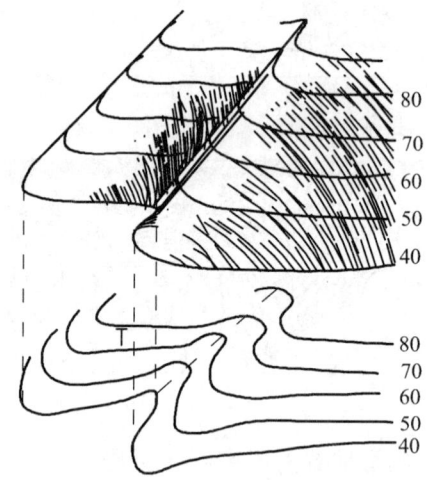

图 6-7　山脊线示意图　　　　　图 6-8　山谷线示意图

山脊线和山谷线是表示地貌特征的线，又称为地性线。地性线是构成地貌的骨架，测图时应尽可能地在地性线上多采集点。软件成图时应将地性线放到一个图层中。构建三角网时应考虑地性线，并避免三角网的边线跨越地性线，以防止地形失真。

（3）鞍部的等高线。

相邻两个山头之间的低洼部分形状如同马鞍，故称为鞍部，其等高线是两组闭合曲线的组合。

（4）峭壁、悬崖的表示法。

接近垂直的陡壁称为峭壁。如果用等高线表示峭壁，将非常密集甚至重合为一条线，所以采用特殊符号来表示，如图6-9所示。

上部向外突出、中间凹进的地形叫做悬崖，其上部等高线与下部等高线的投影将产生相交，所以下部凹进的等高线用虚线表示，如图6-10所示。

（5）等高线的特性。

按上述等高线的表示方法，可以总结出等高线的特征如下：

① 同一等高线上各点高程必相等。

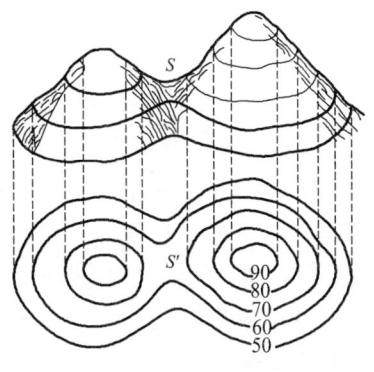

图6-9　鞍部等高线示意图

② 等高线为一闭合曲线，如不在本幅图内闭合，则在相邻的其他图幅内闭合。等高线不能在图幅内中断。

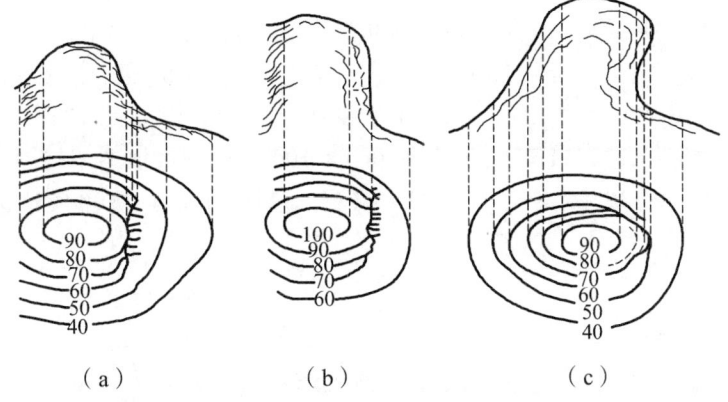

图6-10　悬崖峭壁等高线示意图

③ 除悬崖峭壁外，不同高程的等高线不能闭合。

④ 山脊与山谷的等高线与山脊线和山谷线正交。

⑤ 在同一图幅内，等高线平距大，表示地面坡度小；反之则坡度大。平距相等则坡度相等。倾斜平面上的等高线是间距相等的平行直线。

6.3　地形图的分幅与编号

为了不遗漏、不重复地测绘各地区的地形图，也为了能科学地管理、使用大量的各种比例尺地形图，必须将不同比例尺的地形图，按照国家统一规定进行分幅和编号。

所谓地形图分幅和编号，就是以经纬线（或坐标格网线）按规定的方法，将地球表面划分成整齐的、大小一致的、一系列梯形（矩形或正方形）的图块，每一图块叫做一个图幅，并给以统一的编号。地形图的分幅分为两类：一类是按经纬线分幅的梯形分幅法，也称国际分幅法；另一类是按坐标格网分幅的矩形分幅法。前者用于中、小比例尺的国家基本图分幅，后者用于城市大比例尺图的分幅。

6.3.1 梯形图幅分幅与编号

地形图的梯形分幅由国际统一规定的经线为图的东西边界，统一规定的纬线为南北边界。由于各条经线（子午线）向南、北极收敛，所以整个图形略呈梯形。其划分方法和编号，随比例尺的不同而不同。为了便于计算机检索和管理，1992年国家标准局发布了《国家基本比例尺地形图分幅和编号》（GB/T 13988—92）国家标准，自1993年7月1日起实施。

1. 1∶100万地形图的分幅与编号

1∶100万地形图的分幅与编号是国际统一的,是其他比例尺地形图分幅和编号的基础,如图6-11所示。1∶100万地形图采用正轴等角圆锥投影编绘方法成图。分幅、编号采用国际1∶100万地图分幅标准，从赤道开始，纬度每4°为一列，依次用拉丁字母A、B、C、…、V表示，列号前冠以N或S，以区别北半球和南半球（我国地处北半球，图号前的N全部省略）；从180°经线算起，自西向东6°为一纵行，将全球分为60纵行，依次用1，2，3，…，60表示，每一幅图的编号由其所在的行号和列号组成。例如：沈阳某地纬度为北纬41°50′43″、经度为东经123°24′37″，则其所在1∶100万比例尺地形图的图号为K51；北京某处的地理坐标为北纬39°56′23″、东经116°22′53″，则所在的1∶100万比例尺地形图的图号为J50。

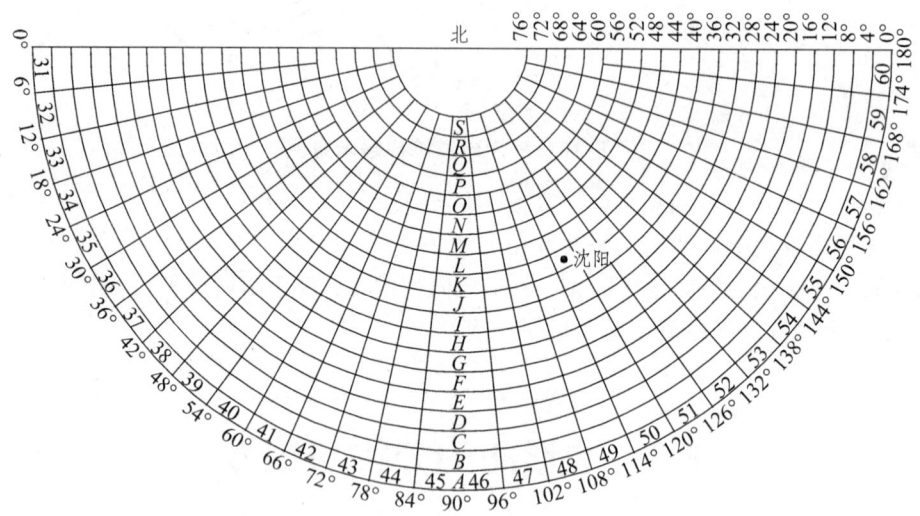

图6-11 1∶100万地形图的分幅和编号

2. 1∶50万~1∶5 000比例尺地形图的分幅与编号

大于100万比例尺的地形图分幅与编号都是在1∶100万地形图图幅的基础上,分别以不同的经差和纬差将1∶100万图幅划分为若干行和列,所得行数、列数及各个比例尺地形图的经差、纬差、比例尺代号等如表6-3所示。每一图幅的编号如图6-12所示。

图 6-12　1∶50 万~1∶5000 比例尺地形图图号的数码构成

例如：某地东经为 123°24′，北纬 41°50′，求其所在的 1∶10 000 比例尺的地形图的编号。

由表 6-3 可知，此地在 1∶100 万地形图上的图号为 K51，其西侧经线经度为 120°，南侧纬线纬度为 40°。因为 1∶10 000 图是由 1∶100 万图划分成 96×96 而组成，其每列经差、每行纬差分别为 3′45″ 和 2′30″，由该地距 1∶100 万图的西、南图边线的经、纬差除以相应每列、行的经、纬差，就可计算得到此地所在 1∶10 000 图的行号和列号。计算如下：

123°24′ − 120° = 3°24′　　　3°24′/3′45″ = 54.4

即列号为 055。

41°50′ − 40° = 1°50′　　　1°50′/2′30″ = 44

因为北半球纬度由南往北增加，所以求得的 44 是指倒数第 44 行，即正数行号为 053。所以，此地所在 1∶1 000 地形图的图幅编号为 K51G053055。

表 6-3　各种比例尺地形图梯形分幅

比例尺	图幅大小		比例尺代号	1∶100 万图幅包含该比例尺地形图的图幅数（行数×列数）	某地图图号
	经差	纬差			
1∶500 000	3°	2°	B	2×2 = 4 幅	K51B002002
1∶250 000	1°30′	1°	C	4×4 = 16 幅	K51C004004
1∶10 0000	30′	20′	D	12×12 = 144 幅	K51D012010
1∶50 000	15′	10′	E	24×24 = 576 幅	K51E020020
1∶25 000	7.5′	5′	F	48×48 = 2304 幅	K51F047039
1∶10 000	3′45″	2′30″	G	96×96 = 9216 幅	K51G094079
1∶5 000	1′52.5″	1′15″	H	192×192 = 36864 幅	K51H187157

6.3.2　正方形或矩形图幅的分幅与编号

为满足规划设计、工程施工等需要而测绘的大比例尺地形图，大多数采用正方形或矩形分幅法。这类方法是按统一的坐标格网线整齐行列分幅。图幅大小如表 6-4。

表 6-4　几种大比例尺图的图幅大小

比例尺	正方形分幅		矩形分幅	
	图幅大小/cm²	实地面积/km²	图幅大小/cm²	实地面积/km²
1∶5 000	40×40 或 50×50	4 或 6.25	50×40	5
1∶2 000	50×50	1	50×40	0.8
1∶1 000	50×50	0.25	50×40	0.2

常见的图幅大小为 50 cm×50 cm、50 cm×40 cm 或 40 cm×40 cm，每幅图中以 10 cm×10 cm

为基本方格。一般规定，对 1∶5 000 比例尺的地形图的图幅，采用纵、横各 40 cm 的图幅，即实地为 2 km×2 km = 4 km² 的面积；对 1∶2000、1∶1 000 和 1∶500 比例尺的图幅，采用纵、横各 50 cm 的图幅，即实地为 1 km²、0.25 km²、0.062 5 km² 的面积。以上均为正方形分幅，也可采用纵距为 40 cm、横距为 50 cm 的分幅，总称为矩形分幅。图幅编号与测区的坐标值联系在一起，便于按坐标查找图幅。地形图按矩形分幅时，常用的编号方法有以下两种。

1. 里数编号法

坐标公里数编号法：即采用图幅西南角坐标公里数，x 坐标在前，y 坐标在后。其中 1∶1 000、1∶2 000 比例尺图幅坐标取至 0.1 km（如 247.0，-112.5），而 1∶500 图则取至 0.01 km（如 12.80，-27.45）。以每幅图的图幅西南角坐标值 x、y 的公里数作为该图幅的编号，如图 6-13 所示为 1∶1 000 比例尺的地形图，按图幅西南角坐标公里数编号法编号。其中画阴影线的两幅图的编号分别为 2.5 – 1.5 和 3.0 – 2.5。

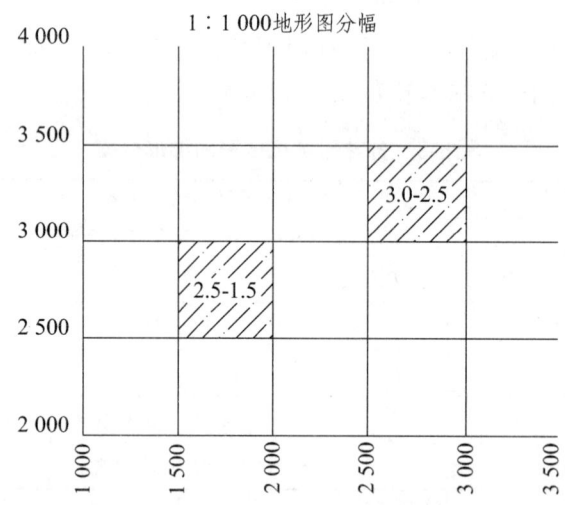

图 6-13　图幅西南角坐标公里数编号法

2. 基本图幅编号法

将坐标原点置于城市中心，用 x、y 坐标轴将城市分成Ⅰ、Ⅱ、Ⅲ、Ⅳ四个象限，如图 6-14（a）所示。以城市地形图最大比例尺 1∶500 图幅为基本图幅，图幅大小为 50 cm×40 cm，实地范围为东西 250 m、南北 200 m。行号按坐标的绝对值 $x = 0 \sim 200$ m 编号为 1，$x = 200 \sim 400$ m 编号为 2…；列号按坐标的绝对值 $y = 0 \sim 250$ m 编号为 1，$x = 250 \sim 500$ m 编号为 2…，依次类推。x、y 编号中间以斜杠（/）分割，成为图幅号。

如图 6-14（b）所示为 1∶500 比例尺图幅在第一象限中的编号；每 4 幅 1∶500 比例尺的图构成 1 幅 1∶1000 比例尺的图，因此同一地区 1∶1000 比例尺的图幅的编号如图 6-14（c）所示。每 16 幅 1∶500 比例尺的图构成一幅 1∶2000 比例尺的图，因此同一地区 1∶2000 比例尺的图幅的编号如图 6-14（d）所示。

这种编号方法的优点是：看到编号就可知道图的比例尺，其图幅的坐标值范围也很容易计算出来。例如：有一幅图编号为Ⅱ38-40/53-54，知道为一幅 1∶1000 比例尺的图，位于第二象限（城市的东南区），其坐标值的范围是：

x：$-200\text{m}\times(38-1) \sim -200\text{m}\times40 = -7\,600 \sim 8\,000$ m

y：$250\text{m}\times(53-1) \sim 250\text{m}\times54 = -13\,000 \sim 13\,500$ m

另外，已知某点坐标，即可推算出其在某比例尺的图幅编号。如某点坐标为（7 650，-4 378），可知其在第四象限，由其所在的 1∶1 000 比例尺地形图图幅的编号可以算出：

N1 = [int（abs（7650））/400]×2+1 = 39

M1 = [int（abs（-4 378））/500]×2+1 = 17

所以其在 1∶1 000 比例尺图上的编号为Ⅳ38-40/16-18。

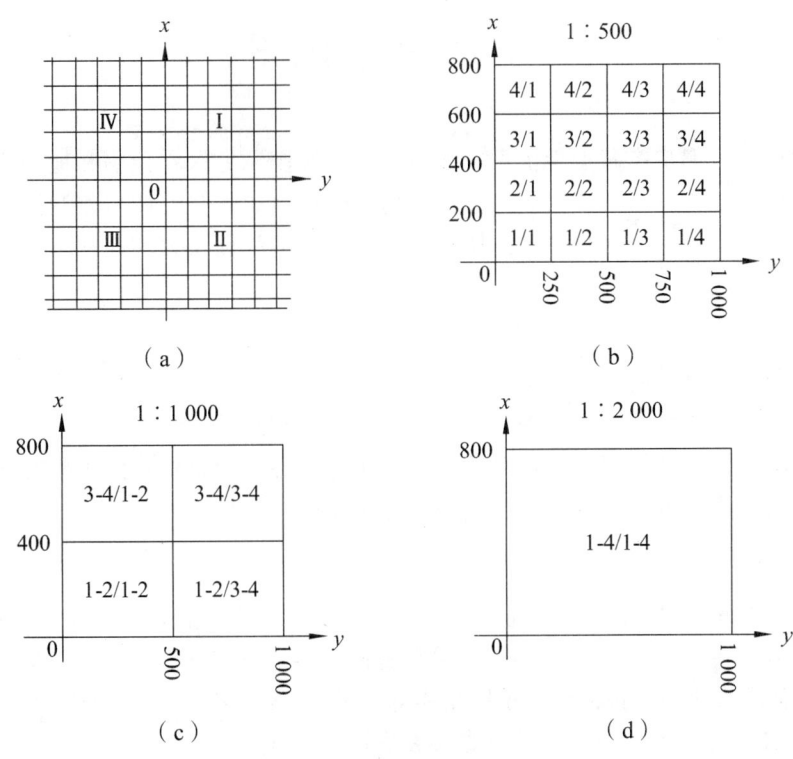

图 6-14　基本图幅编号法

例如：某测区测绘 1∶1000 地形图，测区最西边的 y 坐标线为 74.8 km，最南边的 x 坐标线为 59.5 km，采用 50 cm×50 cm 的正方形图幅，则实地 500 m×500 m，于是该测区的分幅坐标线为：由南往北是 x 值为 59.5 km、60.0 km、60.5 km…的坐标线，由西往东是 y 值为 77.3 km、77.8 km、76.3 km…的坐标线。所以，正方形分幅划分图幅的坐标线须依据比例尺大小和图幅尺寸来定。

3. 其他图幅编号方法

如果测区面积较大，则正方形分幅一般采用图廓西南角坐标公里编号法，而面积较小的测区则可选用流水编号法或行列编号法。

（1）流水编号法。即从左到右，从上到下以阿拉伯数字 1，2，3…编号，如图 6-15 中第 13 图可以编号为：××-13（××为测区名称）。

（2）行列编号法。一般以代号（如 A、B、C…）为行号，从上到下排列；以阿拉伯数字 1，2，3…作为列代号，从左到右排列。图幅编号为：行号-列号，如图 6-16 所示的 B-5。

	1	2	3	4	5
6	7	8	9	11	
12	13	14	15	16	17

图 6-15 流水编号法

A-1	A-2	A-3	A-4	A-5	A-6
	B-2	B-3	B-4	B-5	B-6
C-1	C-2	C-3	C-4	C-5	

图 6-16 行列编号法

6.4 经纬仪测图

地形图测绘是以测量控制点为依据，按以一定的步骤和方法将地物和地貌测定在图上，并用规定的比例尺和符号绘制成图。大比例尺地形图的测绘，是在图根控制测量的基础上，采用适当的测量方法，逐个测量测站周围的地形特征点的平面位置和高程，并以此为依据将所测地物、地貌绘制于图纸上。

6.4.1 测图前的准备工作

测图前，除做好仪器、工具及资料的准备工作外，还应着重做好测图板的准备工作。它包括图纸的准备、绘制坐标格网及展绘控制点等工作。

1. 图纸准备

为了保证测图的质量，应选用质地较好的图纸。目前大多采用聚酯薄膜，其厚度为 0.07~0.1 mm，表面经打毛后，便可用来测图。聚酯薄膜具有透明度好、伸缩性小、不怕潮湿、牢固耐用等优点。如果表面不清洁，还可用水洗涤，并可直接在底图上着墨复晒蓝图。但聚酯薄膜有易燃、易折和老化等缺点，故在使用过程中应注意防火、防折。

2. 绘制坐标格网

为了准确地将图根控制点展绘在图纸上，首先要在图纸上精确地绘制 10 cm×10 cm 的直角坐标格网，如图 7.17 所示。绘制坐标格网可用坐标仪或坐标格网尺等专用仪器工具。

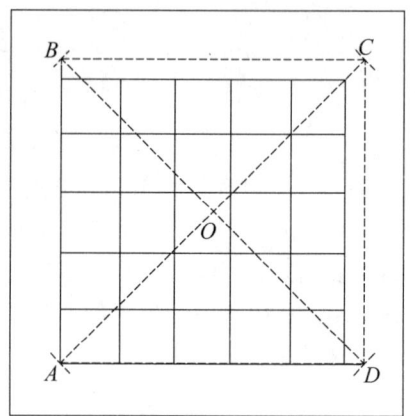

图 6-17 对角线法绘制方格网

3. 展绘控制点

展点前要按图的分幅位置，将坐标格网线的坐标值注在西、南两侧格网边线的外侧，如图 6-18 所示。展点时先要根据控制点的坐标，确定所在的方格。将图幅内所有控制点展绘在图纸上，并在点的右侧以分数形式注明点号及高程。最后用比例尺量出各相邻控制点之间的距离，与相应的实地距离比较，其差值不应超过图上 0.3 mm。

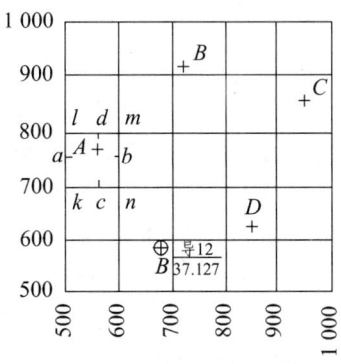

图 6-18 控制点的展绘

6.4.2 碎部测量

碎部测量就是测定碎部点的平面位置和高程。下面分别介绍碎部点的选择和碎部测量的方法。

1. 碎部点的选择

前已述及碎部点应选地物、地貌的特征点。对于地物，碎部点应选在地物轮廓线的方向变化处，如房角点、道路转折点、交叉点、河岸线转弯点以及独立地物的中心点等。连接这些特征点，便得到与实地相似的地物形状。由于地物形状极不规则，一般规定主要地物凸凹部分在图上大于 0.4 mm 均应表示出来；小于 0.4 mm 时，可用直线连接。对于地貌，碎部点应选在最能反应地貌特征的山脊线、山谷线等地性线上，如山顶、鞍部、山脊、山谷、山坡、山脚等坡度变化及方向变化处。根据这些特征点的高程勾绘等高线，即可将地貌在图上表示出来。

2. 一个测站点上的测绘工作

地形测图又称碎部测量。它的主要内容是以图幅内的三角点、图根点作为地形测图的测站点，先后分别在各测站点上，测定其周围地物、地貌碎部点（即特征点）的位置和高程，并在图纸上根据这些碎部点描绘地物、地貌的形状，从而描绘出地形图。

（1）经纬仪测绘法。

如图 6-19 所示，在测站点 O 上安置经纬仪，量取仪器高。另外，在测站旁放一块测图板。在施测前，观测员将望远镜瞄准另一已知点 A 作为起始方向，拨动水平度盘，使读数为 $0°00'00''$；然后，松开照准部照准另一已知点 B，观测 $\angle AOB$ 角与原已知角作比较，其差值不应超过 $2'$。此外，还应对测站高程进行检查，其方法是选定一个邻近的已知高程点，用视距法反觇出本站高程与图上高程值作比较，其差值不应大于 1/5 等高距。做好上述准备后，即可开始施测碎部点位置。具

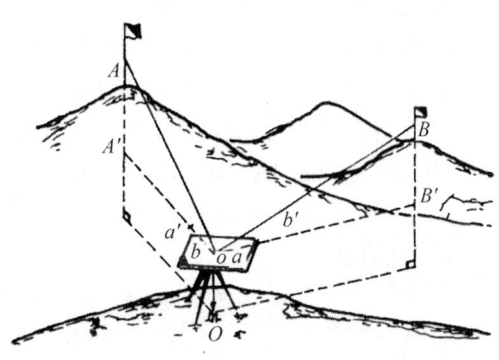

图 6-19 经纬仪测绘法示意图

体施测过程如下：

① 观测。

观测员松开经纬仪照准部，使望远镜照准立尺员竖立在碎部点上的标尺，读取尺间隔和中丝读数（最好用中丝在尺上截取仪器高和在仪器高附近的整分划处直接读出尺间隔）。然后读出水平度盘读数；使竖盘指标水准管气泡居中，读取竖盘读数。

观测员一般每观测 20～30 个碎部点后，即应检查起始方向有无变动。对碎部点观测只需一个镜位。除尺间隔需读至毫米外，仪器高、中丝读数读至 cm，水平角读至分。

② 记录与计算。

记录员认真听取并回报观测员所读观测数据，且记入碎部测量手簿，如表 6-5 所示。按视距法，用计算器或用视距计算表计算出测站至碎部点的水平距离及碎部点的高程。

表 6-5 碎部测量手簿

测站：B 后视点：A 仪器高 $i=1.42$ m 测站高程 $H_B = 27.40$ m								
点号	尺间距/m	中丝读数/m	竖盘读数/° ′	竖直角/° ′	水平角/° ′	水平距离/m	高程/m	附注
1	0.760	1.42	93　28	−3　28	114　00	75.7	22.81	屋角
2	0.514	1.55	91　45	−1　45	172　40	51.4	25.70	屋角
3	0.375	1.60	93　00	−3　00	327　36	37.4	25.26	屋角
4	0.257	2.42	87　26	+2　34	16　24	25.7	27.55	电杆

③ 展出碎部点并绘图。

用测量专用量角器展绘碎部点。专用量角器如图 7-31 所示，它的周围边缘上刻有角度分划，最小分划值一般为 20′或 30′，直径上刻有长度分划，刻至毫米，故测量专用量角器即可量角又可量距。

展绘碎部点时，绘图人员将量角器的圆心小孔用细针固定在图纸的测站点上。当观测员读出水平度盘读数（例如 50°）后，绘图员转动量角器，使等于水平度盘的刻划对准后视方向线（图中为 50°对准 ab 线）。此时量角器圆心至 0°一端（小于 180°）或至 180°的一端（水平角大于 180°时）的连线即为测站至碎部点的方向线。在此方向线上，按照测图比例尺量出水平距离，就标出碎部点的图上位置。若该碎部点还需标明高程，则在该点右侧注上高程值。利用多个反映地物、地貌的碎部点，绘图员就可在图上测绘出相应的地物和地貌来。

经纬仪测绘法的优点是工具简单、操作方便，观测与绘图分别由两人完成，故测绘速度较快，运用本法时，要注意估读量角器的分划。若量角器的最小分划值为 20′，一般能估读到 1/4 分划，即 5′的精度。另外，量角器圆心小孔由于使用过程中的磨损等原因，往往会变大，为此应采取适当措施，进行修理或更换量角器。

（2）碎部测量常用几种方法。

① 任意法。

望远镜十字丝纵丝照准尺面，仪器高度使三丝均能读数即可。

量取仪器高 i，读取上丝和下丝读数计算尺间隔 l，中丝读数 v，依据竖盘读数就算竖直角 α，分别记入手簿。

计算公式：水平距离 $D = Kl\sin 2\alpha$，高差 $h = D\tan\alpha + i - v$

② 等仪器高法。

望远镜照准尺面时，使水平中丝读数等于仪器高，即 $v = i$。

读取上丝读数、下丝读数、竖盘读数分别记入手簿。

计算公式：水平距离 $D = Kl\sin 2\alpha$，高差 $h = D\tan\alpha$

③ 平截法。

调整望远镜使竖盘读数等于 90°，固定望远镜，照准碎部点上的水准尺。

读取上丝读数、下丝读数、中丝读数分别记入手簿。

计算公式：水平距离 $D = Kl$，高差 $h = i - v$

6.5 全站仪数字化测图

随着电子全站仪、GPS 及电子计算机的普及，地形图的成图方法正在由传统的白纸测图向数字测图方向迅速发展。数字测图经过数据采集、数据编码、计算机图形处理和自动绘制地图来完成。

数字测图的基本硬件为 GPS、全站仪、计算机、绘图仪等。数字测图所需的软件功能主要有野外数据的录入或处理、图形文件的生成、等高线生成、图形编辑、注记和地图的绘制等。

6.5.1 全站仪外业数据采集方法

1. 安置仪器

在测站点上安置仪器，包括对中和整平。对中误差控制在 3 mm 之内。

2. 建立或选择工作文件

工作文件是存储当前测量数据的文件，文件名要简洁、易懂、便于区分不同时间或地点的数据，一般可用测量时的日期作为工作文件的文件名。

3. 测站设置

如果仪器中有测站点坐标，可从文件中选择测站点点号来设置测站；如果仪器中没有测站点，则需手工输入测站点坐标来设置测站。

4. 后视定向

从仪器中调入或手工输入后视点坐标，也可直接输入后视方位角，然后照准后视点，按确认键进行定向。

5. 定向检查

定向检查是碎部点采集之前重要的工作，特别是对于初学者。在定向工作完成之后，再找一个控制点上立棱镜，将测出来的坐标和已知坐标比较，通常 x、y 坐标差都应该在 1 cm 之内。通常每一测站开始观测和结束观测时都应做定向检查，以确保数据无误。

6. 碎部测量

定向检查结束之后，即可进行碎部测量。采集碎部点前先输入点号，碎部测量可采用草图法或编码法进行。草图法需要外业绘制草图，内业按照草图成图；编码法需要对各个碎部点输入编码，内业通过简码识别自动成图。

6.5.2 全站仪数据传输方法

全站仪数据传输通常有两种方式，即全站仪专用传输软件传输和专业成图软件传输。

全站仪专用传输软件大部分可以免费下载使用。但通常情况下都使用绘图软件的数据传输功能。下面以 CASS 软件为例说明如下：

（1）用传输电缆连接全站仪和计算机（正确选择接口），打开全站仪，设置通讯参数。

（2）进入全站仪数据传输界面，选择需要传输的数据文件。

（3）在 CASS 中选择[数据]→[读取全站仪数据]，打开数据传输界面，如图 6-20 所示。

（4）在计算机上设置通讯参数，要求和全站仪中的各项参数完全对应。主要包括如下参数的设置：仪器类型、通讯口、波特率（传输速率）、数据位、停止位、奇偶性检验。

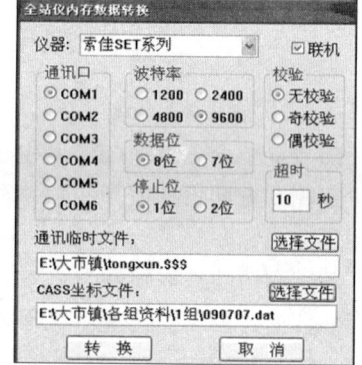

图 6-20 全站仪数据传输界面示意图

（5）确定数据文件的存储位置，并命名数据文件。

（6）计算机上回车，全站仪上回车，数据就被传输到指定的路径下面。

6.5.3 使用 CASS 软件绘制地形图

"草图法"工作方式要求外业工作时，除了测量员和跑尺员外，还要安排一名绘草图的人员。在跑尺员跑尺时，绘图员要标注出所测的是什么地物（属性信息）及记下所测点的点号（位置信息）；在测量过程中要和测量员及时联系，使草图上标注的某点点号和全站仪里记录的点号一致。采用这种方法在测量每一个碎部点时不用在电子手簿或全站仪里输入地物编码，故又称为"无码方式"。"草图法"在内业工作时，根据作业方式的不同，分为"点号定位"、"坐标定位"等几种方法。具体步骤如下：

1. 定显示区

选择"绘图处理"下的"定显示区"菜单，出现图 6-21 所示的对话框，选择对应的坐标数据文件名"CASS2008 \ DEMO \ YMSJ.DAT"。

2. 展野外测点点号

选择"绘图处理"下的"展野外测点点号"菜单，再次出现图 6-21 所示的对话框，选择对应的坐标数据文件名"CASS2008 \ DEMO \ YMSJ.DAT"后，命令区提示：读点完成！共读入 60 点，如图 6-22 所示。

图 6-21 选择测点点号定位成图法的对话框

图 6-22 展点点号图

3. 选择绘图方式

草图法绘图过程中，可采用"坐标定位"和"点号定位"两种方式。在 CASS 界面右侧屏幕最上方可进行选择。若选择"坐标定位"时，用鼠标点取每一个测点，捕捉方式选择为捕捉"节点"；若选择"点号定位"时，则在命令行中依次输入测点点号。在绘图过程中可以进行两种方式的切换。

4. 绘制平面图

根据野外作业时绘制的草图，移动鼠标至屏幕右侧菜单区选择相应的地形图图式符号，然后在屏幕中将所有的地物绘制出来。如图 6-23 所示，由 37、38、41 号点连成一间普通房屋。因为所有表示房屋的符号都放在"居民地"这一层，这时便可选择右侧菜单"居民地"，系统便弹出对话框，如图 6-24 所示。再选择"四点房屋"的图标，图标变亮表示该图标已被选中，这时命令区提示：

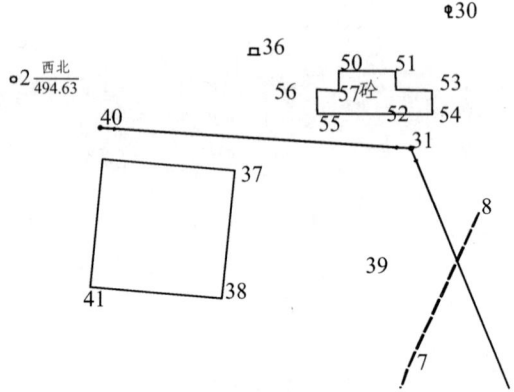

图 6-23 外业作业草图

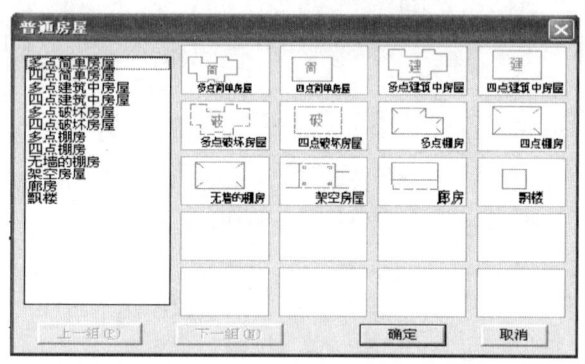

图 6-24 选择"居民地普通房屋"的对话框

输入绘图比例尺 1：1 000，回车；

1.已知三点/2.已知两点及宽度/3.已知四点<1>:输入 1，回车（或直接回车默认选 1）。

说明：已知三点是指测矩形房子时测了三个点；已知两点及宽度则是指测矩形房子时测了两个点及房子的一条边；已知四点则是测了房子的四个角点。

依次用鼠标点取 33、34、35 三点并回车，则此三点连成一间普通房屋。重复上述操作，将 33、34、35 号点绘成四点棚房；60、58、59 号点绘成四点破坏房子；12、14、15 号点绘成四点建筑中房屋；50、52、51、53、54、55、56、57 号点绘成多点一般房屋；27、28、29 号点绘成四点房屋。同样在"居民地/垣栅"层找到"依比例围墙"的图标，将 9、10、11 号点绘成依比例围墙的符号；在"居民地/垣栅"层找到"篱笆"的图标将 47、48、23、44、43 号点绘成篱笆的符号等。这样，重复上述的操作便可以将所有测点用地图图式符号绘制出来。在操作的过程中，可以嵌用 CAD 的透明命令，如放大显示、移动图纸、删除、文字注记等。

5. 绘制等高线

（1）展点号及高程。在绘制三角网和等高线之前确保展点号和高程点已经正确展入。

（2）连接地性线。地貌主要是靠等高线描述的，而等高线能否准确地表达实际地貌形态、地性线采点是否准确和地性线上是否有足够多的点是最重要的因素。依据外业草图，首先将山脊线、山谷线等地性线连成多义线。

（3）构建三角网。选择"等高线"菜单下的"建立 DTM"子菜单，系统弹出如图 6-25 所示的对话框，可以选择"由坐标数据文件生成"或"由图面高程点生成"，再选择坐标数据文件或直接在图面上框选高程点。在构建三角网的过程中，系统可以提供三种建网结果：显示建三角网结果、显示建三角网过程或者不显示三角网。

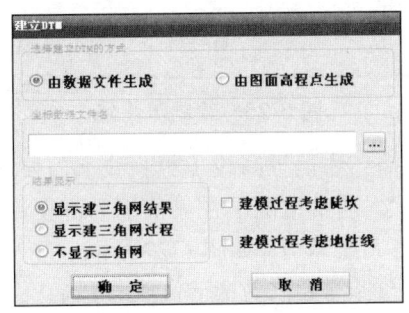

图 6-25　建立 DTM

（4）修改三角网。主要包括删除三角形（如果在某局部范围内无等高线通过，则可将其范围内的相关三角形删除）、过滤三角形（可根据用户需要输入符合三角形中最小角的度数、或三角形中最大边长最多大于最小边长的倍数等条件的三角形）、增加三角形（如果要增加三角形，在要增加三角形的地方用鼠标点取，如果点取的地方没有高程点，系统会提示输入高程）、三角形内插点（选择此命令后，可根据提示输入要插入的点，通过此功能可将此点与相邻的三角形顶点相连构成三角形，同时原三角形会自动被删除）、删三角形顶点（用此功能可将所有由该点生成的三角形删除）、重组三角形（指定两相邻三角形的公共边，系统自动将两三角形删除，并将两三角形的另两点连接起来构成两个新的三角形，这样做可以改变不合理的三角形连接）、删三角网（生成等高线后就不再需要三角网了，这时如果要对等高线进行处理）、修改结果存盘（通过以上命令修改了三角网后，选择"等高线"菜单中的"修改结果存盘"项，把修改后的三角网存盘）。

（5）勾绘等高线。选择"等高线"菜单的"绘制等高线"项，如图 6-26 所示。对话框中会显示参加生成 DTM 的高程点的最小高程和最大高程。如果只生成单条等高线，那么就在单条等高线高程中输入此条等高线的高程；如果生成多条等高线，则在等高距框中输入相邻两条等高线之间的等高距。最后选择等高线的拟合方式。总共有四种拟合方式：不拟合（折线)、张力样条拟合、三次 B 样条拟合和 SPLINE 拟合。观察等高线效果时，可输入较大等高距并选择"不光滑"，以加快观察速度。如选拟合方法 2，则拟合步距以 2 m 为宜，但这时生成的等高线数据量比较大，速度会稍慢。测点较密或等高线较密时，最好选光滑方法 3，也可选择"不光滑"，过后再用"批量拟合"功能对等高线进行拟合。选择 4 则用标准 SPLINE 样条曲线来绘制等高线，提示"请输入样条曲线容差"，容差是曲线偏离理论点的允许差值，可直接回车。SPLINE 线的优点在于即使其被断开后仍然是样条曲线，可以进行后续编辑修改；缺点是较选项 3 容易发生线条交叉现象。

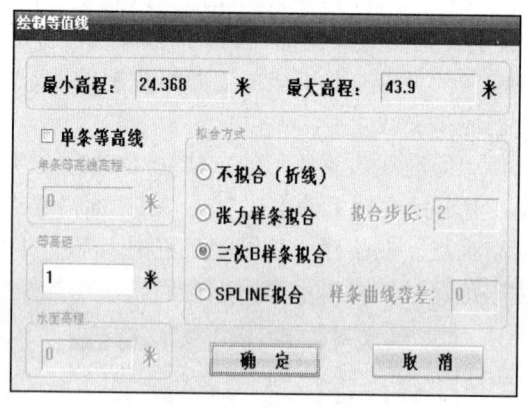

图 6-26 绘制等高线

(6) 修饰等高线。主要包括：注记等高线(等高线上需要注记高程，可以选择"单个高程注记"或"沿直线高程注记"，通常情况下在大范围内都使用"沿直线高程注记"，在局部地方使用"单个高程注记")、等高线修剪(如图 6-27 所示，首先选择是消隐还是修剪等高线，然后选择是整图处理还是手工选择需要修剪的等高线，最后选择地物和注记符号，单击确定后会根据输入的条件修剪等高线)、切除指定二线间等高线(如果想切除某两条线之间的等高线，如一条公路通过山坡，则公路两侧的等高线应以公路边断开，此时可使用此命令)、切除指定区域内等高线(如果有一个面状地物位于大片等高线中间，如山上有个院落，则院墙线以内的等高线应切除)、等值线滤波(一般的等高线都是用样条拟合的，这时虽然从图上看出来的节点数很少，但实际上每条等高线上有很多密布的夹持点，如图 6-28 所示，使得绘完等高线后图形容量变得很大，可以利用此功能使图形容量变小)。

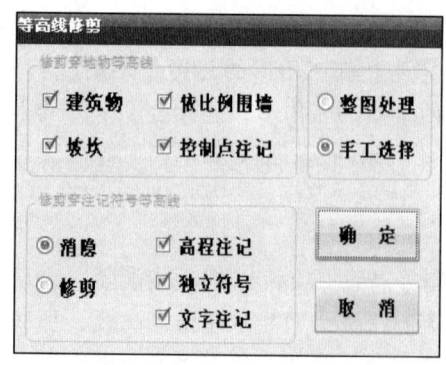

图 6-27 等高线修剪对话框

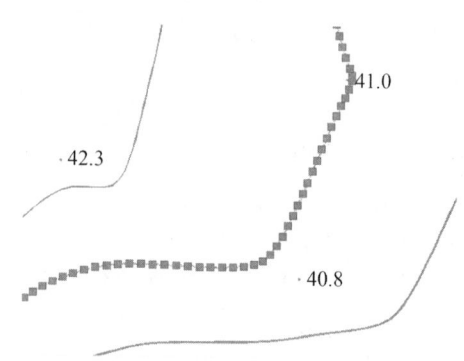

图 6-28 等高线上的夹持点

6.6 地形图的检查与验收

地形图及其有关资料的检查与检收工作是测绘生产的一个重要环节，是测绘生产技术管理工作的一项重要内容。

地形图的检查与验收工作，要在测绘人员自己充分检查的基础上，提请上级业务单位派专职检查人员进行总的检查和质量评定。若合乎质量标准，应予以检收。检查验收的主要技术依据是地形测量技术计划、现行地形测量规范和地形图图式。

6.6.1 自检

在整个测绘过程中，测绘作业人员应将自我检查贯穿于测绘工作的始终。自检的主要内容有：使用的仪器工具是否定期检校并合乎精度要求，控制测量成果是否完全可靠；图廓、坐标格网的展绘是否正确；控制点平面位置和高程注记是否正确。在每一测站上，应随时检查本测站所测地物、地貌有无错误或遗漏，并用仪器检查其他测站所测地物、地貌是否正确。即使在迁站过程中，也应沿途作一般性的检查，如发现错误，应随即改正。测绘人员一定要做到一站工作当站清，当天工作当天清，一幅测完一幅清。

6.6.2 提交资料

测图工作结束后，需将各种有关资料装订成册或整理妥当，以供总的全面检查与验收，上交资料分为控制测量、地形测量及技术总结三部分。

6.6.3 全面检查

1. 内业检查

地形图的内业检查就是对图面内容的表示是否合理，有关资料是否齐全和无误的检查。内业检查为外业检查提供线索，确定重点检查区域。内业检查主要内容有：

（1）检查图廓及坐标格网的正确性；
（2）各级控制点的展绘是否正确，高程注记是否与成果表中数字相符；
（3）图上控制点数及埋石点数是否满足要求；
（4）地物、地貌符号是否合理；
（5）各种注记是否正确、清晰、有无遗漏；
（6）图面地貌特征点数量和分布能否保证勾绘等高线的需要，等高线与地貌特征点高程是否适应；
（7）图边是否接好；
（8）各种资料手簿是否齐全无误。

2. 外业检查

（1）巡视检查。检查人员携带图板到测区，按预订路线进行实地对照查看。查看地物轮廊是否正确，地貌显示是否真实，综合取舍是否合理，主要地物是否遗漏，符号使用是否恰当，各种注记是否完备和正确等。

（2）仪器检查。对原图上某些存有疑问的地方或重点部分可进行仪器检查。仪器检查的方法有方向法、散点法，有时还采用断面法。

方向法适用于检查主要地物点的平面位置有无偏差。检查时，需在测站上安置平板仪，用照准直尺边缘贴靠在该测站点上，将照准仪瞄准被检查的地物点，再检查已测绘在图上的相应地物点方向是否有偏离。

散点法与碎部测量一样，即在地物或地貌特征点上立尺，用视距测量的方法测定其平面位置和高程，然后与图板上相应点比较，以检查其精度是否合乎要求。

断面法是用测图时采用的同类仪器和方法，沿测站某方向线上测定各地物、地貌特征点的平面位置和高程，然后再与地形图上相应的地物点、等高线通过点进行比较。

上述检查方法，当采用与测图时相同的仪器和方法实测时，其较差之限差不应大于图式中相应地物，地貌中误差的3倍。

检查结束后，对于检查中发现的错误、缺点，应立即在实地上对照改正。如错误较多，上级业务单位可暂不验收，应将上交原图和资料退回作业组进行修测或重测，然后再做检查和验收。

测绘成果、成图，经全面检查符合要求，即可予以验收；同时，根据质量评定标准，实事求是地作出质量等级的评估。

思考与练习题

1. 试述在地形图上确定任何一点的平面坐标和高程的方法。
2. 地形图为什么要进行分幅与编号？
3. 测图前要做哪些准备工作？
4. 简述经纬仪测图法的主要步骤。
5. 何谓等高线？等高线有哪些特点？等高距、等高线平距与地面坡度三者之间的关系怎样？
6. 1∶1 000地形图，图上1 cm代表实地距离多少？
7. 地形碎步测量，完成表中的计算。

题7表

测站：B　　后视点：A　　仪器高 $i=1.34$ m　　测站高程 $H_B=100.12$ m

点号	尺间距 /m	中丝读数 /m	竖盘读数 /° ′	竖直角 /° ′	水平角 /° ′	水平距离 /m	高程 /m	附注
1	0.735	1.60	90　10					屋角
2	0.916	1.37	89　00					屋角
3	0.283	1.38	92　00					屋角

第7章 地形图的应用

学习目标

了解地物、地貌的识读方法；掌握应用地形图求某点坐标、高程以及求某直线的坐标方位角、长度和坡度的方法；能够利用地形图量算图形面积、绘纵断面图、选等坡度线、确定汇水面积，以及用地形图进行工程的土石方计算。

7.1 地形图的识读

地形图是包含丰富的自然地理、人文地理和社会经济信息的载体。它是进行工程建设项目可行性研究的重要资料，是工程规划、设计和施工的重要依据。借助地形图，可以了解自然与人文地理、社会经济诸方面因素对工程建设的综合影响，使勘测、规划、设计能充分利用地形条件，优化设计和施工方案，有效地节省工程建设费用。在施工中，利用地形图可以获取施工所需的坐标、高程、方位角等数据和进行工程量的估算等工作。正确地应用地形图，是工程技术人员必须具备的基本技能。

7.1.1 地形图注记的识读

根据地形图图廓外的注记，可全面了解地形的基本情况。例如，由地形图的比例尺可以知道该地形图反映地物、地貌的详略；根据测图的日期注记可以知道地形图的新旧，从而判断地物、地貌的变化程度；从图廓坐标可以掌握图幅的范围；通过接图表可以了解与相邻图幅的关系。了解地形图的坐标系统、高程系统、等高距等，对正确用图有很重要的作用。

7.1.2 地物和地貌的识读

在工程中，通过地形图来分析、研究地形，主要是根据《地形图图式》符号、等高线的性质和测绘地形图时综合取舍的原则来识读地物、地貌。地形图的内容很丰富，主要包括以下内容：

（1）测量控制点。

测量控制点包括三角点、导线点、图根点、水准点等。控制点在地形图上一般注有点号或名称、等级及高程。

（2）居民地。

居民地包括居住房屋、寺庙、纪念碑、学校、运动场等。房屋建筑分为特种房屋、坚固房屋、普通房屋、简单房屋、破坏房屋和棚房等六类。房屋符号中注写的数字表示建筑层数。

（3）工矿企业建筑。

工矿企业建筑是国民经济建设的重要设施，包括矿井、石油井、探井、吊车、燃料库、加油站、变电室、露天设备等。

（4）独立地物。

独立地物是判定方位、确定位置的重要标志，如纪念像、纪念碑、宝塔、亭、庙宇、水塔、烟囱等。

（5）道路。

道路包括公路及铁路、车站、路标、桥梁、天桥、高架桥、涵洞、隧道等。

（6）管线和垣栅。

管线主要包括各种电力线、通讯线以及地上、地下的各种管道、检修井、阀门等。垣栅是指长城、砖石城墙、围墙、栅栏、篱笆、铁丝网等。

（7）水系及其附属建筑。

水系及其附属建筑包括河流、水库、沟渠、湖泊、岸滩、防洪墙、渡口、桥梁、拦水坝、码头等。

（8）境界。

境界包括国界、省界、县界、乡界。

（9）地貌及土质。

地貌和土质是工程建设进行勘测、规划、设计的基本依据之一。地貌主要根据等高线进行阅读，由等高线的疏密程度及其变化情况来分辨地面坡度的变化，根据等高线的形状识别山头、山脊、山谷、盆地和鞍部，还应熟悉特殊地貌如陡崖、冲沟、陡石山等的表示方法，从而对整个地貌特征作出分析评价。土质主要包括沙地、戈壁滩、石块地、龟裂地等。

（10）植被。

植被是指覆盖在地表上的各种植物的总称。在地形图上表示出植物分布、类别特征、面积大小，包括树林、竹林、草地、经济林、耕地等。

地形图的识读，可根据上述十方面的内容分类研究地物、地貌特征，进行综合分析，从而对地形图表示的地物、地貌有全面、正确的了解。

7.2 地形图应用的基本内容

7.2.1 确定图上某点的平面坐标

点的坐标是根据地形图上标注的坐标格网的坐标值确定的。

地形图上一点的位置，通常采用量取坐标的方法来确定。大比例尺地形图上，都绘有纵、横坐标方格网（或在交点处绘一十字线），图框边线上的数字就是坐标格网的坐标值，它们是量取坐标的依据。

如图 7-1 所示，欲求 AB 线两端点 A 和 B 的坐标，可过 A 点作平行于 x 轴和 y 轴的直线 ef 和 gh，用比例尺 1：10 000 分别量出 ag = 739 m，ae = 300 m，则

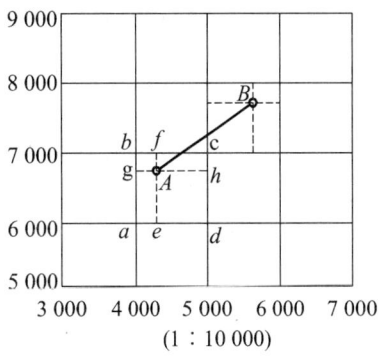

图 7-1　求点的坐标

$$x_A = x_a + ag = 6\,000 + 739 = 6\,739（m）$$
$$y_A = y_a + ae = 4\,000 + 300 = 4\,300（m）$$

还应量出 gb 和 ed 的距离，作为校核。

7.2.2　确定图上直线的长度、坐标方位角和坡度

如图 7-1 所示，欲求 A、B 两点间的距离、坐标方位角及坡度，必须先用式（7-1）和式（7-2）求出 A、B 两点的坐标和高程，则 A、B 两点水平距离为

$$D_{AB} = \sqrt{(x_B - x_A)^2 + (y_B - y_A)^2} \qquad (7\text{-}1)$$

AB 直线的坐标方位角为

$$\alpha_{AB} = \arctan \frac{y_B - y_A}{x_B - x_A} \qquad (7\text{-}2)$$

AB 直线的平均坡度为

$$i = \frac{h}{D} = \frac{H_B - H_A}{Md} \qquad (7\text{-}3)$$

式中　h ——A、B 两点间的高差；
　　　D ——A、B 两点间实地水平距离；
　　　d ——A、B 两点间在图上的距离；
　　　M ——比例尺分母。

坡度一般用千分率或百分率表示。

当 A、B 两点在同一幅图中时，可用比例尺或量角器直接在图上量取距离或坐标方位角，但量得的结果比计算结果精度低。

7.2.3　确定图上某点的高程

图上点的高程可通过等高线求得。若所求点恰好位于某等高线上，那么该点的高程就等于该等高线的高程。

如图 7-2 中，A 点高程为 50 m。若所求点在两等高线之间，如图 7-2 中 B 点，可通过 B

作一条大致垂直两相邻等高线的线段 mn，在图上量出 mn 和 mB 的长度，则 B 点高程为

$$H_B = H_m + \frac{mB}{mn} h \tag{7-4}$$

式中　H_m——m 点的高程；
　　　h——等高距。

实际求图上的某点高程时，一般都是目估 mB 与 mn 的比例来确定 B 点的高程。

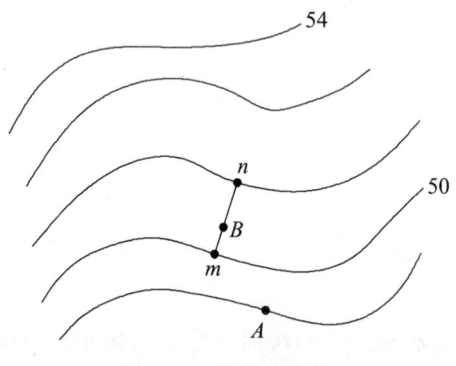

图 7-2　求点的高程

7.3　图形面积的量算

在地形图上量算面积的方法较多，应根据具体情况选择不同的方法。

7.3.1　几何图形法

可将多边形划分为若干个几何图形来计算。如图 7-3 所示，将所求多边形 12345 的面积分解为Ⅰ、Ⅱ、Ⅲ个三角形，求出各三角形面积，其面积总和即为整个多边形的面积。

各三角形的面积可直接用比例尺量出Ⅰ、Ⅱ、Ⅲ每个三角形底边长 c 及其高 h，按公式 $A = ch/2$ 计算得到。

也可用边长和坐标方位角来计算每个三角形面积。在图 7-3 中，先求出多边形各顶点 1、2、3、4、5 的坐标，按式（7-3）分别求出 12、13、14、15 的长度 D_1、D_2、D_3、D_4 和坐标方位角 α_{12}、α_{13}、α_{14}、α_{15}。则各三角形的面积为

$$S_\mathrm{I} = \frac{1}{2} D_1 D_2 \sin(\alpha_{13} - \alpha_{12})$$

$$S_\mathrm{II} = \frac{1}{2} D_2 D_3 \sin(\alpha_{14} - \alpha_{13})$$

$$S_\mathrm{III} = \frac{1}{2} D_3 D_4 \sin(\alpha_{15} - \alpha_{14})$$

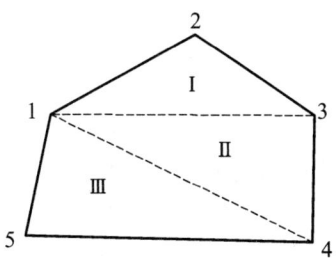

图 7-3 几何图形求面积

图形总面积为

$$A = S_I + S_{II} + S_{III}$$

7.3.2 坐标计算法

多边形图形面积很大时，可在地形图上求出各顶点的坐标，直接用坐标计算面积。

如图 7-4 所示，将任意四边形各顶点按顺时针编号为 1、2、3、4，各点坐标分别为（x_1, y_1）、（x_2, y_2）、（x_3, y_3）、（x_4, y_4）。由图可知，四边形 1234 的面积等于梯形 3′344′加梯形 4′411′的面积再减去梯形 3′322′与梯形 2′211′的面积，即

$$A = \frac{1}{2}[(y_3+y_4)(x_3-x_4)+(y_4+y_1)(x_4-x_1)-(y_3+y_2)(x_3-x_2)-(y_2+y_1)(x_2-x_1)]$$

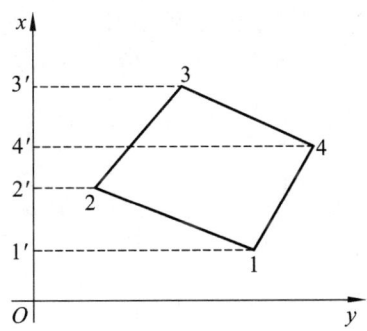

图 7-4 坐标计算法求面积

整理后得

$$A = \frac{1}{2}[x_1(y_2-y_4)+x_2(y_3-y_1)+x_3(y_4-y_2)+x_4(y_1-y_3)] \quad (7\text{-}5)$$

若四边形各顶点投影于 y 轴，则为

$$A = \frac{1}{2}[y_1(x_4-x_2)+y_2(x_1-x_3)+y_3(x_2-x_4)+y_4(x_3-x_1)] \quad (7\text{-}6)$$

若图形为 n 边形，则一般形式为

$$A = \frac{1}{2}\sum_{i=1}^{n}x_i(y_{i+1}-y_{i-1}) \quad (7\text{-}7)$$

或 $$A = \frac{1}{2}\sum_{i=1}^{n} y_i(x_{i-1} - x_{i+1}) \tag{7-8}$$

式中，n 为多边形边数。

当 $i = 1$ 时，y_{i-1} 和 x_{i-1} 分别用 y_n 和 x_n 代入。

当 $i = n$ 时，y_{i+1} 和 x_{i+1} 分别用 y_1 和 x_1 代入。

此两公式算出的结果可作为计算检核。

7.3.3 曲线面积量算

1. 透明方格纸法

如图 7-5 所示，要计算曲线内的面积，将一张透明方格纸覆盖在图形上，数出曲线内的整方格数 n_1 和不足一整格的方格数 n_2。设每个方格的面积为 a（当为毫米方格时，$a = 1\ \text{mm}^2$），则曲线围成的图形实地面积为

$$A = \left(n_1 + \frac{1}{2}n_2\right)aM^2 \tag{7-9}$$

式中，M 为比例尺分母。计算时应注意 a 的单位。

2. 平行线法

如图 7-6 所示，在曲线围成的图形上绘出间隔相等的一组平行线，并使两条平行线与曲线图形边缘相切。将这两条平行线间隔等分，得相邻平行线间距为 h。每相邻平行线之间的图形近似为梯形。用比例尺量出各平行线在曲线内的长度为 $l_1, l_2, \cdots, l_n$，则各梯形面积为

$$A_1 = \frac{1}{2}h(0 + l_1)$$
$$A_2 = \frac{1}{2}h(l_1 + l_2)$$
$$\vdots$$

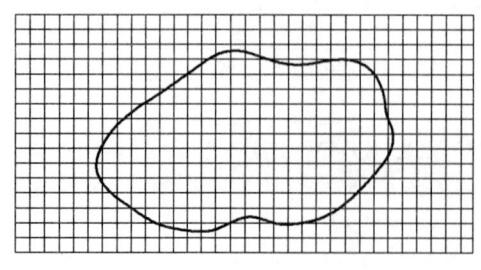

图 7-5 方格纸法求面积

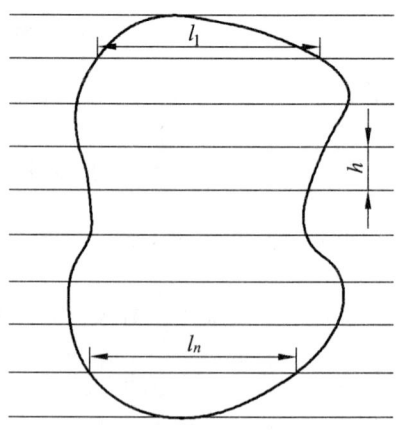

图 7-6 平行线法求面积

$$A_n = \frac{1}{2}h(l_{n-1} + l_n)$$

$$A_{n+1} = \frac{1}{2}h(l_n + 0)$$

图形总面积为

$$A = A_1 + A_2 + \cdots + A_n + 1 = h(l_1 + l_2 + \cdots + l_n) \tag{7-10}$$

除上述方法外，还可用电子求积仪来测定图形面积。此仪器设定图形比例尺和计量单位后，将描迹镜中心点沿曲线推移一周后，在显示窗中自动显示图形的面积和周长。

7.4 工程建设中地形图的应用

7.4.1 按设计线路绘制纵断面图

在道路、管线等工程设计中，为确定线路的坡度和里程，要按设计线路绘制纵断面图。利用地形图可绘制纵断面图。

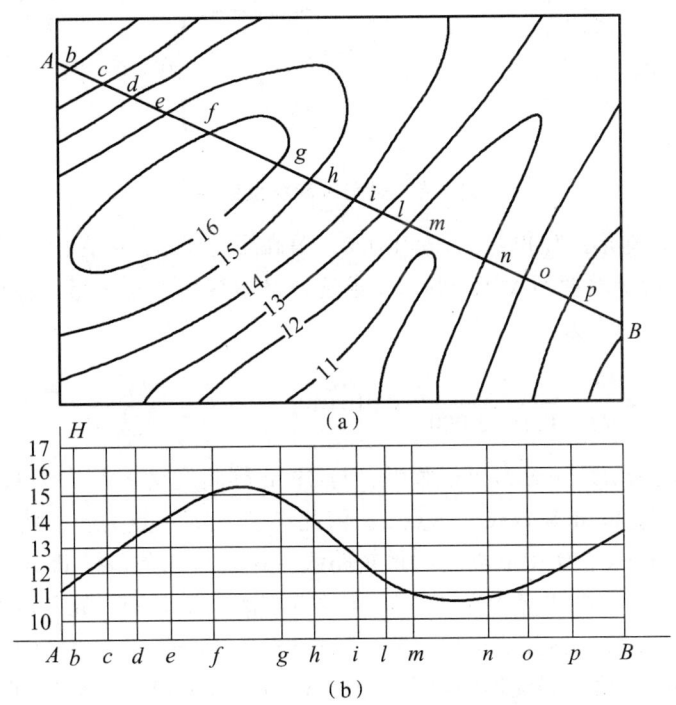

图 7-7 绘制纵断面图

如图 7-7 所示，欲在 AB 方向绘制断面图，先标出直线 AB 与图上各条等高线的交点 b、c…。绘断面图时，以横坐标 AQ 代表水平距离，纵坐标 AH 代表高程，如图 7.32 图示；然后沿 AB

方向量取 $b, c, \cdots, p, B$ 各点至 A 点的水平距离，将这些距离按比例尺展绘在横坐标轴 AQ 线上，得 $A, b, c, \cdots, p, B$ 各点；通过这些点作 AQ 的垂线，并按高程比例尺分别截取 A，$b, c, \cdots, p, B$ 各点的高程。将各垂线上的高程点连接起来，就得到直线 AB 方向上的断面图。

7.4.2 按限制坡度在地形图上选线

在线路方案设计中，往往要根据地形图选择某一限制坡度的线路，以确定最佳方案。

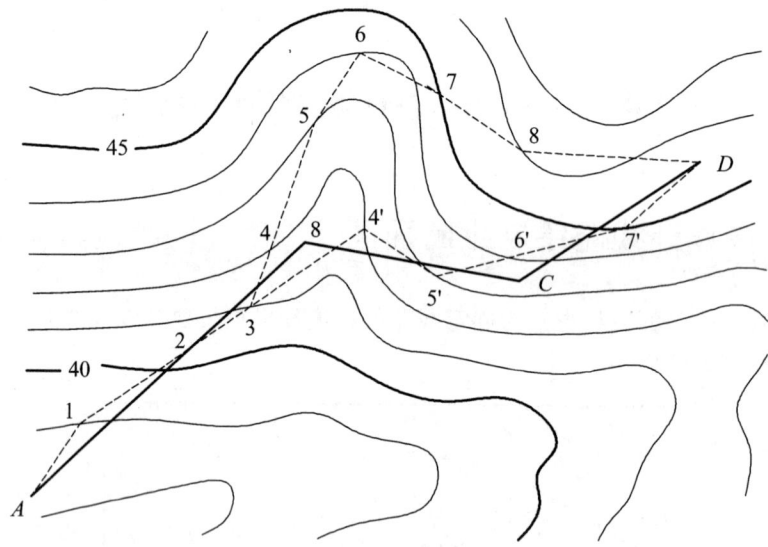

图 7-8 确定限制坡度线路

如图 7-8 所示，地形图比例尺为 1∶1 000，等高距为 1 m，欲在山下 A 点与山上 D 点之间设计一条公路，指定坡度不大于 5%，要求选择最短线路。先按指定坡度计算，相邻两等高线间在图上的最短距离为

$$d = \frac{h}{iM} = \frac{1}{0.05 \times 2\,000} = 0.010\,(\text{m})$$

然后以 A 为圆心，以 1 cm 为半径画弧，与 39 m 等高线交于点 1；再以点 1 为圆心，以 1 cm 为半径画弧，与 40 m 等高线交于点 2。依此作法，到 D 点为止，将各点连接即得 A—1—2—3—4—5—6—6—7—D 限制坡度的最短路线。还有另一条路线，即在交出点 3 之后，将 23 直线延长，与 42 m 等高线交于点 4′，3、4′两点距离大于 1 cm，故其坡度不会大于指定坡度 5%，再从点 4′开始按上述方法选出 A—1—2—3—4′—5′—6′—7′—D 的路线。

最后，线路的确定要根据地形图综合考虑各种因素对工程的影响，如少占耕地、避开滑坡地带、土石方工程量小等，以获得最佳方案。图 8-8 中，设最后选择 A—1—2—3—4′—5′—6′—7′—D 为设计线路。按线路设计要求，将其去弯取直后，设计出图上线路导线 A—B—C—D。根据地形图求出各导线点 A、B、C、D 坐标后，可用全站仪在实地将线路标定出来。

7.4.3 确定汇水面积

在修筑桥梁、涵洞或修建水坝等工程建设中，需要知道有多大面积的雨水往这个河流或谷地汇集。地面上某区域内雨水注入同一山谷或河流，并通过某一断面（如道路的桥涵），这一区域的面积称为汇水面积。显然汇水面积的分界线为山脊线。

如图 7-9 所示，公路 AB 通过山谷，在 M 处要建一涵洞，为了设计孔径的大小，要确定该处汇水面积。由图 8-9 看出，流往 AB 断面的汇水面积，即为 AB 断面与该山谷相邻的山脊线的连线所围成的面积（图中虚线部分）。可用格网法、平行线法或电子求积仪测定该面积的大小。

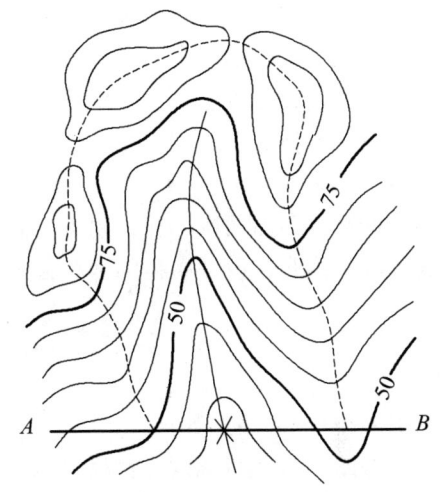

图 7-9 确定汇水面积

7.4.4 平整场地中的土石方估算

在工程建设中，需要对施工区域内的自然地貌进行改造、平整，以满足工程建设的需要，这种地貌的改造称为土地整理。利用地形图可进行土地整理的挖填土石方的估算。

1. 方格网法

对于大面积的土石方估算常用此法。图 7-10 为 1∶1 000 地形图，要求将原有一定起伏的地形平整成一水平场地。具体步骤如下：

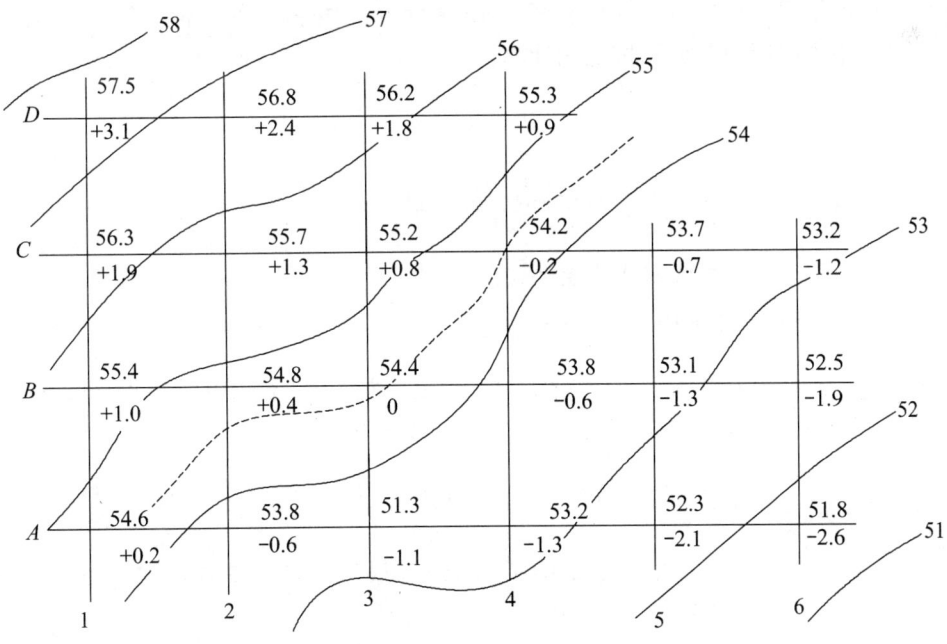

图 7-10 方格网法估算土石方

（1）绘方格网并求格网点高程。

在地形图上的拟平整场地范围内绘方格网，方格网边长主要取决于地形的复杂程度、地形图比例尺的大小和土石方估算的精度要求，一般为 10 m 或 20 m。然后根据等高线目估内插各格点地面高程，并注记在格点右上方。

（2）确定场地平整的设计高程。

应根据工程的具体要求确定设计高程。大多数工程要求挖方量和填方量大致相等，这时设计高程的计算方法是：先将每一方格的 4 个格点高程相加后除以 4，得各方格的平均高程；再将每个方格的平均高程相加后除以方格总数，即得设计高程。从计算设计高程的过程和图 7-10 可以看出，角点 A_1、D_1、D_4、C_6、A_6 的高程只参加一次计算，边点 B_1、C_1、D_2、D_3、C_5…的高程参加两次计算，拐点 C_4 的高程参加三次计算，中点 B_2、C_2、C_3…的高程参加四次计算。因此，设计高程的计算公式为

$$H = \frac{\sum H_{角} + 2\sum H_{边}\sum + 3\sum H_{拐} + 4\sum H_{中}}{4n} \tag{7-11}$$

式中 n ——方格总数。

将图 7-10 中各格点高程代入式（7-11），求出设计高程为 54.4 m。在地形图中内插绘出 54.4 m 等高线（图中虚线），此即为不填不挖的边界线，也称为零线。

（3）计算挖、填方高度。

用格点实际高程减去设计高程即得每一格点的挖方或填方的高度，即

$$挖(填)方高度 = 地面高程 - 设计高程 \tag{7-12}$$

将挖、填方高度注记在相应格点右下方（可改用红色笔注记）。正号为挖方，负号为填方。

（4）计算挖、填方量。

挖填方量可根据方格网点的挖填高度，各格网点在方格网中的位置（角点、边点、拐点和中点）以及小方格网面积分别按下式计算：

$$角点：挖（填）高度 \times \frac{1}{4} 方格面积$$

$$边点：挖（填）高度 \times \frac{1}{2} 方格面积$$

$$拐点：挖（填）高度 \times \frac{3}{4} 方格面积$$

$$中点：挖（填）高度 \times 方格面积 \tag{7-13}$$

实际计算时，可按方格线依次计算挖、填方量，然后再计算挖方量总和及填方量总和。图 7-10 中土石方量计算如下（方格边长为 15 m×15 m）：

$$V_W \atop A = \frac{1}{4} \times 225 \times 0.2 = +11.25 \ (m^2)$$

$$V_T = \frac{1}{4} \times 225 \times (-2.6) + \frac{2}{4} \times 225 \times (-0.6 - 1.1 - 1.3 - 2.1) = -720 \ (m^2)$$

$$B \quad V_W = \frac{2}{4} \times 225 \times 1.0 + 225 \times 0.4 = 202.5 \ (\text{m}^2)$$

$$V_T = 225 \times (0 - 0.6 - 1.3) + \frac{2}{4} \times 225 \times (-1.9) = -641.25 \ (\text{m}^2)$$

$$C \quad V_W = \frac{2}{4} \times 225 \times 1.9 + 225 \times (1.3 + 0.8) = +686.25 \ (\text{m}^2)$$

$$V_T = \frac{3}{4} \times 225 \times (-0.2) + \frac{2}{4} \times 225 \times (-0.7) + \frac{1}{4} \times 225 \times (-1.2) = -180 \ (\text{m}^2)$$

$$D \quad V_W = \frac{1}{4} \times 225 \times (3.1 + 0.9) + \frac{2}{4} \times 225 \times (2.4 + 1.8) = +697.5 \ (\text{m}^2)$$

总挖方量：$\sum V_W \approx +1\,598 \ \text{m}^3$

总填方量：$\sum V_T \approx -1\,541 \ \text{m}^3$

2. 等高线法

场地地面起伏较大，且仅计算挖方时，可采用等高线法。这种方法是从场地设计高程的等高线开始，算出各等高线所包围的面积，分别将相邻两条等高线所围面积的平均值乘以等高距，即得到此两等高线平面间的土方量，再求和即得总挖方量。

如图 7-11 所示，地形图等高距为 2 m，要求整场地后的设计高程为 55 m。先在图中内插设计高程 55 m 的等高线（图中虚线），再分别求出 55 m、56 m、58 m、60 m、62 m 五条等高线所围成的面积 A_{55}、A_{56}、A_{58}、A_{60}、A_{62}，即可算出每层土石方量为

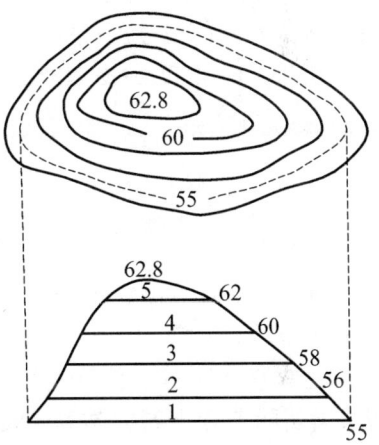

图 7-11 等高线法求土石方

$$V_1 = \frac{1}{2}(A_{55} + A_{56}) \times 1$$

$$V_2 = \frac{1}{2}(A_{56} + A_{58}) \times 2$$

$$\vdots$$

$$V_5 = \frac{1}{3} A_{62} \times 0.8$$

V_5 是 62 m 等高线以上山头顶部的土石方量。

总挖方量为

$$\sum V_W = V_1 + V_2 + V_3 + V_4 + V_5$$

3. 断面法

在道路和管线建设中，沿中线至两侧一定范围内线状地形的土石方计算常用此法。这种方法是在施工场地范围内，利用地形图以一定间距绘出断面图，分别求出各断面由设计高程线与断面曲线（地面高程线）围成的填方面积和挖方面积，然后计算每相邻断面间的填（挖）方量，分别求和即为总填（挖）方量。

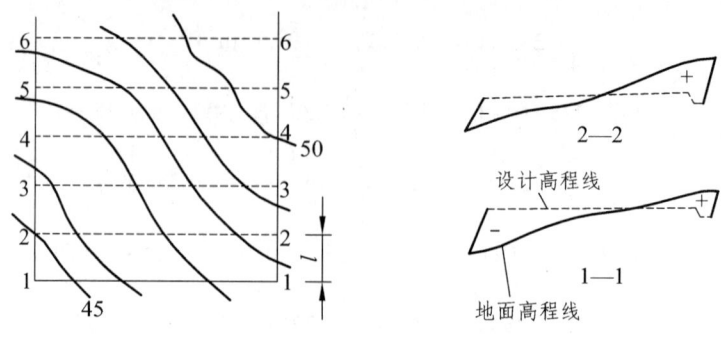

图 7-12　断面法计算土石方

如图 7-12 所示，地形图以比例尺为 1∶1 000，矩形范围是欲建道路的一段，其设计高程为 47 m。为求土石方量，先在地形图上绘出相互平行、间隔为 l（一般实地距离为 20~40 m）的断面方向线 1—1、2—2、…、5—5；按一定比例尺绘出各断面图（纵、横轴比例尺应一致，常用比例尺为 1∶100 或 1∶200），并将高程线展绘在断面图上（见图 7-12 中 1—1、2—2 断面）；然后在断面图上分别求出各断面设计高程线与断面图所包围的填土面积 T_n 和挖土面积 A_{Wi}（i 表示段面编号），最后计算两断面间土石方量。

例如，1—1 和 2—2 两断面间的土石方为

填方　　　$V_T = \dfrac{1}{2}(A_{T1} + A_{T2})l$

挖方　　　$V_W = \dfrac{1}{2}(A_{W1} + A_{W2})l$

同法依次计算出每两相邻断面间的土石方量，最后将填方量和挖方量分别累加，即得总土石方量。

上述三种土石方估算方法各有特点，应根据场地地形条件和工程要求选择合适的方法。当实际工程土石方估算精度要求较高时，往往要到现场实测方格网图（方格点高程）、断面图或地形图。此外，上面介绍的三种土石方估算方法均未考虑削坡影响，当高差较大时，这部分土石方量是很大的，因此，实际工程中应参照上述方法计算削坡部分的土石方量。

思考与练习题

1. 简述地形图识读的方法。
2. 分析量算图形面积的集中方法的特点和适用场合。
3. 土石方估算的方法有哪几种？各适用于什么场合？
4. 已知施工场地用地边界点坐标如表所示，试计算建筑用地面积。

题 4 表

点号	x/m	y/m
1	1 536.27	1 328.74
2	1 688.10	1 501.78
3	1 554.98	1 651.35
4	1 360.86	1 555.13
5	1 408.42	1 372.51

第8章 施工测量的基本工作

▌学习目标

了解道施工工测量的主要内容和基本要求；掌握距离、角度、高程、点的平面位置、坡度直线的测设方法；初步掌握圆曲线测设数据的计算与测设方法。

8.1 测设的基本工作

8.1.1 测设已知水平距离

距离放样是在量距起点和量距方向确定的条件下，自量距起点沿量距方向丈量已知距离定出直线另一端点的过程。根据地形条件和精度要求的不同，距离放样可采用不同的丈量工具和方法，通常精度要求不高时可用钢尺或皮尺量距放样，精度要求高时可用全站仪或测距仪放样。

1. 钢尺放样

当距离值不超过一尺段时，由量距起点沿已知方向拉平尺子，按已知距离值在实地标定点位。如果距离较长时，则按钢尺量距的方法，自量距起点沿已知方向定线，依次丈量各尺段长度并累加，至总长度等于已知距离时标定点位。为避免出错，通常需丈量两次，并取中间位置为放样结果。这种方法只能在精度要求不高的情况下使用；当精度要求较高时，应使用测距仪或全站仪放样。

2. 全站仪（测距仪）放样

（1）仪器加常数设置。如图8-1所示，D_0为A、B两点间的实际距离，而距离观测值则为D'，它是仪器等效发射接收面与反光棱镜等效反射面间的距离。图中，K_i为仪器等效发射接收面偏离仪器对中线的距离，称作仪器加常数。K_r为反光棱镜等效反射面偏离反光棱镜对中线的距离，称作棱镜常数。

$$D_0 = D' + K_i + K_r \qquad (8\text{-}1)$$

对于仪器加常数K_i，仪器厂家常通过电路参数的调整，在出厂时尽量使K_i为零，但一般难以精确为零。况且即使出厂时为零，在使用过程中也会因为电路参数产生漂移而使仪器加常数发生变化，这就要求按《光电测距仪检定规范》规定定期测定仪器加常数。经检定的仪器加常数K_i可在观测前置入仪器。仪器常数不需要每次都检测和设置，一般在进行一个新的工程项目或有特殊情况下再检测和设置。仪器加常数简易测定方法如下：如图 8-2 所示，在一条近似水平、长约 100 m 的直线 AB 上，选择一点 C，在预设仪器常数为零的情况下重复观测直线 AB、AC 和 BC 的长度，观测数次后取其平均值，作为最终数值。则仪器常数

$$K_i = AB - (AC + CB) \tag{8-2}$$

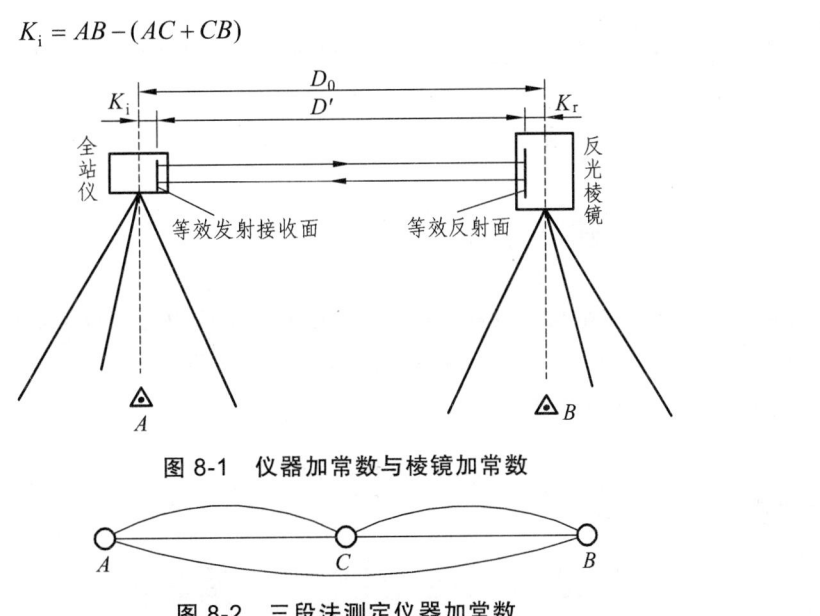

图 8-1　仪器加常数与棱镜加常数

图 8-2　三段法测定仪器加常数

仪器加常数的设置方法请参考全站仪使用说明书。

（2）棱镜常数设置。一般说来，棱镜常数 K_r 可由厂家按设计精确制定，且一般不会因经年使用而变动。棱镜常数一般可在观测前置入仪器。

棱镜常数的设置请参考全站仪的使用说明书。

（3）大气改正设置。光在大气中的传播速度并非常数，随大气的温度和气压而改变，这就必然导致距离观测值含有系统性误差。为了解决这一问题，需要在全站仪中对距离观测值加入大气改正。

全站仪中一旦设置了大气改正系数，即可自动对测距结果进行大气改正。在短程测距或一般工程放样时，由于距离较短，湿度的影响很小，大气改正可忽略不计。

根据测量的温度和气压，利用说明书中提供的大气改正系数的计算公式，即可求得大气改正系数（ppm）。也可以直接输入温度和大气压，由全站仪自行计算大气改正系数。

（4）距离放样。

如图 8-3 所示，A 为已知点，欲在 AC 方向上定一点 B，使 A、B 间的水平距离等于 D。具体放样方法如下：

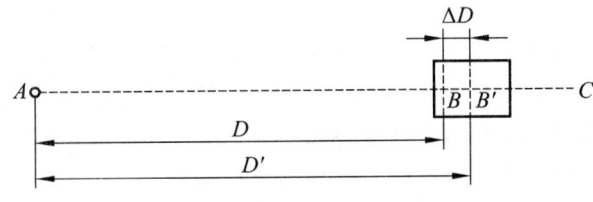

图 8-3　已知距离放样

在已知点 A 安置全站仪，照准 AC 方向，沿 AC 方向在 B 点的大致位置置棱镜，测定水平距离，根据测得的水平距离与已知水平距离 D 的差值沿 AC 方向移动棱镜，至测得的水平距离与已知水平距离 D 很接近或相等时钉设标桩（若精度要求不高，此时钉设的标桩位置即可作为 B 点）。

由仪器指挥在桩顶画出 AC 方向线，并在桩顶中心位置画垂直于 AC 方向的短线，交点为 B'。在 B' 置棱镜，测定 A、B' 间的水平距离 D'。

计算差值 $\Delta D = D - D'$，根据 ΔD 用钢卷尺在桩顶修正点位。

8.1.2 测设已知水平角

角度放样（这里指水平角）也称拨角，是在已知点上安置经纬仪（全站仪），以通过该点的某一固定方向为起始方向，按已知角值把该角的另一个方向测设到地面上。

1. 直接法放样水平角

如图 8-4（a）所示，A、B 为已知点，需要放样出 AC 方向，设计水平角（顺时针）$\angle BAC = \beta$。

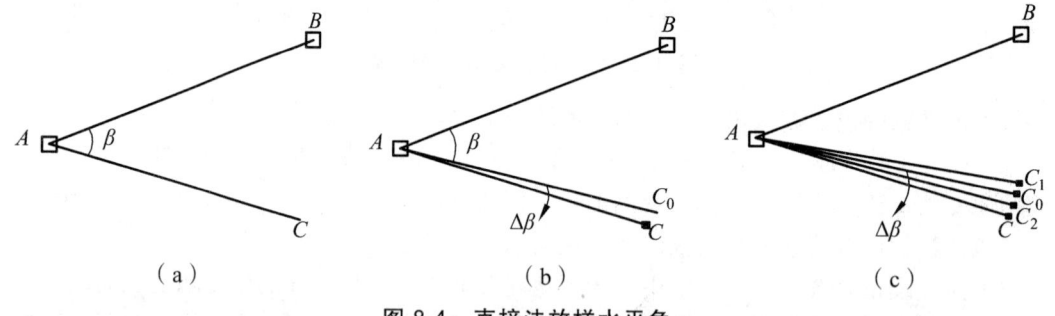

图 8-4 直接法放样水平角

（1）一般方法（盘左放样）。

当水平角放样精度要求较低时，可置经纬仪于点 A，以盘左位置照准后视点 B，设水平度盘读数为零（或任意值 α），再顺时针旋转照准部，使水平度盘读数为 β（或 $\alpha + \beta$），则此时视准轴方向即为所求。

将该方向测设到实地上，并于适当位置标定出点位 C_0（先打下木桩，在放样人员的左右指挥下，使定点标志与望远镜竖丝严格重合，然后在桩顶标定出 C_0 点的准确位置）。

理论上，AC_0 方向应该与 AC 方向严格重合，但由于仪器误差等因素的影响，两方向实际上会有一定偏差，出现水平角放样误差 $\Delta \beta$，见图 8-4（b）。

（2）正倒镜分中法（双盘放样）。

经纬仪盘左位置常叫做正镜，盘右称为倒镜。水平角放样时，为了消除仪器误差的影响以及校核和提高精度，分别采用盘左（正镜）、盘右（倒镜）在桩顶标定出两个点位 C_1、C_2，最后取其中点 C_0 作为正式放样结果，如图 8-4（c）所示。虽然正倒镜分中法比一般方法精度高，但放样出的方向和设计方向相比，仍会有微小偏差 $\Delta \beta$。

2. 归化法放样水平角

归化法实质上是将上述直接放样的方向作为过渡方向，再实测放样水平角，并与设计水平角进行比较，把过渡方向归化到较为精确的方向上来。

如图 8-5 所示，当采用直接法放样出 AC_0 方向后选用适合的仪器，采用测回法观测 $\angle BAC_0$ 若干测回（测回数可根据放样精度要求具体确定）后取平均值。设角度观测的平均值为 β'，实测水平角与设计水平角之间的差值为 $\Delta\beta$，则有

$$\Delta\beta = \angle BAC_0 - \angle BAC = \beta' - \beta \tag{8-3}$$

如果 C 点至 A 点的设计水平距离为 D_{AC}，由于 $\Delta\beta$ 较小（一般以秒为单位），故可用以下公式计算垂距：

$$C_0C \approx \frac{\Delta\beta''}{\rho''}D_{AC} \tag{8-4}$$

式中 ρ''——206 265。

从 C_0 点起沿 AC_0 边的垂直方向量出垂距 C_0C，定出 C 点，则 AC 即为设计方向线。必须注意的是，从 C_0 点起向外还是向内量取垂距，要根据 $\Delta\beta$ 的正负号来确定。若 $\beta' < \beta$，$\Delta\beta$ 为负值，则从 C_0 点起向外归化；反之则向内归化。

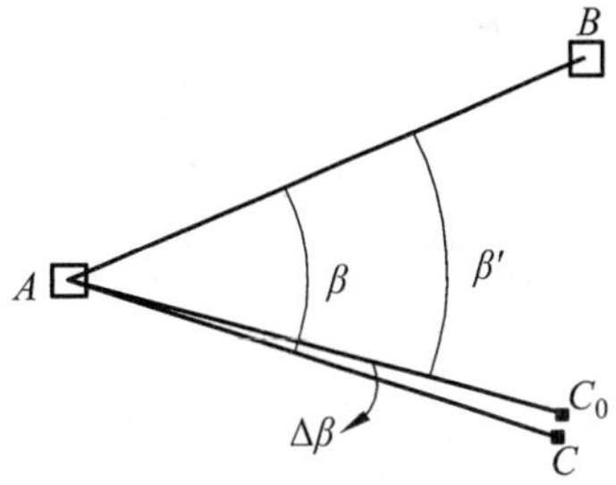

图 8-5 归化法放样水平角

8.1.3 测设已知高程

高程放样的任务是，将设计高程测设在指定桩位上。在工程建筑施工中，例如在平整场地、开挖基坑、定路线坡度和定桥台桥墩的设计标高等场合，经常需要高程放样。高程放样主要采用水准测量的方法，有时也采用钢尺直接量取竖直距离或三角高程测量的方法。

高程放样时，首先需要在测区内布设一定密度的水准点（临时水准点）作为放样的起算点，然后根据设计高程在实地标定出放样点的高程位置。高程位置的标定措施可根据工程要求及现场条件确定，土石方工程一般用木桩标定放样高程的位置，可在木桩侧面划水平线或标定在桩顶上；混凝土及砌筑工程一般用红漆作记号标定在它们的面壁或模板上。

1. 地面上点的高程测设

一般情况下，放样高程位置均低于水准仪视线高且不超出水准尺的工作长度。如图 8-6 所示，A 为已知点，其高程为 H_A，欲在 B 点定出高程为 H_B 的位置。具体放样过程为：先在 B 点打一长木桩，将水准仪安置在 A、B 之间，在 A 点立水准尺，后视 A 尺并读数 a，计算 B 处水准尺应有的前视读数：

$$b = (H_A + a) - H_B \tag{8-5}$$

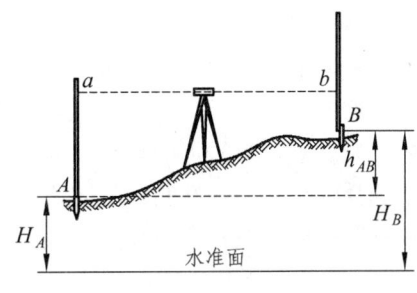

图 8-6 高程放样

靠 B 点木桩侧面竖立水准尺，上下移动水准尺，当水准仪在尺上的读数恰好为 b 时，在木桩侧面紧靠尺底画一横线，此横线即为设计高程 H_B 的位置。也可在 B 点桩顶竖立水准尺并读取读数 b'，再用钢卷尺自桩顶向下量 $b-b'$ 即得高程为 H_B 的位置。

为了提高放样精度，放样前应仔细检校水准仪和水准尺；放样时尽可能使前后视距相等；放样后可按水准测量的方法观测已知点与放样点之间的实际高差，并以此对放样点进行检核和必要的归化改正。

2. 深基坑的高程测设

当基坑开挖较深时，基底设计高程与基坑边已知水准点的高程相差较大且超出水准尺的工作长度时，可采用水准仪配合悬挂钢尺的方法向下传递高程。如图 8-7 所示，A 为已知水准点，其高程为 H_A，欲在 B 点定出高程为 H_B 的位置（H_B 应根据放样时基坑实际开挖深度选择，通常取 H_B 比基底设计高程高出一个定值，如 1 m），在基坑边用支架悬挂钢尺，钢尺零端朝下并悬挂 10 kg 重物，放样时最好用两台水准仪同时观测。具体方法如下：

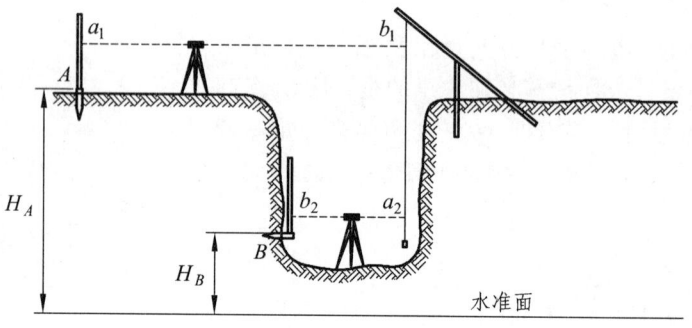

图 8-7 深基坑的高程放样

在 A 点立水准尺，基坑顶的水准仪后视 A 尺并读数 a_1，前视钢尺读数 b_1，基坑底的水准仪后视钢尺读数 a_2，然后计算 B 处水准尺应有的前视读数：

$$b_2 = H_A + a_1 - (b_1 - a_2) - H_B \tag{8-6}$$

上下移动 B 处的水准尺，直到水准仪在尺上的读数恰好为 b_2 时标定点位。为了控制基坑开挖深度，一般需要在基坑四周定出若干个高程均为 H_B 的点位。如果 H_B 比基底设计高程高出一个定值 ΔH，施工人员就可用长度为 ΔH 的木条方便地检查基底标高是否达到了设计值；在基础砌筑中，还可用于控制基础顶面标高。

3. 高墩台的高程测设

当桥梁墩台高出地面较多时，放样高程位置往往高于水准仪的视线高，这时可采用钢尺直接量取垂距或"倒尺"的方法。

如图 8-8 所示，A 为已知点，其高程为 H_A，欲在 B 点墩身或墩身模板上定出高程为 H_B 的位置。欲定放样点的高程 H_B 高于仪器视线高程，故先在基础顶面或墩身（模板）适当位置选择一点，用水准测量的方法测定其高程值，然后以该点作为起算点，用悬挂钢尺直接量取垂距来标定放样点的高程位置。

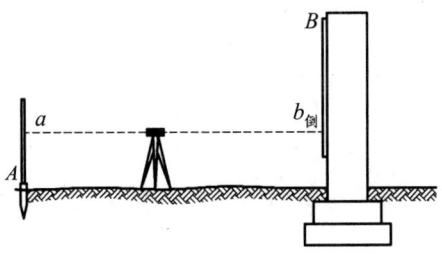

图 8-8　高墩台的高程放样

当 B 处放样点高程 H_B 的位置高于水准仪视线高，但不超出水准尺工作长度时，可用倒尺法放样。在已知高程点 A 与墩身之间安置水准仪，在 A 点立水准尺，后视 A 尺并读数 a，在 B 处靠墩身倒立水准尺，放样点高程 H_B 对应的水准尺读数为

$$b_{倒} = H_B - (H_A + a) \quad (8\text{-}7)$$

靠 B 点墩身竖立水准尺，上下移动水准尺，当水准仪在尺上的读数恰好为 $b_{倒}$ 时，沿水准尺尺底（零端）划一横线即为高程为 H_B 的位置。

8.2　点的平面位置测设

8.2.1　极坐标法

如图 8-9 中的控制点 $A(x_A, y_A)$ 和 $B(x_B, y_B)$，设放样点 P 的设计坐标为 (x_P, y_P)，具体放样步骤如下：

1. 计算放样数据

根据 A、B 点的坐标计算 A、B 两点间的坐标差（$\Delta x = x_B - x_A$，$\Delta y = y_B - y_A$），再按下列公式计算确定 AB 的坐标方位角 α_{AB}。

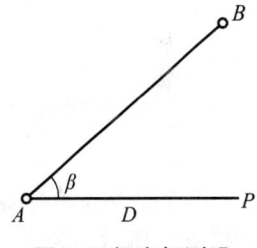

图 8-9　极坐标测设

$$\left. \begin{array}{l} 当 \Delta x = 0 \text{ 且 } \Delta y > 0 \text{ 时，} \alpha_{AB} = 90° \\[4pt] 当 \Delta x = 0 \text{ 且 } \Delta y < 0 \text{ 时，} \alpha_{AB} = 270° \\[4pt] 当 \Delta x > 0 \text{ 且 } \Delta y > 0 \text{ 时，} \alpha_{AB} = \arctan\dfrac{\Delta y}{\Delta x} \\[8pt] 当 \Delta x > 0 \text{ 且 } \Delta y < 0 \text{ 时，} \alpha_{AB} = \arctan\dfrac{\Delta y}{\Delta x} + 360° \\[8pt] 当 \Delta x < 0 \text{ 时，} \alpha_{AB} = \arctan\dfrac{\Delta y}{\Delta x} + 180° \end{array} \right\} \quad (8\text{-}8)$$

同法，可计算直线 AP 的坐标方位角 α_{AP}。
由 AB 方向顺时针旋转至 AP 方向的水平夹角为

$$\beta = \alpha_{AP} - \alpha_{AB} \quad (8\text{-}9)$$

若 $\beta < 0°$ 时，则加 360°。

A、P 两点间的水平距离为

$$D = \sqrt{(x_P - x_A)^2 + (y_P - y_A)^2} \tag{8-10}$$

2. 放样方法

将经纬仪安置于 A 点，后视 B 点，顺时针方向拨角 β 定出 AP 方向，然后沿 AP 方向量距离 D 即得 P 点。

长期以来，极坐标法放样主要采用经纬仪配合钢尺作业，由于钢尺量距受地形条件影响较大，尤其在距离较长时，量距工作量大，效率低，而且很难保证量距精度，因而用钢尺进行极坐标法放样只能适应于放样点较近且便于量距的地方。因为全站仪都有坐标放样的功能，用全站仪按极坐标法放样更为方便。

8.2.2 直角坐标法

当建筑场地的施工控制网为方格网或建筑基线形式时，采用直角坐标法较为方便。这时待放样的点 P 与控制点之间的坐标差就是放样元素，如图 8-10 所示。

用直角坐标法定点的操作步骤为：

（1）在 A 点架设经纬仪，后视点 B 定线并放样水平距离 Δy，得垂足点 E。

（2）在点 E 架设经纬仪，采用水平角放样方法，拨角 90°得方向 EP，并在此方向上放样水平距离 Δx，即得待定点 P。

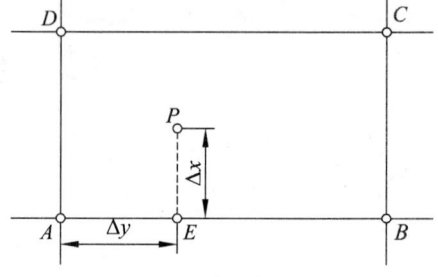

图 8-10 直角坐标法

8.2.3 角度交会法

当放样点远离控制点或不便于量距时（如桥墩中心点放样），采用角度交会法较为适宜。如图 8-11 所示，控制点 A、B 及放样点 P 的坐标值均为已知，则具体放样步骤如下：

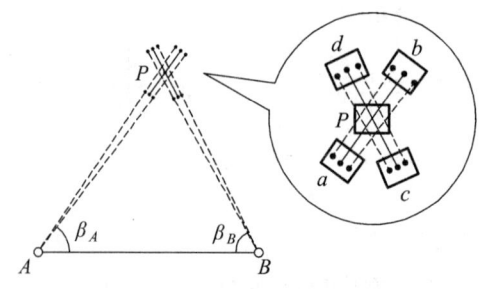

图 8-11 角度交会法放点

1. 计算放样数据

根据 A、B、P 点的坐标，分别计算 AB、AP、BP 的方位角，并按下式计算交会角：

$$\beta_A = \alpha_{AB} - \alpha_{AP}$$
$$\beta_B = \alpha_{BP} - \alpha_{BA}$$
(8-11)

2. 放样方法

放样时最好采用两台经纬仪分别在 A、B 点设站，A 点安置的经纬仪后视 B 点，逆时针方向拨角 β_A；B 点安置的经纬仪后视 A 点，顺时针方向拨角 β_B，两台经纬仪视线的交点即为放样点 P。

8.2.4　距离交会法

距离交会法是利用放样点到两已知点的距离交会定点。放样时分别以两已知点为圆心、以相应的距离为半径用尺子在实地画弧，两弧线的交点即为放样点位置。此法要求放样点距已知点的距离不超过一整尺长。

在公路勘测阶段，需对路线交点进行固定，并在交点附近的建筑物或树木等物体上作标记，量出标记至交点的距离并记录。施工时，可借助建筑物或树木上所作的标记用距离交会法寻找交点的位置。如图 8-12 所示，N_1、N_2 是勘测阶段在房屋上作的标记，JD 是路线交点，利用已知距离 D_1、D_2 交会可快速找到 JD 桩位。

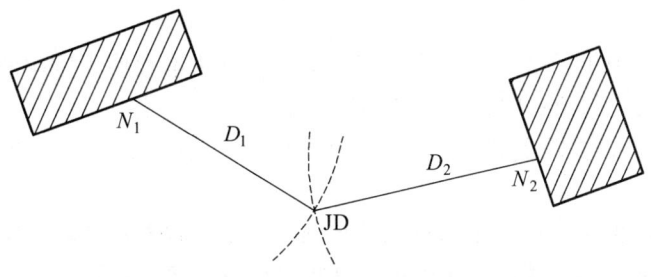

图 8-12　距离交会法放点

8.3　已知设计坡度线的测设

在道路建设、管道及排水沟等工程中，常需要测设指定的坡度线。已知坡度线的测设是根据附近水准点的高程、设计坡度和坡度端点的设计高程，用水准测量的方法将坡度线上各点的设计高程标定在地面上的测量工作。

1. 测设数据计算

如图 8-13 所示，A、B 为同一坡段上的两点，A 点的设计高程为 H_A，A、B 两点间的水平距离为 D_{AB}，坡度为 i_{AB}。则 B 点的设计高程应为

$$H_B = H_A + D_{AB} \cdot i_{AB}$$
(8-12)

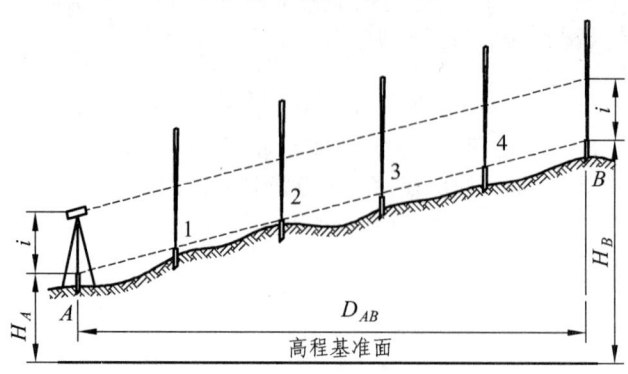

图 8-13 已知设计坡度线放样

2. 放样方法

如图 8-13 所示，已知坡度线 AB 的放样步骤如下：

（1）按"一般的高程放样"所述方法分别在 A、B 两点测设出高程为 H_A、H_B 的位置。

（2）将水准仪架在 A 点，使水准仪的一个脚螺旋位于 AB 方向上，另两个脚螺旋的连线与 AB 方向垂直，量出望远镜中心至 A 点（高程为 H_A）的铅垂距离即仪器高 i。

（3）在 B 点（高程为 H_B）竖立水准尺，用望远镜瞄准 B 点的水准尺，并转动在 AB 方向上的脚螺旋，使十字丝的横丝对准水准尺上读数为 i 的位置，这时仪器的视线即平行于设计坡度线。

（4）在 A、B 之间的 1，2，3，…点立尺，上下移动水准尺使十字丝的横丝对准水准尺上读数为 i 处，此时尺底的位置即在设计坡度线上。

当设计坡度较大时，除上述第一步工作必须用水准仪外，其余工作可改用经纬仪进行测设。

在已知坡度线放样中，也可用木条代替水准尺。量取仪器高 i 后，选择一根长度适当的木条，由木条底部向上量仪器高 i 并在相应位置划红线；把画有红线的木条立在 B 点（高程为 H_B），调节仪器使十字丝横丝瞄准红线；把画有红线的木条依次立在放样位置 1，2，3，…，上下移动木条，直到望远镜十字丝横丝与木条上的红线重合为止，这时木条底部即在设计坡度线上。用木条代替水准尺放样不仅轻便，而且可减小放样出错的概率。

8.4 曲线测设

8.4.1 圆曲线的测设

在路线平曲线测设中，圆曲线是路线平曲线的基本组成部分，且单圆曲线是最常见的曲线形式。圆曲线的测设工作一般分两步进行：先定出曲线上起控制作用的点，称为曲线的主点测设；然后在主点基础上进行加密，定出曲线上的其他各点，完整地标定出圆曲线的位置，这项工作称为曲线的详细测设。

1. 圆曲线测设元素的计算

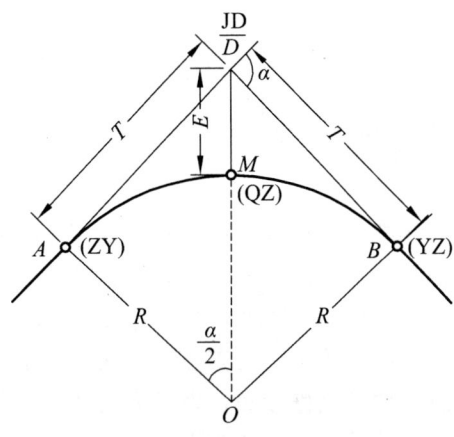

图 8-14　圆曲线主点及测设元素

如图 8-14 所示，设交点（JD）的转角为 α，圆曲线半径为 R，则曲线的测设元素可按下列公式计算：

切线长　　　$T = R \tan \dfrac{\alpha}{2}$

曲线长　　　$L = \dfrac{\pi}{180°} \alpha R$　　　　　　　　　　　　　　　　　（8-13）

外距　　　　$E = R \left(\sec \dfrac{\alpha}{2} - 1 \right)$

另外，为了计算里程和校核，还应计算切曲差（超距），即两切线长与曲线长的差值。

切曲差（超距）　　$D = 2T - L$

2. 圆曲线的主点测设

单圆曲线有三个主点，即曲线起点（ZY）、曲线中点（QZ）和曲线终点（YZ）。它们是确定圆曲线位置的主要点位。在其点位上的桩称为主点桩，是圆曲线测设的重要标志。

（1）主点里程桩号的计算。

在中线测时中，路线交点（JD）的里程桩号是实际丈量的，而曲线主点的里程桩号是根据交点的里程桩号推算而得的。其计算步骤如下：

```
交点              JD          里程
              -)              T
圆曲线起点        ZY          里程
              +)              L
圆曲线终点        YZ          里程
              -)              L/2
圆曲线中点        QZ          里程
              +)              D/2
校核              JD          里程
```

（2）主点的测设。

如图8.1所示，自路线交点JD分别沿后视方向和前视方向量取切线长T，即得曲线起点ZY和曲线终点YZ的桩位；再自交点JD沿分角线方向量取外距E，便是曲线中点QZ的桩位。

8.4.2 圆曲线的详细测设

在公路中线测量中，为更详细、更准确地确定路中线位置，除测定圆曲线主点外，还要按有关技术要求和规定桩距在曲线主点间加密设桩，进行圆曲线的详细测设。加密设桩的方法通常有两种：一种是整桩距法，即从曲线起点（或终点）开始，以相等的整桩距（整弧段）向曲线中点设桩，最后余下一段不足整桩距的零桩距。这种方法的桩号除加设百米和公里桩外，其余桩号均不为整数。另一种是整桩号法，即将靠近曲线起点（或终点）的第一个桩号凑为整数桩号，然后再按整桩距向曲线中点连续设桩，这种方法除个别加桩外，其余的桩号均为整桩号。

圆曲线详细测设方法很多，但最常用的有以下两种：

1. 切线支距法

（1）切线支距法原理。

如图8-15（a）所示，切线支距法是以曲线的起点或终点为坐标原点，坐标原点至交点的切线方向为X轴，坐标原点至圆心的半径为Y轴。曲线上任意一点P即可用坐标值x和y来确定。

（2）切线支距法坐标的计算。

设P为所要设置的曲线上任意一点，P到曲线起点（或终点）的弧长l，相对应的圆心角为φ，如图8-15（a）所示，则P点的坐标为

$$\left. \begin{array}{l} x = R\sin\varphi \\ y = R(1-\cos\varphi) \end{array} \right\} \tag{8-14}$$

式中：
$$\varphi = \frac{l}{R} \cdot \frac{180°}{\pi}$$

（3）切线支距法的测设方法。

一般都是以曲线中点QZ为界，将曲线分为两部分进行测设。如图8-15（b）所示，其测设步骤如下：

① 根据曲线桩点的计算资料$P_i(x_i, y_i)$，从ZY（或YZ）点开始用钢尺或皮尺沿切线方向量取P_i点的横坐标x_1、x_2、x_3，得垂足N_1、N_2、N_3。

② 在垂足点N_i用方向架（或经纬仪）定出切线的垂线方向，沿此方向量出纵坐标y_1、y_2、y_3，即可定出曲线上P_1、P_2、P_3点位置。

③ 校核方法：丈量所定各桩点间的弦长来进行校核，如果不符或超限，应查明原因，予以纠正。

切线支距法适用于平坦开阔地区，方法简便，工效快，一般不使用经纬仪。采用该设置方法时，测点相互独立，无积累误差；但纵坐标过大时，测设y距的误差会增大，此时应选择其他方法进行详细测设。

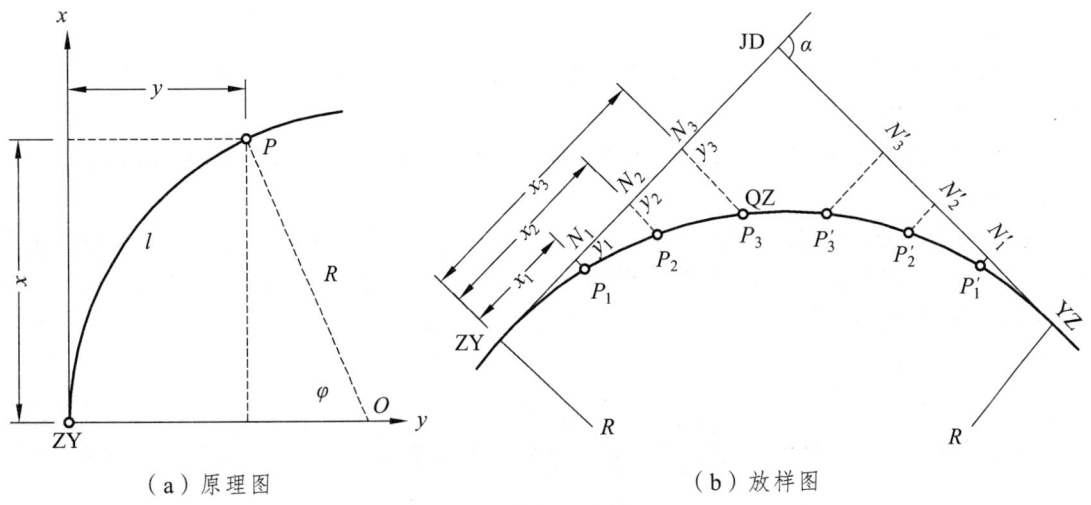

（a）原理图　　　　　　　　　　　（b）放样图

图 8-15　切线支距法测设圆曲线

2. 偏角法

（1）偏角法原理。

如图 8-16 所示，偏角法是以曲线起点（或终点）至曲线上任一点 P 的弦线与切线之间的偏角（弦切角）Δ 和弦长 C 来确定 P 点的位置的。

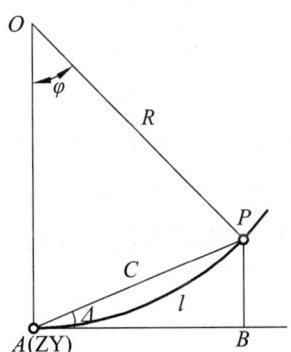

图 8-16　偏角计算示意图

（2）偏角法测设数据的计算。

根据几何原理，偏角应等于相应弧长所对圆心角之半，即

$$\left. \begin{array}{l} \text{偏角：} \Delta = \dfrac{\varphi}{2} = \dfrac{l}{2R} \cdot \dfrac{180}{\pi} \\[6pt] \text{弦长：} X = 2R\sin\dfrac{\varphi}{2} = 2R\sin\Delta \\[6pt] \text{弧弦差：} \delta = l - C \approx \dfrac{l^3}{24R^2} \end{array} \right\} \quad (8\text{-}15)$$

（3）偏角法的测设方法。

因测设距离的方法不同，分为长弦偏角法和短弦偏角法两种。前者测量测站至各桩点的距离（长弦 C_i），适用于全站仪；后者测量相邻各桩点之间的距离（短弦 C_i），适用于用经纬

仪加钢尺。具体测设步骤如图 8-17 所示：

① 安置经纬仪（或全站仪）于曲线起点（ZY）上，盘左瞄准交点（JD），将水平度盘读数设置为 00°00′00″。

② 转动照准部，使水平度盘读数为 Δ_1，即得 AP_1 方向，从 A 点沿此方向量取首段弦长 C_1 便得 P_1 点。

③ 再转动照准部使水平度盘读数为 Δ_2，即得 AP_2 方向，从 ZY 点开始，沿望远镜视线方向量测长弦 C_2，定出 P_2 点；或从 P_1 点测设短弦 C_0 与 AP_2 方向相交得 P_2 点。依次类推，测设 P_3、P_4……，直至 YZ 点。

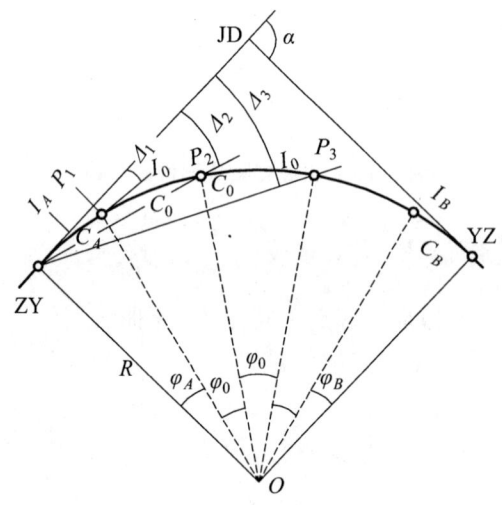

图 8-17　偏角法测设圆曲线

偏角法是一种测设精度较高、实用性较强、灵活性较大的常用方法。但这种方法若依次从前一点量取弦长，则存在着测点误差累积的缺点，所以测设中宜在曲线中点分别向两端测设或由两端向中点测设。

思考与练习题

1. 测设点的平面位置有哪些基本方法？各适用于何种情况？
2. 高程测设有哪几种情况？
3. 试述用精密方法进行水平角测设的步骤。
4. 如图所示，欲测设∠BAP = 90°00′00″。用一般方法测设后，又精确地测得其角值为 90°00′36″。设 AP = 100.00 m，问 P 点应如何进行改正？
5. 施工场地上水准点 A 的高程为 28.635 m，欲在待建构筑物附近的电杆上测设出 ±0 标高（±0 的设计高程为 29.000 m）作为施工过程中检测各项标高之用。设水准仪在水准点 A 所立水准尺上读数为 1.863 m，试说明测设方法。
6. 如图所示，A、B 为建筑场地已有控制点，其坐标分别为 A(858.750 m, 613.140 m)，

$B(825.430 \text{ m}, 667.380 \text{ m})$，$P$ 为放样点，其设计坐标为：$x_P = 805.000 \text{ m}$，$y_P = 645.00 \text{ m}$。试计算用极坐标法从 B 点测设 P 点点位所需的数据。

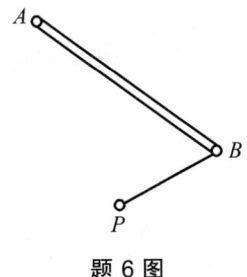

题 6 图

7. 某圆曲线的设计半径是 300m，右转角为 25°48′00″，若交点里程为 K3+182.766，试计算：

（1）圆曲线测设元素；

（2）主点里程；

（3）说明主点里程测设方法。

8. 根据上题条件进行圆曲线细部点测设，试按切线支距法计算测设数据，桩距按 20m 整桩号法设桩。

9. 已知弯道 JD_{10} 的桩号为 K5+119.99，右角 $\beta = 136°24′$，$R = 300 \text{ m}$，试计算圆曲线主点元素和主点里程，并叙述测设曲线上主点的操作步骤。

第 9 章 建筑施工测量

> **学习目标**
>
> 了解民用和工业建筑施工测量的特点、原则和基本要求；掌握民用和工业建筑施工测量的主要内容和基本方法。

9.1 建筑施工测量概述

建筑施工测量主要是指民用和工业建筑施工测量，例如住宅、办公楼、商场、医院、宾馆、学校等民用建筑和工业企业的仓库、厂房、车间等的施工测量。通常又称为工业与民用建筑施工测量。

建筑的施工测量贯穿于施工的整个过程，主要内容包括：施工前建立与工程相适应的施工控制网、建（构）筑物的放样及构件与设备的安装测量、施工质量的检查和验收、建（构）筑物的变形观测等。

9.1.1 施工测量的特点

与测图工作相比，施工测量具有如下特点：

1. 目的不同

测图工作是将地面上的地物、地貌测绘到图纸上，而施工测量是将图纸上设计的建筑物或构筑物测设到实地。

2. 精度要求不同

施工测量的精度要求取决于工程的性质、规模、材料、施工方法等因素。一般高层建筑物的施工测量精度要求高于低层建筑物的施工测量精度，钢结构施工测量精度要求高于钢筋混凝土结构的施工测量精度，装配式建筑物的施工测量精度要求高于非装配式建筑物的施工测量精度。此外，由于建筑物、构筑物的各部位相对位置关系的精度要求较高，因而工程的细部放样精度要求往往高于其整体放样精度。

3. 施工测量工序

施工测量工序与工程施工工序密切相关，某项工序还没有开工，就不能进行该项的施工测量。测量人员必须了解设计的内容、性质及其对测量工作的精度要求，熟悉图纸上的设计数据，了解施工的全过程，并掌握施工现场的变动情况，使施工测量工作能够与施工密切配合。

4. 干扰因素较多

施工场地上工种多、交叉作业频繁，并要填、挖大量土石方，地面变动很大，又有车辆等机械振动，因此各种测量标志必须埋设在稳固且在不易破坏的位置。解决办法是采用二级布设方式，即设置基准网和定线网。基准网远离现场，定线网布设于现场，当定线网密度不够或者现场受到破坏时，可增设基准网。定线网的密度应尽可能满足一次安置仪器就可测设的要求。

9.1.2 施工测量的原则

为了保证施工能满足设计要求，施工测量也应遵循"由整体到局部，先控制后细部"的原则，即先在施工现场建立统一的施工控制网，然后以此为基础，测设出各个建筑物和构筑物的细部位置。这样可以减少误差累积，保证测设精度，免除因建筑物众多而引起测设工作的紊乱。

此外，施工测量责任重大，稍有差错，就会酿成工程事故，造成重大损失。因此，必须加强外业和内业的检核工作。检核是测量工作的灵魂。

9.1.3 施工测量的基本要求

1. 施工测量的主要技术要求

（1）建筑物施工放样应符合的要求。

① 建筑物施工放样、轴线投测和标高传递的偏差，不应超过表9.1的规定。

表9.1 建筑物施工放样、轴线投设和标高传递的允许偏差

项 目	内 容		允许偏差/mm
基础桩位放样	单排桩或群桩中的边桩		±10
	群 桩		±20
各施工层上放线	外廓主轴线长度 L/m	$L \leqslant 30$	±5
		$30 < L \leqslant 60$	±10
		$60 < L \leqslant 90$	±15
		$30 < L$	±20
	细部轴线		±2
	承重墙、梁、柱边线		±3
	非承重墙边线		±3
	门窗洞口线		±3
轴线竖向投测	每 层		3
	总高 H/m	$H \leqslant 30$	5
轴线竖向投测	总高 H/m	$30 < H \leqslant 60$	10
		$60 < H \leqslant 90$	15
		$90 < H \leqslant 120$	20

续表

项 目	内　容		允许偏差/mm
		120<H≤150	25
		150<H	30
标高竖向传递	每　层		±3
	总高 H/m	H≤30	±5
		30<H≤60	±10
		60<H≤90	±15
		90<H≤120	±20
		120<H≤150	±25
		150<H	±30

② 施工层标高的传递，宜采用悬挂钢尺代替水准尺的水准测量方法进行，并应对钢尺读数进行温度、尺长和拉力改正。传递点的数目，应根据建筑物的大小和高度确定。规模较小的工业建筑或多层民用建筑，宜从 2 处分别向上传递；规模较大的工业建筑或高层民用建筑，宜从 3 处分别向上传递。传递的标高较差小于 3 mm 时，可取其平均值作为施工层的标高基准；否则，应重新传递。

③ 施工层的轴线投测，宜使用 2″级激光经纬仪或激光铅直仪进行。控制轴线投测至施工层后，应在结构层平面上按闭合图形对投测轴线进行校核。合格后，才能进行本施工层上的其他测设工作；否则，应重新进行投测。

④ 施工的垂直度测量精度，应根据建筑物的高度、施工的精度要求、现场的观测条件和垂直度测量设备等综合分析确定，但不应低于轴线竖向投测的精度要求。

⑤ 大型设备基础浇筑过程中，应及时监测。当发现位置及标高与施工要求不符时，应立即通知施工人员，及时处理。

（2）结构安装测量的精度应满足的要求。

① 柱子、桁架和梁安装测量的偏差，不应超过表 9.2 的规定。

表 9.2　柱子、桁架和梁安装测量的允许偏差

测量内容		允许偏差/mm
钢柱垫板标高		±2
钢柱±0 标高检查		±2
混凝土柱（预制）±0 标高检查		±3
柱子垂直度检查	钢柱牛腿	5
	柱高 10 m 以内	10
	柱高 10 m 以上	$H/1\ 000$，且≤20
桁架和腹梁、桁架和钢架的支承结点间相邻高差的偏差		±5
梁间距		±3
梁面垫板标高		±2

注：H 为柱子高度，单位：mm。

② 构件预装测量的偏差，不应超过表9.3的规定。

表9.3　构件预装测量的允许偏差

测量内容	测量的允许偏差/mm
平台面抄平	±1
纵横中心线的正交度	$±0.8\sqrt{L}$
预装过程中的抄平工作	±2

注：L为自交点起算的横向中心线长度的米数，长度不足5 m时，以5 m计。

③ 附属构筑物安装测量的偏差，不应超过表9.4的规定。

表9.4　附属构筑物安装测量的允许偏差

测量项目	测量的允许偏差/mm
栈桥和斜桥中心线的投点	±2
轨面的标高	±2
轨道跨距的丈量	±2
管道构件中心线的定位	±5
管道标高的测量	±5
管道垂直度的测量	$H/100$

注：H为管道垂直部分的长度，单位：mm。

（3）设备安装测量的主要技术要求。

① 设备基础竣工中心线必须进行复测，两次测量的较差不应大于5 mm。

② 对于埋设有中心标板的重要设备基础，其中心线应由竣工中心线引测，同一标中心标点的偏差不应超过±1 mm。纵横中心线应进行正交度的检查，并调整横向中心线。同一设备基准中心线的平行偏差或同一生产系统的中心线的直线度应在±1 mm以内。

③ 每组设备基础，均应设立临时标高控制点。标高控制点的精度，对于一般设备基础，其标高偏差，应在±2 mm以内；对于与传动装置有联系的设备基础，其相邻两标高控制点的标高偏差，应在±1 mm以内。

2. 测量记录的基本要求

（1）应在规定的表格上记录。做记录时，应将表头所列各项填好，并熟悉表中栏目各项内容和相应的填写位置。

（2）记录应当场及时填写清楚，不允许先写在草稿纸上后转抄誊清，以免转抄错误；记错或弄错的数字，应将错的数字画一斜线，将正确数字写在错的数字的上方，以保持记录的"原始性"。

（3）字迹要工整、清楚，相应的数字及小数点应上下左右对齐。记录中数字的位数应反映观测精度，如水准读数读至毫米，即1.330 m，不应记作1.33 m。

（4）记录过程中的简单计算，如取平均值等，应在现场及时进行，并做校核。草图、点之记等，应当场绘制，其方向、有关数据和地名等应标注清楚。

（5）记录人员应根据现场实况以目估法随时校核所测数据，以便及时发现观测中的明显错误。

（6）测量记录应妥善保管，工作结束后，应及时上交有关部门保存。

3. 计算工作的基本要求

计算工作的基本要求是：依据正确，方法科学，严谨有序，步步校核，结果正确。

（1）图纸上的数据和外业观测结果是计算工作的依据。计算前，应认真仔细逐项审阅与校核，以保证计算依据的正确性。

（2）计算一般均应在规定的表格上进行。按图纸和外业记录在计算表中填写原始数据时，严防转抄错误。填好后，应换他人校对（这项工作十分重要）。

（3）计算中，必须做到步步有校核。每项计算应在前者数据经校核无误后，方能进行。校核方法以可靠、简单为原则，常用的计算校核方法有：① 复算或对算校核；② 变换计算方法校核；③ 总和校核；④ 几何条件校核。

（4）计算中所用数字的位数应与观测精度相适应，取位宜保留到有效数字后一位，应遵循"四舍六入、五凑偶"的原则（即单进、双舍），如 1.667 5 和 27.664 5 保留三位，则为 1.668 和 27.664。

9.2 建筑施工测量前的准备工作

建筑物的施工，从施工准备、场地控制网的测设、建（构）筑物放样定位，到结构施工中的标高与竖向的控制以及竣工测量和变形观测等，均离不开测量工作。为了做好施工测量，必须了解设计意图，掌握现场情况，了解施工方案和进度安排，熟悉和校核设计图纸，发现问题及时解决，施工前要全面核对测量已知数据的准确性，施工测量时要保证正确的施工测量方法并保证观测精度，及时发现和改正错误，保证施工的需要。总的来讲，建（构）筑物施工前要做好以下几项工作：

9.2.1 熟悉图纸

设计图纸是施工测量的依据，在测设前应熟悉建筑物的设计图纸，了解施工的建筑物和相邻地物间的关系以及建筑物的尺寸和施工要求等。测设时必须具备下列图纸资料：

1. 建筑总平面图

如图 9-1 所示，建筑总平面图给出了建筑场地上所有建筑物和道路的平面位置及其主要点的坐标，标出了相邻建筑物之间的尺寸关系，注明了各栋建筑物室内地坪高程，是测设建筑物总体位置和高程的重要依据。

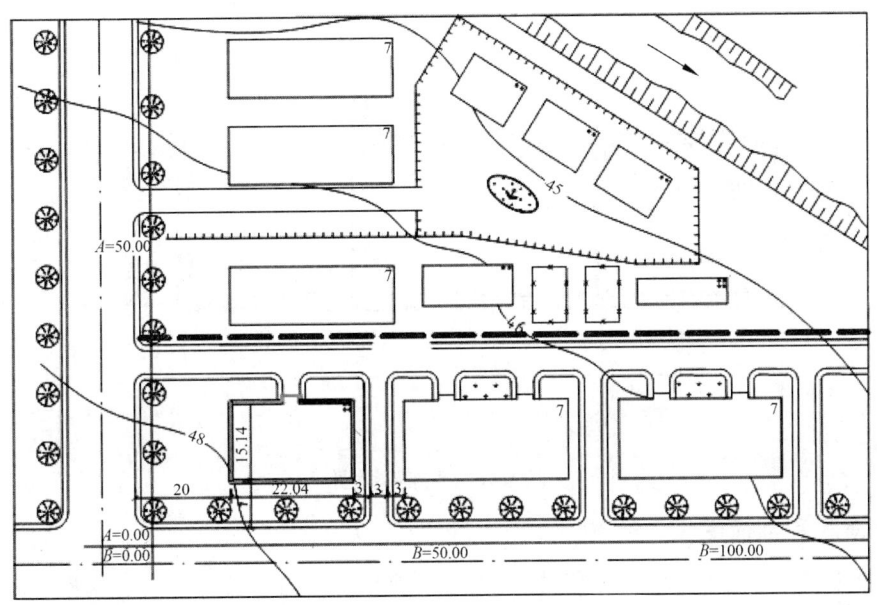

图 9-1 建筑物总平面图

2. 建筑平面图

如图 9-2 所示，建筑平面图标明了建筑物首层、标准层等各楼层的总尺寸以及楼层内部各轴线之间的尺寸关系。它是测设建筑物细部轴线的依据。

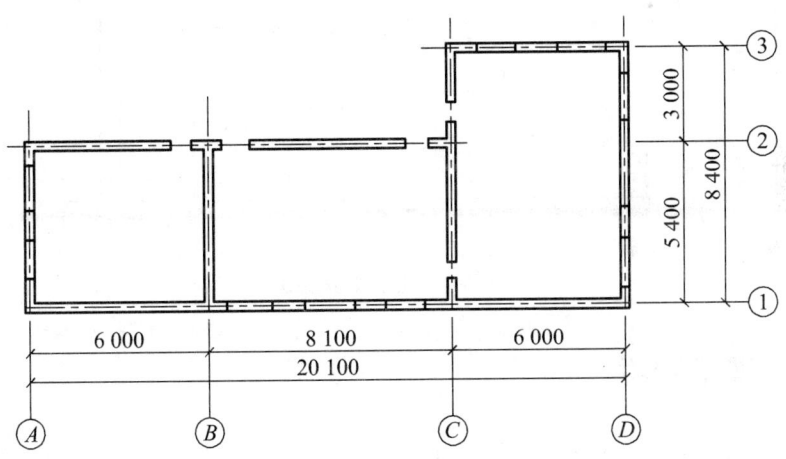

图 9-2 建筑平面图

3. 基础平面图

如图 9-3 所示，基础平面图标明了基础形式、基础平面布置、基础中心或中线的位置、基础边线与定位轴线之间的尺寸关系、基础横断面的形状和大小以及基础不同部位的设计标高等。它是测设基槽（坑）开挖边线和开挖深度的依据，也是基础定位及细部放样的依据。基础详图给出了基础的设计宽度、形式以及基础边线和轴线尺寸关系。

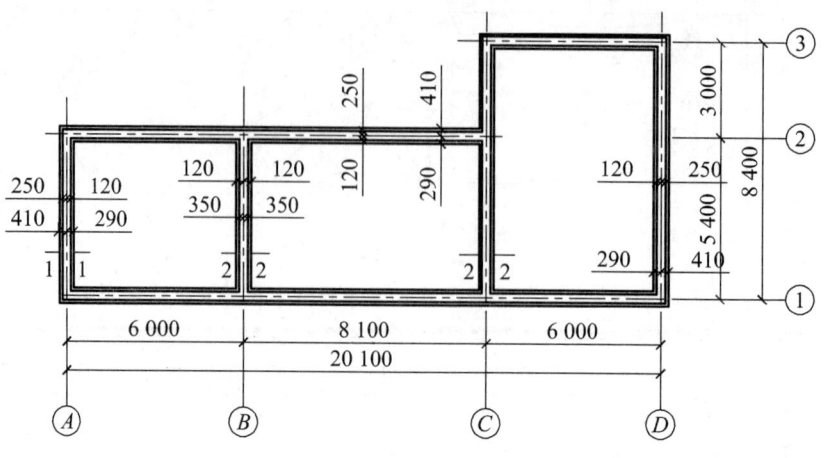

图 9-3 基础平面图

4. 立面图和剖面图

如图 9-4 所示，立面图和剖面图标明了室内地坪、门窗、楼梯平台、楼板、屋面及屋架等的设计高程，这些高程通常是以±0.000 标高为起算点的相对高程。它是测设建筑物各部位高程的依据。

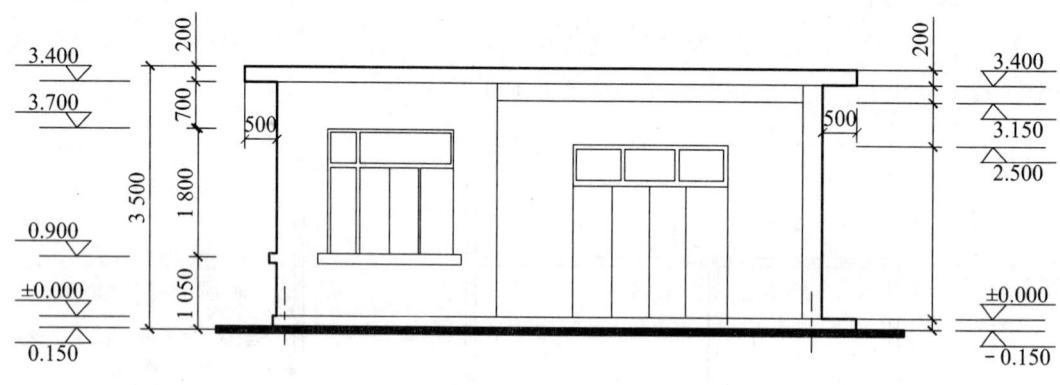

图 9-4 建筑物立面图

9.2.2 现场踏勘

为了解施工现场地物、地貌以及现有测量控制点的分布情况，应进行现场踏勘，以便根据实际情况考虑测设方案。

9.2.3 检校测设仪器与工具

水准仪、经纬仪、全站仪等应根据使用情况，每隔 2~3 个月对主要轴线关系进行检验和校正。

仪器检验和校正应选在无风、无震动干扰的环境中进行。各项检验、校正须按规定的程序进行。一般每项校正均需反复几次才能完成。拨动校正螺丝前，应先辨清其松紧方向。拨动时，用力要轻、稳，螺旋应松紧适度。每项校正完毕时校正螺旋应处于旋紧状态。

各类仪器如发生故障，切不可乱拆乱卸，应送往厂家或厂家委托的专业修理部门修理。

9.2.4 校核原有平面控制点和水准点

定位测量前，应由甲方提供至少 3 个相互关联的坐标控制点和 2 个高程控制点，作为场区控制依据点。以坐标控制点为起始点，首先要对起始依据进行校核。根据红线桩及图纸上的建筑物角点坐标，反算出它们之间的相对关系，并进行角度、距离校测。校测允许误差：角度为±12″；距离相对精度不低于 1/15 000。对起始高程点，应采用附合水准测量进行校核，高程校测闭合差不超过±10 mm $\sqrt{n}$（n 为测站数）。 对业主提供的首级测量控制网点，办理正式的书面移交手续，实地踏勘点位并做出标记说明。对一级控制网，每个月复核一次，同时提交监理、业主。

9.2.5 确定测设方案

在熟悉设计图纸、掌握施工计划和施工进度的基础上，结合现场条件和实际情况，拟定测设方案。测设方案中，一是要说明测设方法、测设步骤、采用的仪器工具、精度要求、时间安排、人员组织等；二是计算测设数据，并绘制测设略图。在每次现场测设之前，应根据设计图纸和测量控制点的分布情况，准备好相应的测设数据并对数据进行检核；需要时，还可以绘出测设略图，把测设数据标注在略图上，使现场测设时更方便快速，并减少出错的可能。

9.2.6 整理施工场地

进行施工测量前，需要对施工场地进行必要的清理与整平，以便进行测设工作。

9.3 施工控制测量

9.3.1 概述

测图时所建立的控制网有时未必考虑到施工的要求，控制点的分布、密度和精度，都不能满足施工测量的需要。另外，施工中在平整场地时很多控制点可能被人为破坏了，因此在建筑施工前需重新建立专门的施工控制网。它是工程建设中各项测量工作的基础。

1. 施工控制网的分类

施工控制网分平面控制网和高程控制网两种。

施工平面控制网的布设形式，应以经济、合理和适用为原则，根据建筑设计总平面图和施工现场的地形条件来确定。对于地形起伏较大的山区建筑场地，可充分扩展原有的测图控制网，作为施工定位的依据。对于地形较平坦而通视较困难的建筑场地，可采用导线网。对于地形平坦而面积不大的建筑小区，常布置一条或几条建筑基线，组成简单的图形，作为施工测量的依据。对于地形平坦、建筑物多为矩形且布置比较规则的密集的大型建筑场地，通常采用建筑方格网。总之，施工平面控制网的布设形式应与建筑设计总平面的布局相一致。

施工高程控制网采用水准网。

2. 施工控制网的特点

与测图控制网相比，施工控制网具有控制范围小、控制点密度大、精度要求高及使用频率高等特点。

9.3.2 施工场地的平面控制测量

1. 建筑基线

建筑基线是建筑场地的施工控制基准线，适用于建筑设计总平面布置比较简单的小型建筑场地。

（1）建筑基线的布置形式。

建筑基线的布置形式主要根据建筑物的分布、场地的地形和原有控制点的情况而定。基线位置应邻近且平行建筑物，以便采用直角坐标法进行放线；基线点应不少于3个，以便检核；建筑基线应尽可能与施工场地的建筑红线相对照；基线点应选在通视良好且不易被破坏的地方。

图9-5所示是常用的几种建筑基线形式：图（a）中 $W—O—E$ 是"一"字形建筑基线；图（b）$N—O—E_1—E_2$ 是"L"形建筑基线；图（c）中 $N—O—S$ 与 $W—O—E$ 构成"十"字形建筑基线，图（d）中 $N_1—O_1—S_1$、$N_2—O_2—S_2$ 与 $W—O_1—O_2—E$ 构成"艹"形建筑基线。

（2）建筑基线的测设。

根据建筑场地的不同情况，测设建筑基线的方法主要有以下两种：

① 用建筑红线测设。在城市建设中，建筑用地的界址是由规划部门确定的，并由拨地单位在现场直接标定出用地边界点，边界点的连线通常是正交的直线，称为建筑红线。建筑红线与拟建的主要建筑物或建筑群中多数建筑物的主轴线平行。因此，可根据建筑红线用平行线推移法测设建筑基线。

② 用附近的控制点测设。在非建筑区，没有建筑红线作为依据时，就需要在建筑设计总平面图上，根据建筑物的设计坐标和附近已有的测图控制点来选定建筑基线的位置，并在实地采用极坐标法或角度交会法把基线点在地面上标定出来。

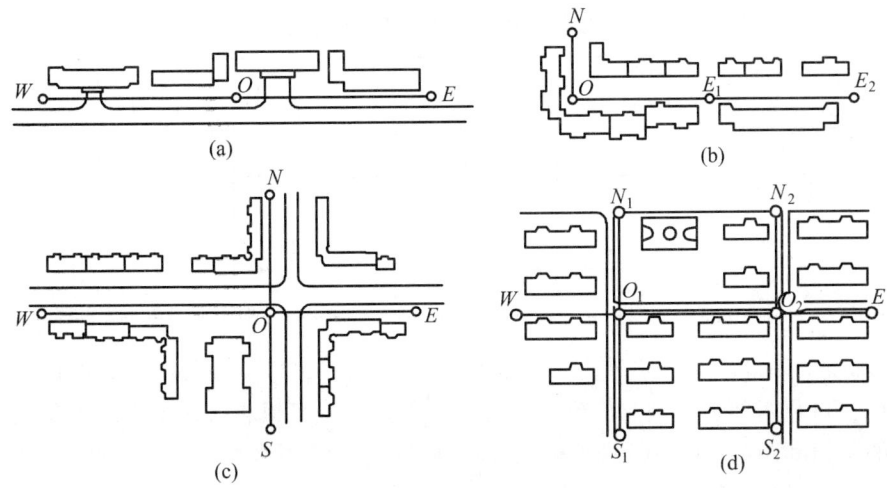

图 9-5 建筑基线的布设形式

2. 建筑方格网

由正方形或矩形组成的施工平面控制网,称为建筑方格网,或称矩形网。建筑方格网适用于按矩形布置的建筑群或大型建筑场地。

(1) 建筑方格网的布设。

建筑方格网在设计过程中,一般要考虑以下问题:① 根据实际地形设计,使控制点位于测角、量距比较方便的地方,并使埋设标桩的高程与场地的设计标高相近。② 控制点便于保存,尽量避免土石方的影响。③ 方格网的边长一般为 100～500 m,亦可根据测设的对象而定;点的密度根据实际需要而定,相邻方格网点之间应通视良好。④ 方格网各交角应严格成 90°。⑤ 当场地面积较大时,应分两级布设。首级可采用十字形、口字形或田字形,然后再加密方格网。若场地面积不大,则尽量布设成全面方格网。⑥ 最好将高程控制点与平面控制点埋设在同一块标石上。

(2) 建筑方格网的测设。

建筑方格网测设一般按主轴线点和轴线加密点分别测设的步骤进行。

当场地上有两个或多个主轴线时,可以分别建立方格网。

建立方格网时,也必须考虑施工组织计划,假使工地上先修筑正式道路,则方格点宜设计在道路交叉口中央,并宜待交叉口的正式路面修成后再建立正式的精度较高的方格网。其点位用永久标石标定。若方格点设计在人行道上或绿化带内,应考虑到在该地带埋设地下管线的影响。还必须注意不要让施工用的临时建筑物、施工机械、施工材料场等盖住了方格点或阻碍方格点间的通视。方格点主要是为施工建设服务的,所以应加强与施工人员的联系,把方格点位置向施工人员交代清楚,使施工人员关心并保护这些方格桩。

建筑方格网测设的主要技术要求如表 9-5 和表 9-6 所示。

表 9-5 建筑方格网的主要技术要求

等 级	边长/m	测角中误差/″	边长相对中误差
一 级	100～300	5	≤1/30 000
二 级	100～300	8	≤1/20 000

表 9-6　方格网的水平角观测的主要技术要求

等级	仪器精度等级	测角中误差/"	测回数	半测回归零差/"	一测回内2c互差/"	各测回方向较差/"
一级	1"级仪器	5	2	≤6	≤9	≤6
	2"级仪器	5	3	≤8	≤13	≤9
二级	2"级仪器	8	2	≤12	≤118	≤12
	6"级仪器	8	4	≤18	—	≤24

① 主轴线的测设。具体步骤为：a. 准备放样数据。可以从地形图上量取待放样轴线点的图解坐标，再利用邻近控制点的坐标计算放样数据；也可以直接从地形图上量取极坐标法放样所需的角值和距离。b. 利用控制点实地放样轴线点。主轴线上的主点如图 9-6 所示，通常应利用更高一级的控制点，采用任何一种点位测设方法来放样轴线上的点。c. 检测和归化。为了防止粗差，必须进行检测，一般在中心点上测角。根据实测角与理论角（90°或 180°）的差数来判断放样是否正确。

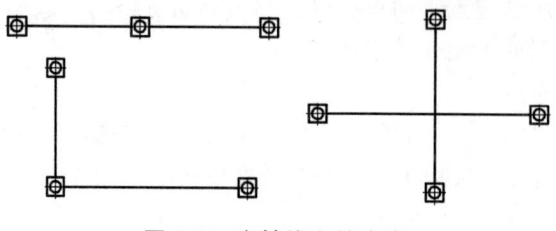

图 9-6　主轴线上的主点

② 方格网点测设。方格网点的测设方法总的说来有两种，即直接法和归化法。

直接法测设方格网点如图 9-7 所示：图（a）所示为已建立的十字形主轴，沿主轴精确量距，边量距边放样轴线上的方格点，如图（b）所示；接着在两轴的端点上放样 90°角，交会出四个角点，如图（c）所示；再沿周边精确量距，同时放样周边的方格点，直至已放样的方格点形成田字形。对于在矩形内部的一些方格点，可用经纬仪按方向线交会法求得，如图（d）所示。这种方法操作简单，但要求方格网形状规整，场地上有良好的通视条件；但测角量距误差积累产生闭合差时处理不方便。

用归化法放样方格点可避免上述缺点，具体做法为：a. 放样过渡点。过渡点位用临时桩标定，这些桩位要保存到埋好方格点的永久标石为止。b. 采用控制测量方法求得过渡点的精确坐标。c. 归化。计算归化数据，并到实地去归化点位，得到归化后的设计点位，同时设置临时桩。d. 检测。归化后的点应该落在设计位置上，相邻边的夹角应该等于 90°或 180°。必须认真检测，这样可以发现工作中的差错。如果发现没有错误，则检测资料也可反映方格点放样的精度。e. 埋永久性标石。求得正确点位后要埋设永久性标石。通常埋石前在点位旁设四个木桩，相对两桩顶的连线应该通过点位的中心，两根十字连线可以精确地确定点位。这四个木桩俗称骑马桩。设好骑马桩以后，再掘土，挖掉点位上的临时标石。待永久性标石稳定以后，再利用骑马桩在标石顶部精确设置标芯。

由于建筑方格网的测设工作量大，测设精度要求也高，故可委托专业测量单位进行。

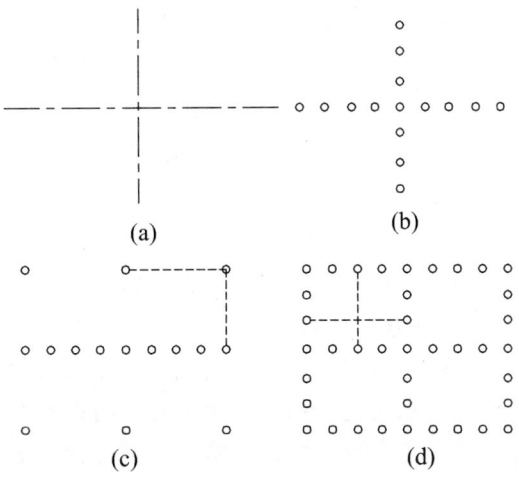

图 9-7　直接法测设方格网点

9.3.3　施工场地的高程控制测量

1. 高程控制网的布设

建筑施工场地的高程控制测量通常采用水准测量的方法。就是在整个场区建立可靠的水准点，形成与国家高程控制系统相联系的统一水准网。为了便于检核和提高测量精度，施工场地高程控制网应布设成闭合或附合路线。水准点的密度应满足尽可能安置一次仪器即可测设出所需的高程点。场区水准网一般布置设成两级，即首级网和加密网。首级网作为整个场地的高程基本控制，一般情况下按四等水准测量的方法确定水准点高程，并埋设永久性标志。若因设备安装或下水管道铺设等某些部位测量精度要求较高时，可在局部范围用三等水准测量，设置三等水准点。加密水准网以首级水准网为基础，可根据不同的测设要求按四等水准或图根水准的要求进行布设。建筑方格网点及建筑基线点，也可兼作高程控制点。只要在平面控制点的桩面中心点旁边设置一个突出的半球状标志即可。

2. 水准点

（1）基本水准点。首级网所布设的水准点称为基本水准点。应布设在土质坚实、不受施工影响、无震动和便于实测，并埋设永久性标志。一般情况下，按四等水准测量的方法测定其高程，而对于为连续性生产车间或地下管道测设所建立的基本水准点，则需按三等水准测量的方法测定其高程。

（2）施工水准点。加密网所布设的水准点称为施工水准点。它是用来直接测设建筑物高程的。为了测设方便并减小误差，施工水准点应靠近建筑物。另外，由于设计建筑物常以底层室内地坪高±0.000 标高为高程起算面，为了施工引测设方便，常在建筑物内部或附近测设±0.000 水准点。一般选在稳定的建筑物墙、柱的侧面，用红漆绘成顶为水平线的"▼"形，其顶端表示±0.000 位置。

9.4 民用建筑施工测量

民用建筑物通常是指住宅、商场、学校、办公楼、宾馆、医院、俱乐部、影剧院等。按建筑物的层数和高度分：对于居住建筑物，分为低层（1~3层）、多层（4~6层）、中高层（7~9层）、高层（10层及以上）；对于公共建筑及综合性建筑，总高度不大于24 m 的为单层和多层建筑，超过 24 m 时为高层。按承重结构的材料和建筑结构的承重方式看，民用建筑中采用砖混结构建筑和钢筋混凝土的框架结构建筑较多。钢筋混凝土框架结构建筑按其施工方法又分现浇钢筋混凝土框架结构和预制装配式钢筋混凝土框架结构。

施工测量的任务是按设计要求将建筑物的平面位置和高程测设到地面上，为建筑物施工提供直接依据，并在施工过程中进行检测，保证施工质量符合要求。具体内容如下：

9.4.1 建筑物的定位与放线

建筑物的定位测量就是根据设计要求将建筑物边框主要轴线的交点测设到地面上，作为基础放线和细部轴线放线的依据。

1. 建筑物的定位测量

（1）建筑物定位测量的常用方法。

根据设计条件和现场条件的不同，建筑物的定位方法也有所不同，常用的定位方法有三种：

① 如果待定建筑物附近有高级控制点可供利用，且建筑物的定位点设计坐标已知，可根据实际情况选用极坐标法、角度交会法或距离交会等方法来测设定位点。在这三种方法中，极坐标法是常用的一种定位方法。

② 根据建筑方格网和建筑基线定位。如果已经测设出建筑场地的建筑方格网或建筑基线，且待定位建筑物的定位点设计坐标已知，可利用直角坐标法测设定位点。

③ 根据与原有建筑物、道路等地物的关系定位，如图9-8所示。如果设计图上只给出待建建筑物与附近原有建筑物或道路的相互关系，而没有提供建筑物定位点的坐标，周围又没有测量控制点、建筑方格网和建筑基线可供利用，可根据原有建筑物的边线或道路中心线将新建筑物的定位点测设出来。

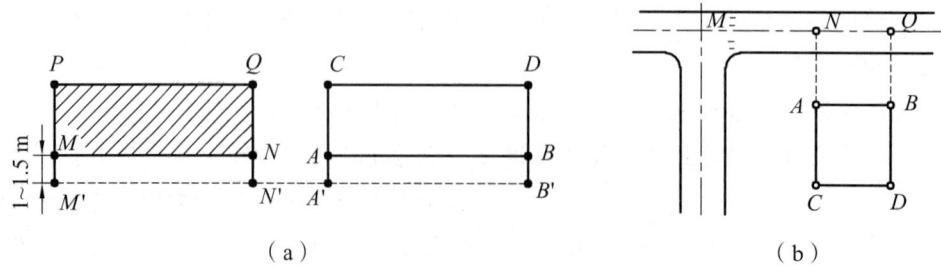

图 9-8 根据与原有建筑物的关系定位

（2）建筑物定位测量的施测过程。

建筑物定位测量的具体测设方法随实际情况的不同而不同，但基本过程是一致的。如图9-8（a）所示，拟建建筑物的外墙边线与原有建筑物的外墙边线在同一条直线上，两栋建筑物的间距为 15 m，拟建建筑物四周长轴为 30 m、短轴为 15 m，可按下述方法测设其四个轴线的交点：

① 沿原有建筑物的两侧外墙拉线，用钢尺顺线从墙角往外量一段较短的距离（如 1.5 m），在地面上定出 M' 和 N' 两个点，M' 和 N' 的连线即为原有建筑物的平行线。

② 在 M' 点安置经纬仪，照准 N' 点，用钢尺从 N' 点沿视线方向量取 15m，在地面上定出 A' 点；再从 A' 点沿视线方向量取 30m，在地面上定出 B' 点，A' 和 B' 的连线即为拟建建筑物的平行线，其长度等于长轴尺寸。

③ 在 A' 点安置经纬仪，照准 B' 点，逆时针测设 90°，在视线方向上量取 1.5 m，在地面上定出 A 点；再从 A 点沿视线方向量取 15 m，在地面上定出 C 点。同理，在 B' 点安置经纬仪，照准 A' 点，顺时针测设 90°，在视线方向上量取 1.5 m，在地面上定出 B 点；再从 B 点沿视线方向量取 15 m，在地面上定出 D 点。则 A、B、C 和 D 点即为拟建建筑物的四个定位轴线点。

④ 在 A、B、C 和 D 点上安置经纬仪，检核四个大角是否为 90°，用钢尺丈量四条轴线的长度，检核长轴是否为 30 m、短轴是否为 15 m。

（3）建筑物定位测量的注意事项。

① 施测前要认真做好各项准备工作，绘制观测示意图，把各测量数据标在示意图上。

② 施测过程中的每个环节都应规范操作，精心核对，保证测量精度。各环节测完后及时请有关人员检查验收。

③ 基础施工中很容易将中线、轴线、边线搞混用错。因此，凡轴线与中线不重合或同一点附近有几个控制桩时，应在控制桩上标明轴线编号，分清是轴线还是中线，防止用错。

④ 控制桩上要做出明显标记，以便引起人们注意，桩的四周要钉木桩、拉铁线加以保护，防止碰撞破坏。如发现桩位有变化，要进行复查，确认无误后方可使用。

⑤ 设在冻胀性土质的桩要采取防冻措施。

（4）建筑物定位测量的记录格式（见表9-7）。

表 9-7　工程测量记录表

工程测量记录		编号	
工程名称		委记单位	
图纸编号		施测日期	
平面坐标依据		复测日期	
高程依据		使用仪器	
允许误差		仪器校验日期	
定位抄测示意图			

续表

复测结果				
签字栏	建设（监理）单位	施工（测量）单位		测量人员岗位证书号
	专业技术负责人	测量负责人	复测人	施测人

2. 建筑物的放线

建筑物的放线是指根据现场已测设好的建筑物定位点，详细测设其他各轴线交点的位置，并将其延长到安全的地方做好标志。然后以细部轴线为依据，按要求用白灰撒出基础开挖边线。放样方法如下：

（1）测设细部轴线交点。

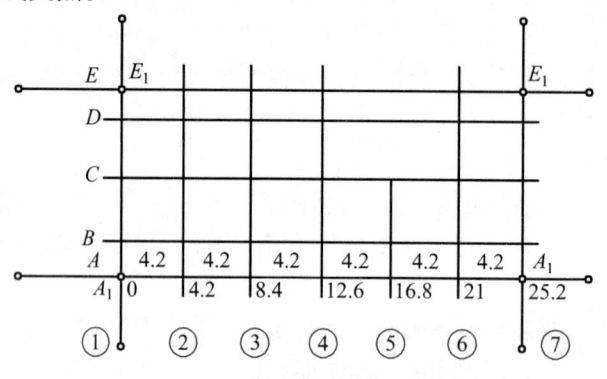

图9-9 测设细部轴线交点

如图9-9所示，A轴、E轴、①轴和⑦轴是四条建筑物的外墙主轴线，其轴线交点A_1、A_7、E_1和E_7是建筑物的定位点，这些定位点已在地面上测设完毕，各主次轴线间隔如图所示，现要测设次要轴线与主轴线的交点。

在A_1点安置经纬仪，照准A_7点，把钢尺的零端对准A_1点，沿视线方向拉钢尺，在钢尺上读数等于①轴和②轴间距（4.2 m）的地方打下木桩。打桩的过程中要经常用仪器检查桩顶是否偏离视线方向，钢尺读数是否还在桩顶上，如有偏移要及时调整。打好桩后，用经纬仪视线指挥在桩顶上画一条纵线，再拉好钢尺，在读数等于轴间距处画一条横线，两线交点即A轴与②轴的交点A_2。

在测设A轴与③轴的交点A_3时，方法同上，注意仍然要将钢尺的零端对准A_1点，并沿视线方向拉钢尺，而钢尺读数应为①轴和③轴间距（8.4 m），这种做法可以减小钢尺对点误差，避免轴线总长度增长或减短。如此依次测设A轴与其他有关轴线的交点。测设完最后一个交点后，用钢尺检查各相邻轴线桩的间距是否等于设计值，误差应小于1/3 000。

测设完A轴上的轴线点后，用同样的方法测设E轴、①轴和⑦轴上的轴线点。

（2）引测轴线。

在基槽或基坑开挖中，定位桩和细部轴线桩均会被挖掉，为了使开挖后各阶段施工能准确地恢复各轴线位置，应把各轴线延长到开挖范围以外的地方并做好标志，这个工作称为引测轴线，具体有设置龙门板和轴线控制桩两种形式。

① 设置龙门板。

在小型民用建筑施工中，常将各轴线引测到基槽外的水平木板上，水平木板称为龙门板，固定龙门板的木桩称为龙门桩。设置龙门板的步骤如下：a. 如图 9-10 所示，在建筑物四角和中间隔墙的两端，距基槽边线 1~2 m 以外，竖直钉设大木桩，称为龙门桩，并使桩的外侧面平行于基槽。b. 根据附近水准点，用水准仪将±0.000 标高测设在每个龙门桩的外侧上，并画出横线标志。如果现场条件不允许，也可测设比±0.000 高或低一定数值的标高线。c. 在相邻两龙门桩上钉设木板，称为龙门板，龙门板的上沿应和龙门桩上的横线对齐，使龙门板的顶面标高在一个水平面上，并且标高为±0.000，龙门板顶面标高的误差应在±5 mm 以内。d. 根据轴线桩，用经纬仪将各轴线投测到龙门板的顶面，并钉上小钉作为轴线标志，此小钉也称为轴线钉，投测误差应在±5 mm 以内。e. 用钢尺沿龙门板顶面检查轴线钉的间距，其相对误差不应超过 1/3000。恢复轴线时，将经纬仪安置在一个轴线钉上方，照准相应的另一个轴线钉，其视线即为轴线方向，往下转动望远镜，便可将轴线投测到基槽或基坑内。

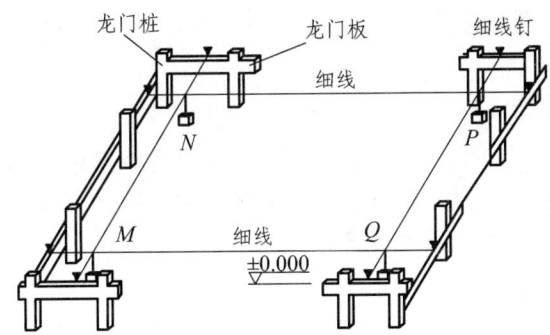

图 9-10 设置龙门板

② 轴线控制桩。

由于龙门板需要较多木料，而且占用场地，施工时容易被破坏，因此也可以在基槽（基坑）外各轴线的延长线上测设轴线控制桩，作为以后恢复轴线的依据。

轴线控制桩一般设在开挖边线 4 m 以外的地方，并用水泥砂浆加固。最好是附近有固定建筑物和构筑物，这时应将轴线投测在这些物体上，使轴线不容易被破坏，以便今后能安置经纬仪来恢复轴线。

轴线控制桩的引测主要采用经纬仪法，当引测到较远的地方时，要注意采用盘左和盘右两次投测取中数法来引测，以减少引测误差和避免错误的出现。

3. 建筑物定位与放线的检查测量

测量复测（检查测量）是保证建筑工程质量必不可少的一项工作。复测的目的是检查建筑物（构筑物）平面位置和高程数据是否符合设计要求。以往发生的施工测量事故，大都是忽视复测工作所造成的。复测的内容主要包括以下几个方面：

（1）设计图纸的复核。

施工测量人员要对设计图纸上的尺寸进行全面校核。校对总平面上的建筑物坐标和相关数据，检查平面图和基础图的轴线位置、标高尺寸和符号等是否相符，分段长度是否等于各段长度的总和；矩形建筑物的两对边尺寸是否一致；局部尺寸变更后，是否给其他尺寸带来影响。

（2）建筑物定位的复测。

建筑物定位后，要根据定位控制桩或龙门桩，复测建筑物角点坐标、平面几何尺寸、标高与设计图纸上的数据是否吻合，是否满足工程精度要求；建筑物的方向是否正确，有无颠倒现象，有没有因现场运输车辆将桩碰动，造成位置偏移等现象。发现问题要及时纠正。

（3）水准点高程的复测。

施工现场引进水准点后，要进行复测并应往返观测两次。测设水准点时，一定要校核好图纸上每个数据，防止用错高程而造成整栋建筑物高程降低或升高的严重后果。

（4）原始观测记录的复核。

对于外业实测记录，回到室内应换另外一名测量员进行全面复核。利用校对公式或采取其他方法查原始计算项目，发现错误及时解决。

9.4.2 基础施工测量

1. 基槽开挖边线放线

在基础开挖前，按照基础详图上的基槽宽度和上口放坡的尺寸，由中心桩向两边各量出开挖边线尺寸，并做好标记。然后在基槽两端的标记之间拉一细线，沿着细线在地面用白灰撒出基槽边线，施工时就按此灰线进行开挖。

2. 条形基础施工测量

（1）基槽开挖的深度控制。

如图 9-11 所示，为了控制基槽开挖深度，当基槽挖到接近槽底设计高程时，应在槽壁上测设一些水平桩，使水平桩的上表面离槽底设计高程为某一整分米数（例如 5dm），用以控制挖槽深度，也可作为槽底清理和打基础垫层时掌握标高的依据。一般在基槽各拐角处、深度变化处和基槽壁上每隔 3~4 m 处测设一个水平桩，然后拉上白线，线下 0.50 m 即为槽底设计高程。

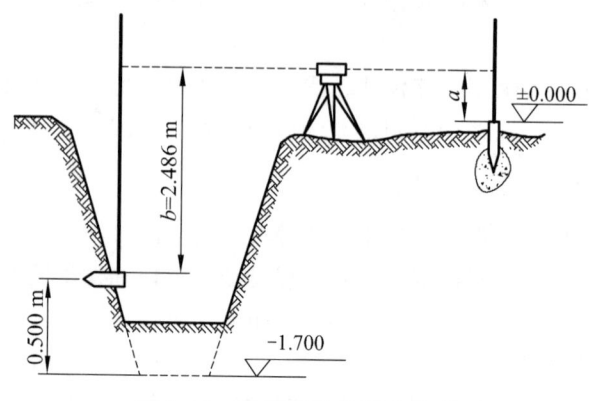

图 9-11 基槽开挖的深度控制

测设水平桩时,以画在龙门板或周围固定地物的±0.000 标高线为已知高程点,用水准仪进行测设,水平桩上的高程误差应在±10 mm 以内。

例如,设龙门板顶面标高为±0.000,槽底设计标高为－1.700 m,水平桩高于槽底 0.50 m,即水平桩高程为－1.2 m,用水准仪后视龙门板顶面上的水准尺,读数 a = 1.286 m,则水平桩上的标尺应有读数为:0+1.286－(－1.2)= 2.486(m)。测设时沿槽壁上下移动水准尺,当读数为 2.486 m 时沿尺底水平地将桩打进槽壁,然后检核该桩的标高;如超限,便进行调整,直至误差在规定范围以内。

(2)基槽底口和垫层轴线投测。

如图 9-12 所示,基槽挖至规定标高并清底后,将经纬仪安置在轴线控制桩上,瞄准轴线另一端的控制桩,即可把轴线投测到槽底,作为确定槽底边线的基准线。垫层打好后,用经纬仪或用拉绳挂垂球的方法把轴线投测到垫层上,并用墨线弹出墙中心线和基础边线,以便砌筑基础或安装基础模板。由于整个墙身砌筑均以此线为准,这是确定建筑物位置的关键环节,所以要严格校核后方可进行砌筑施工。

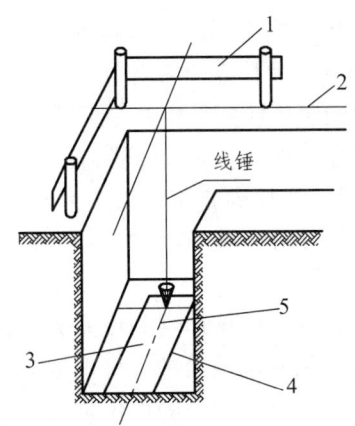

图 9-12 基槽底口和垫层轴线投测

1—龙门板;2—细线;3—垫层;4—墙中线;5—基础边线;6—线锤

3. 基础标高的控制

如图 9-13 所示,基础墙(±0.000 以下的砖墙)的标高一般是用基础皮数杆来控制的,基础皮数杆用一根木杆做成,在杆上注明±0.000 的位置,按照设计尺寸将砖和灰缝的厚度分皮从上往下一一画出来,此外还应注明防潮层的标高位置。

立皮数杆时,可先在立杆处打一个木桩,用水准仪在木桩侧面测设一条高于垫层设计标高某一数值(如 100 mm)的水平线,然后将皮数杆上标高相同的一条线与木桩上的水平线对齐,并用大铁钉把皮数杆和木桩钉在一起,作为砌筑基础墙的标高依据。

基础施工结束后,应检查基础面的标高是否满足设计要求(也可以检查防潮层)。可用水准仪测出基础面上的若干高程,和设计高程相比较,允许误差为±10 mm。

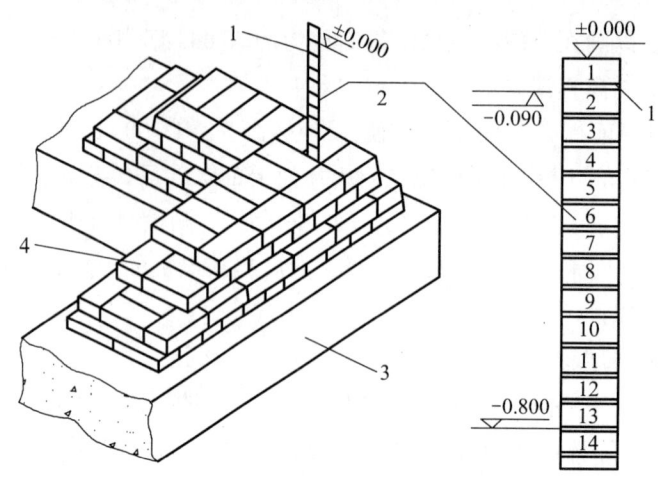

图 9-13 基础墙标高的控制

1—防潮层；2—皮数杆；3—垫层

4. 桩基础施工测量

近年来，在建筑工程中桩基础已成为高层建筑物（构筑物）基础的主要形式。桩基主要由桩和承台构成。按其所用材料及受力特点也有各种类型，不论采用何种类型的桩，施工测量都是必不可缺少的。施工测量的主要任务是：① 把设计总图上的建筑物基础桩位，按设计和施工的要求，准确地测设到拟建区地面上，为桩基础工程施工提供标志。② 进行桩基础施工监测。③ 在桩基础施工完成后，为检验施工质量和为地面建筑工程施工提供桩基础资料，需要进行桩基础竣工测量。在此主要介绍建筑物桩位轴线及承台桩位测设。

（1）桩位轴线测设。

建筑物桩位轴线测设是在建筑物定位矩形网测设完成后进行的，是以建筑物定位矩形网为基础，采用内分法用经纬仪定线精密量距法进行桩位轴线引桩的测设。对复杂建筑物圆心点的测设，一般采用极坐标法测设。对所测设的桩位轴线的引桩都要打入小木桩，木桩顶上要钉小铁钉作为桩位轴线引桩的中心点位。为了便于使用和保存，要求桩顶与地面齐平，并在引桩周围撒上白灰。

在桩位轴线测设完成后，应及时对桩位轴线间长度和桩位轴线的长度进行检测，要求实量距离与设计长度之差，对单排桩位不应超过±1 cm，对群桩不超过±2 cm。在桩位轴线检测满足设计要求后方可进行承台桩位的测设。

（2）建筑物承台桩位测设。

建筑物承台桩位的测设是以桩位轴线的引桩为基础而进行的。桩基础设计有群桩和单排桩，规范规定：3~20根桩为一组的称为群桩，1~2根为一组的称为单排桩。测设时，可根据设计所给定的承台桩位与轴线的相互关系，选用直角坐标法、线交会法、极坐标法等进行。对于复杂的建筑物承台桩位的测设，往往设计所提供的数据不能直接利用，而是需要经过换算后才能进行。在承台桩位测设完后，应打入小木桩作为桩位标志，并撒上白灰，便于桩基础施工。

承台桩位测设后应及时检测，要求本承台桩位间的实量距离与设计长度之差不大超过±2 cm，相邻承台桩位间的实量距离与设计长度之差不应超过±3 cm。在桩点位经检测满足要求后,才能移交给桩基础施工单位进行桩基础施工。

9.4.3 墙体施工测量

1. 砌体结构墙体施工测量

(1) 底层墙体施工测量。

① 墙体轴线测设。基础工程结束后,应对龙门板或轴线控制桩进行检查复核,经复核无误后,利用轴线控制桩或龙门板上的轴线和墙边线标志,用经纬仪或拉细绳挂垂球的方法将轴线投测到基础面上或防潮层上。然后用墨线

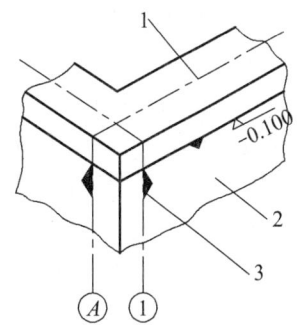

图 9-14 墙体定位

1—墙中心线;2—外墙基础;3—轴线

弹出墙中线和墙边线,检查外墙轴线交角是否等于 90°。最后将墙轴线延伸并画在外墙基础上,如图 9-14 所示,作为向上投测轴线的依据。同时还应把门、窗和其他洞口的边线在基础外墙侧面上做出标志。

② 墙体标高测设。如图 9-15 所示,墙体在砌筑时,其标高用墙体"皮数杆"控制。在皮数杆上根据设计尺寸,按砖和灰缝厚度画线,并标明门、窗、过梁、楼板等的标高位置。杆上标高注记从±0.000 向上增加。

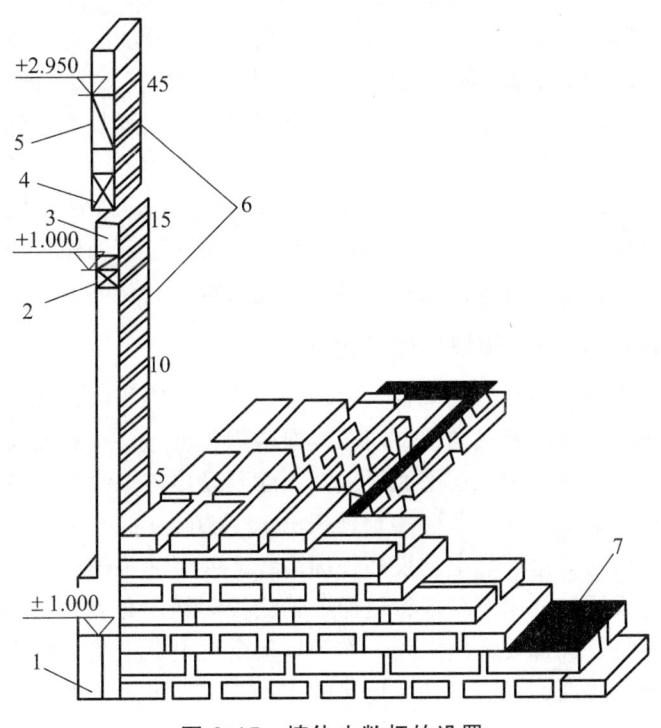

图 9-15 墙体皮数杆的设置

1—木桩;2—窗口出砖;3—窗口;4—窗口过梁;5—二层地面楼板;6—墙体皮数杆;7—防潮层

墙体皮数杆一般立在建筑物的拐角和内墙处,固定在木桩或基础墙上。为了便于施工,采用里脚手架时,皮数杆立在墙的外边;采用外脚手架时,皮数杆应立在墙的里边。立皮数杆时,先用水准仪在立杆处的木桩或基础墙上测设出±0.000 标高线,测量误差控制在±3 mm

以内，然后把皮数杆上的±0.000线与该线对齐，用吊锤校正并用钉钉牢；必要时可在皮数杆上加两根钉斜撑，以保证皮数杆的稳定。

墙体砌筑到一定高度后（1.5 m 左右），应在内、外墙面上测设出+0.50 m 标高的水平墨线，称为"+50线"。外墙的"+50线"作为向上传递各楼层标高的依据，内墙的"+50线"作为室内地面施工及室内装修的标高依据。

（2）多层建筑物的墙体轴线投测和标高引测。

① 轴线投测。每层楼面建好后，为了保证继续往上砌筑墙体时墙体轴线均与基础轴线在同一铅垂面上，应将基础或一层墙面上的轴线投测到楼面上，并在楼面上重新弹出墙体的轴线，检查无误后，以此为依据弹出墙体边线，再往上砌筑。

多层建筑从下往上进行轴线投测的方法是：将较重的垂球悬挂在楼面的边缘，慢慢移动，使垂球尖对准地面上的轴线标志，或者使吊锤线下部沿垂直墙面方向与底层墙面上的轴线标志对齐，吊锤线上部在楼面边缘的位置就是墙体轴线的位置，在此画一条短线作为标志，便在楼面上得到轴线的一个端点。同法投测另一端点，两端点的连线即为墙体轴线。

建筑物的主轴线一般都要投测到楼面上来，弹出墨线后，再用钢尺检查轴线间的距离，其相对误差不得大于1/3 000，符合要求之后，再以这些主轴线为依据，用钢尺内分法测设其他细部轴线。在困难的情况下至少要测设两条垂直相交的主轴线，检查交角合格后，用经纬仪和钢尺测设其他主轴线，再根据主轴线测设细部轴线。

吊锤线法受风的影响较大，因此应在风小的时候作业，投测时应等待吊锤稳定下来后再在楼面上定点。此外，每层楼面的轴线均应直接由底层投测上来，以保证建筑物的总竖直度，只要注意这些问题，用吊锤线法进行多层楼房的轴线投测的精度是有保证的。

② 标高引测。在多层建筑施工中，要由下层向上层传递高程，以便楼板、门窗口等的标高符合设计要求。高程传递的方法包括：利用皮数杆传递高程，主要应用于一般建筑物高程的引测；利用钢尺直接丈量，主要应用于高程引测精度要求较高的建筑物；吊钢尺法，是利用悬挂钢尺代替水准尺，用水准仪读数从下向上传递高程。

2. 现浇钢筋混凝土框架结构墙体施工测量

现浇钢筋混凝土框架结构的平面位置主要轴线一般均采用侧向借线法控制。各方向轴线借线时，根据实际情况一律向南或向北、向东或向西借 1 m 或 1.5 m 或其他一个整分米数，只有最外一条轴线向里借线。施工层平面放线时，除测设出各轴线外，还要弹出柱边线，作为绑扎钢筋与支模板的依据。柱边线要注意延长出 15～20 cm 的线头，方便支模后检查用。绑扎完柱筋后，应在两根对角钢筋上测设柱顶标高线，并用油漆做出明显标记，作为浇筑混凝土的依据。柱身拆模后，要用经纬仪将地面各轴线投测到柱身上，用水准仪在柱身上测设出距地面 1m 的水平线，并都要弹出墨线，作为框架梁支模及围墙结构墙体施工的依据。对于二层以上的结构施工放线，仍需以底层传递的控制线与标高为依据。

9.4.4 高层建筑的楼层轴线投测和高程传递

1. 楼层轴线投测

高层建筑物施工测量中的问题主要集中在控制垂直度方面，就是将建筑物的基础轴线准确地向高层引测，并保证各层相应轴线位于同一竖直面内，控制竖向偏差，使轴线向上投测的偏差值不超限。轴线向上投测时，要求竖向误差在本层内不超过 5 mm，全楼累计误差值不应超过 2H/10 000（H 为建筑物总高度），且不应大于：$H \leqslant 30$ m 时，5 mm；30 m $< H \leqslant 60$ m 时，10 mm；60 m $< H \leqslant 90$ m 时，15 mm；90 m $< H$ 时，20 mm。

下面介绍几种投测的方法：

（1）经纬仪法。

建筑物在不断升高过程中，要逐层将轴线向上传递，如图 9-16 所示，将经纬仪安置在中心轴线控制桩 A_1、A_1'、B_1 和 B_1' 上，严格整平仪器，用望远镜瞄准建筑物底部已标出的轴线 a_1、a_1'、b_1 和 b_1' 点，用盘左和盘右分别向上投测到每层楼板上，并取其中点作为该层中心轴线的投影点，如图 9-16 中的 a_2、a_2' 和 b_2、b_2'。

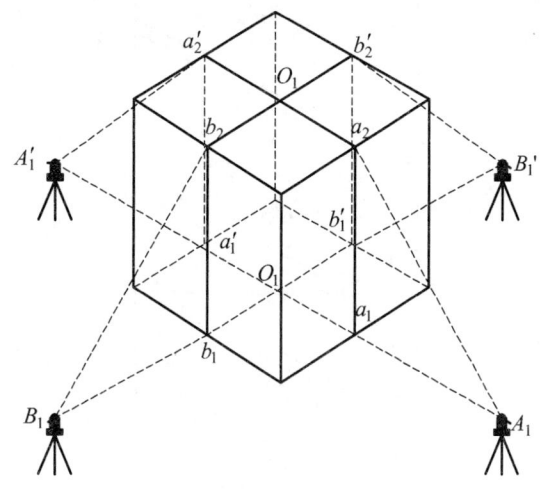

图 9-16 经纬仪轴线竖向投测

当楼房逐渐增高，而轴线控制桩距建筑物又较近时，望远镜的仰角较大，操作不便，投测精度也会降低。因此，要将原中心轴线控制桩引测到更远的安全地方或者附近大楼的屋面。具体做法是：将经纬仪安置在已经投测上去的较高层（如第十层）楼面轴线 $a_{10}a_{10}'$ 上，如图 9-17 所示，瞄准地面上原有的轴线控制桩 A_1 和 A_1' 点，用盘左、盘右分中投点法，将轴线延长到远处 A_2 和 A_2' 点，并用标志固定其位置，A_2、A_2' 即为新投测的 A_1A_1' 轴控制桩。更高各层的中心轴线，可将经纬仪安置在新的引桩上，按上述方法继续进行投测。

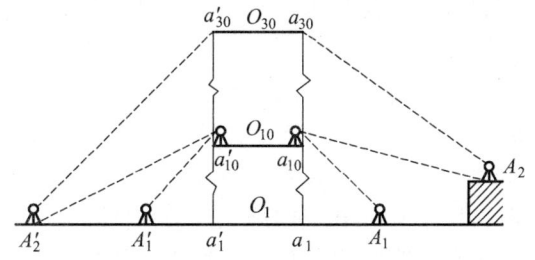

图 9-17 经纬仪引桩投测

（2）吊线坠法。

当周围建筑物密集、施工场地窄小，无法在建筑物以外的轴线上安置经纬仪时，可采用此法进行竖向投测。该法与一般的吊锤线法的原理是一样的，只是线坠的质量更大，吊线（细钢丝）的强度更高。另外，为了减少风力的影响，应将吊锤线的位置放在建筑物内部。

如图 9-18 所示，首先在一层地面上埋设轴线点的固定标志，轴线点之间应构成矩形或十字形等，作为整个高层建筑的轴线控制网。各标志上方的每层楼板都预留孔洞，供吊锤线通过。投测时，在施工层楼面上的预留孔上安置挂有吊线坠的十字架，慢慢移动十字架，当吊锤尖静止地对准地面固定标志时，十字架的中心就是应投测的点，同理测设其他轴线点。

使用吊线坠法进行轴线投测，经济、简单又直观，精度也比较可靠，但投测时费时、费力。

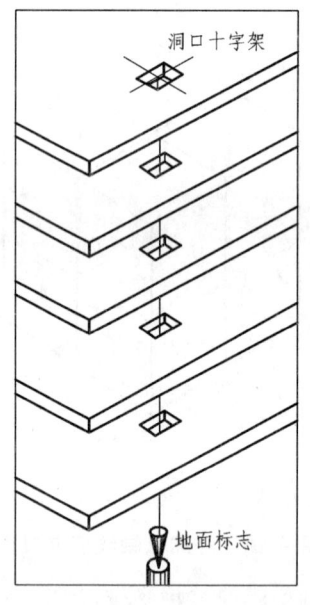

图 9-18　吊线坠法投测

（3）垂准仪法。

① 激光铅垂仪简介。激光铅垂仪是一种专用的铅直定位仪器，适用于高层建筑物、烟囱及高塔架的铅直定位测量。激光铅垂仪的基本构造如图 9-19 所示，主要由氦氖激光管、精密竖轴、发射望远镜、水准器、基座、激光电源及接收屏等部分组成。

激光器通过两组固定螺钉固定在套筒内。激光铅垂仪的竖轴是空心筒轴，两端有螺扣，上、下两端分别与发射望远镜和氦氖激光器套筒相连接，二者位置可对调，构成向上或向下发射激光束的铅垂仪。仪器上设置有两个互成 90° 的管水准器，仪器配有专用激光电源。

② 激光铅垂仪投测轴线。如图 9-20 所示，其投测方法为：a. 在首层轴线控制点上安置激光铅垂仪，利用激光器底端（全反射棱镜端）所发射的激光束进行对中，通过调节基座整平螺旋，使管水准器气泡严格居中。b. 在上层施工楼面预留孔处，放置接受靶。c. 接通激光电源，使激光器发射铅直激光束，通过发射望远镜调焦，使激光束聚成红色耀目光斑，投射到接受靶上。d. 移动接受靶，使靶心与红色光斑重合，然后固定接受靶，并在预留孔四周作出标记，此时，靶心位置即为轴线控制点在该楼面上的投测点。

图 9-19　激光垂准仪

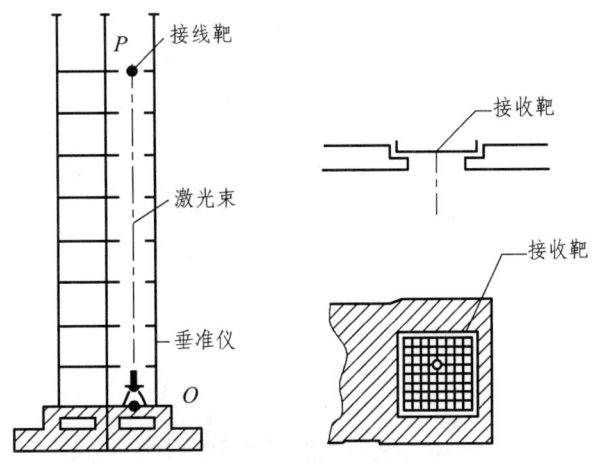

图 9-20　垂准仪投测

2. 高程传递

施工测量的另一个主要任务是高程的控制问题。高层建筑各施工层的标高是由底层±0.000 标高线传递上来的，下面介绍几种常用的传递方法。

（1）用钢尺直接测量。

一般用钢尺沿结构外墙、边柱或楼梯间由底层±0.000 标高线向上竖直量取设计高差，即可得到施工层的设计标高线。用这种方法传递高程时，应至少由三处底层标高线向上传递，以便相互校核。由底层传递到上面同一施工层的几个标高点必须用水准仪进行校核，检查各标高点是否在同一水平面上，其误差应不超过±3 mm。合格后以其平均标高为准，作为该层的地面标高。若建筑高度超过一尺段（30 m 或 50 m），可每隔一个尺段的高度精确测设新的起始标高线，作为继续向上传递高程的依据。

（2）利用皮数杆传递高程。

在皮数杆上自±0.000 标高线起，门窗口、过梁、楼板等构件的标高都已注明。一层楼砌好后，则从一层皮数杆起一层一层往上接。

（3）悬吊钢尺配合水准测量法。

指在外墙或楼梯间悬吊一根钢尺，分别在地面和楼面上安置水准仪，将标高传递到楼面上。这种方法适用于高层建筑传递高程的钢尺应经过检定，量取高差时尺身应铅直，并用规定的拉力，也应进行温度改正。

如图 9-21 所示，当一层墙体砌筑到一定标高后，用水准仪在内墙面上测设一条+0.50 m 的标高线，作为首层地面施工及室内装修的依据。以后每砌一层，就通过吊钢尺从下层的+0.50 m 标高线处向上量出设计层高，再测出上一层的+0.50 m 标高线。

在进行第二层水准测量时，根据图 9-21 中的相互位置关系可得：$(a_2 - b_2) - (a_1 - b_1) = l_1$，据此可推得：$b_2 = a_2 - l_1 - (a_1 - b_1)$。上下移动水准尺，使其读数为 b_2，沿水准尺底部在墙面上划线，即可得到该层的+0.50m 标高线。

第三层：$b_3 = a_3 - (l_1 + l_2) - (a_1 - b_1)$。同法可测得第三层的+0.50 m 标高线，依次类推。

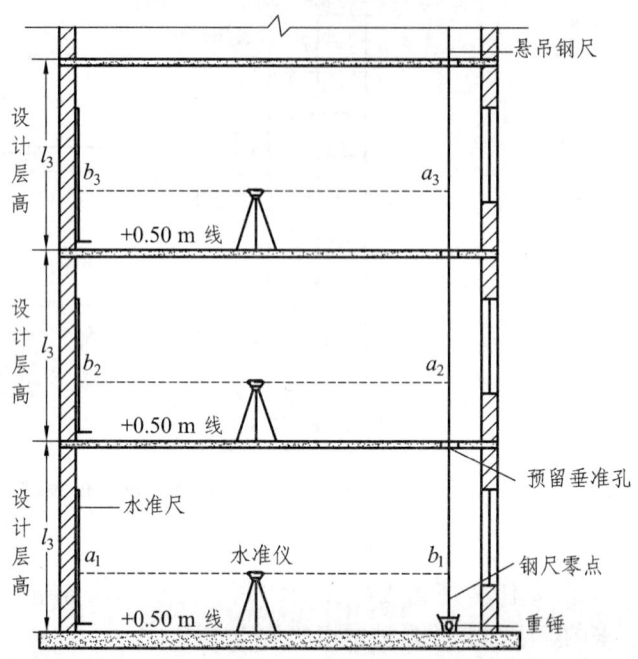

图 9-21 悬吊传递钢尺法传递高程

9.5 工业建筑施工测量

工业建筑是指以工业性生产为主要使用功能的建筑,如生产车间、辅助车间、仓库等。工业建筑按层数和高度分:单层(只有1层)、多层(2层以上但总高度不超过24m)和高层(层数较多且总高度超过24m)。工业建筑采用预制装配式钢筋混凝土结构建筑、钢结构建筑及钢筋混凝土墙或柱和钢屋架的钢混结构建筑较多。

施工测量的主要任务包括工业厂房的控制测设、厂房基础施工测量、厂房结构构件的安装测量,以保证工业厂房的施工质量和施工进度。具体介绍如下:

9.5.1 厂房控制网的测设

大型工业企业的厂区往往较大,建筑物也很多,布置也较规则,当地势较平坦时,通常采用建筑方格网作为测区的首级平面控制,并在此基础上建立厂房矩形控制网,作为厂房施工控制的依据。当建筑物场地面积不大也不是很复杂时,可采用建筑基线作为施工测量的平面控制。

下面介绍根据建筑方格网采用直角坐标法测设厂房矩形控制网的方法。

如图 9-22 所示,H、I、J、K 四点是厂房的房角点,从设计图中可知 H、J 两点的坐标。S、P、Q、R 是布置在基础开挖边线以外的厂房矩形控制网的四个角点,称为厂房控制桩。厂房矩形控制网的边线到厂房轴线间的距离为 4m,厂房控制桩 S、P、Q、R 的坐标可根据厂房角点的设计坐标加减 4 m 计算求得。具体测设方法如下：

1. 计算测设数据

根据厂房控制桩 S、P、Q、R 的坐标，计算利用直角坐标法进行测设时所需测设数据，计算结果标注在图中。

2. 测设厂房控制点

（1）从 F 点起沿 FE 方向量取 36 m 定出 a 点，沿 FG 方向量取 29m 定出 b 点。

（2）在 a、b 点上安置经纬仪，分别瞄准 E、F 点。顺时针方向测设 90°得两条视线方向，沿视线方向分别量取 23 m 定出 R、Q 点。再向前量取 21 m 定出 S、P 点。

（3）为了便于进行细部的测设，在测设厂房矩形控制网的同时，还应沿控制网测设距离指标桩。距离指标桩的间距一般是柱子间距的整倍数。

3. 检查

（1）检查 $\angle S$、$\angle P$ 是否等于 90°，其误差不应超过 $\pm 10''$。

（2）检查 SP 是否等于设计长度，其误差不应超过 1/10 000。

以上这种方法适用于中小型厂房，对于大型或设备复杂的厂房，应先测设厂房控制网的主轴线，再根据主轴线测设厂房矩形控制网。

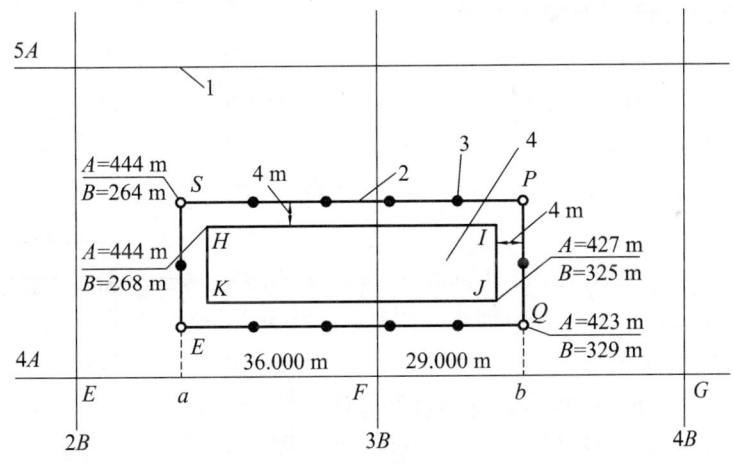

图 9-22　厂房矩形控制网的测设

1—建筑方格网；2—厂房矩形控制网；3—距离指标桩；4—厂房轴线

9.5.2　厂房柱列轴线测设

如图 9-23 所示，A、B 轴线和 1，2，3…等轴线分别为厂房的纵、横柱列轴线，也称定位轴线。纵向轴线的距离表示厂房的跨度，横向轴线的距离表示厂房的柱距。

在厂房控制网建立以后，即可按柱列间距和跨距用钢尺从矩形控制网的角桩量起，沿矩形控制网各边定出各柱列轴线桩的位置，并在桩顶上钉上小钉，作为柱基放线和构件安置的依据。

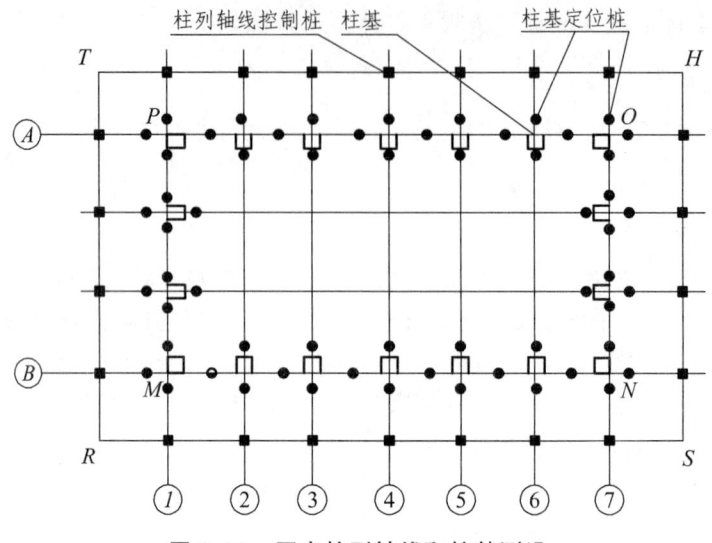

图 9-23 厂房柱列轴线和柱基测设

9.5.3 厂房基础施工测量

1. 钢筋混凝土杯形基础施工测量

（1）柱基测设与放线。

预制钢筋混凝土柱基一般采用混凝土杯形基础。柱基的测设应以柱列轴线为基线，按基础施工图中基础与柱列轴线的关系尺寸进行。下面以图 9.24 中的 A 轴和 1 轴交点处的基础详图为例，说明柱基的测设方法。

首先将两台经纬仪分别安置在 A 轴和 1 轴一端的轴线控制桩上，瞄准各自轴线另一端的轴线控制桩，交会定出轴线交点作为该基础的定位点（注意：该点不一定是基础中心点），如图 9-24 所示，沿轴线在基础开挖边线以外 1～2m 处的轴线上打入四个小木桩 a、b、c、d，并在桩上用小钉标明位置。木桩应钉在基础开挖线以外的一定位置，

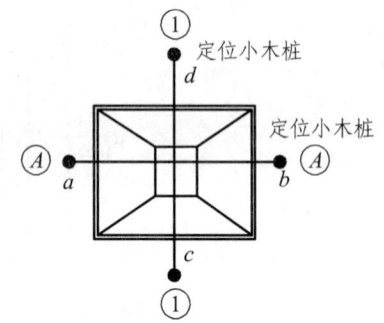

图 9-24 柱基测设

留一定空间以便修坑和立模。再根据基础详图的尺寸和放坡宽度，量出基坑开挖的边线，并撒上石灰线，此工作称为柱列基线的放线。

（2）基坑抄平与基础模板定位。

如图 9-25 所示，当基坑挖到一定深度以后，用水准仪在坑壁四周距离坑底 0.3～0.5m 处测设几个水平桩，用作检查坑底标高和打垫层的依据。基础垫层做好后，根据基坑旁的定位小木桩，用拉线吊垂球法将基础轴线投测到垫层上。并以轴线为基准定出基础边界，弹出墨线，作为立模板的依据。

（3）杯口中线投点与抄平。

在柱基拆模以后，根据矩形控制网上柱中心线端点，用经纬仪把柱中线投到杯口顶面，并绘标志标明，以备吊装柱子时使用。中线投点有两种方法：一是将仪器安置在柱中心线的

一个端点,照准另一端点而将中线投到杯口上;二是将仪器置于中线上的适当位置,照准控制网上柱基中心线两端点,采用正倒镜法进行投测。

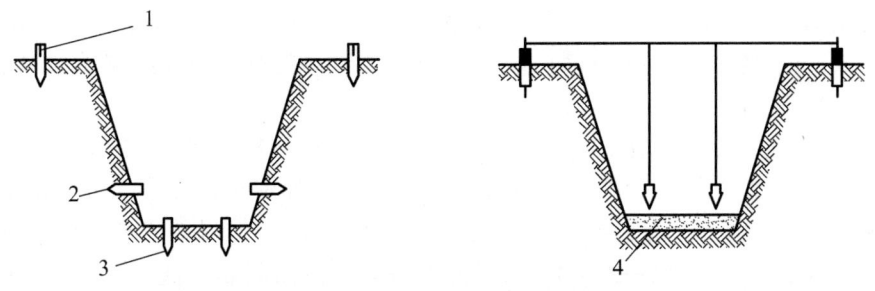

图 9-25 柱基水平桩、垫层标高桩

1—柱基定位小木桩;2—水平桩;3—垫层标高桩;4—垫层

为了修平杯底,须在杯口内壁测设某一标高线,该标高线应比基础顶面略低 3～5 cm,且与杯底设计标高的距离为整分米数,以便根据该标高线修平杯底。

2. 钢柱基础施工测量

钢柱基础定位与基坑底层抄平方法均与混凝土杯形基础相同,其特点是基坑较深而且基础下面有垫层以及埋设地脚螺栓。其施测方法和步骤如下:

(1)垫层中线投点和抄平。

垫层混凝土凝固后,应在垫层面上投测中线点,并根据中线点弹出墨线,绘出地脚螺栓固定架的位置,为安置固定架和立模板提供依据。投测中线时,经纬仪必须安置在基坑旁(以便视线能看到坑底),然后照准矩形控制网上基础中心线的两端点,用正倒镜法,先将经纬仪中心导入中心线内,而后进行投点。螺栓固定架位置在垫层上绘出后,在固定架外框四角处测出四点高度,以便用来检查并整平垫层混凝土面,使其符合设计标高,利于固定架的安装。若基础过深,从地面上引测基础地面标高,标尺不够长时,可采取挂钢尺法施测。

(2)固定架中线投点与找平。

① 固定架安置。固定架是用钢材制作,用以固定地脚螺栓及其他埋设件的框架。根据垫层上的中心线和所画的位置将其安装在垫层上,然后根据在垫层上测定的标高点,借以找平地脚,将高的地方的混凝土打上去一些,低的地方垫以小块钢板并与底层钢筋网焊牢,以符合设计标高。

② 固定架抄平。固定架安置好后,用水准仪测出四根横梁的标高,以检查固定架标高是否符合设计要求,允许偏差为 -5 mm,但不应高于设计标高。若满足要求,则将固定架与底层钢筋网焊牢,并加焊钢筋支撑。若是深坑固定架,在其脚下需浇灌混凝土,使其稳固。

③ 中线投点。在投点前,应对矩形边上的中心线端点进行检查,然后根据相应两端点,将中线投测于固定架横梁上,并刻绘标志。其中线投点偏差(相对于中线端点)为 ±1 mm～±2 mm。

9.5.4 厂房的预制构件安装测量

1. 柱子安装测量

(1)钢筋混凝土柱的安装测量。

① 柱子安装应满足的基本要求。柱子安装时，要满足一些条件，如柱子中心线应与相应的柱列轴线一致，其允许偏差为±5 mm。牛腿顶面和柱顶面的实际标高应与设计标高一致，其允许误差为±5~8（mm），柱高大于5 m时为±8 mm。柱身垂直允许误差为当柱高小于等于5 m时，为±5 mm；当柱高5~10 m时，为±10 mm；当柱高超过10 m时，则为柱高的1/1000，但不得大于20 mm等。

② 柱子安装前的准备工作。主要有：①在柱基顶面投测柱列轴线。柱基拆模后，用经纬仪根据柱列轴线控制桩，将柱列轴线投测到杯口顶面上，如图9-26所示，并弹出墨线，用红漆画出"▶"标志，作为安装柱子时确定轴线的依据。如果柱列轴线不通过柱子的中心线，还应在杯形基础顶面上加弹柱中心线。用水准仪在杯口内壁测设一条一般为-0.600 m的标高线（一般杯口顶面的标高为-0.500 m），并画出"▼"标志，作为杯底找平的依据。②柱身弹线。柱子安装前，应将每根柱子按轴线位置进行编号。如图9-27所示，在每根柱子的三个侧面弹出柱中心线，并在每条线的上端和下端近杯口处画出"▶"标志。根据牛腿面的设计标高，从牛腿面向下用钢尺量出-0.600 m的标高线，并画出"▼"标志。③ 杯底找平。先量出柱子的-0.600 m标高线至柱底面的长度，再在相应的柱基杯口内，量出-0.600 m标高线至杯底的高度，并进行比较，以确定杯底找平厚度，再用水泥砂浆根据找平厚度在杯底进行找平，使牛腿面符合设计高程。

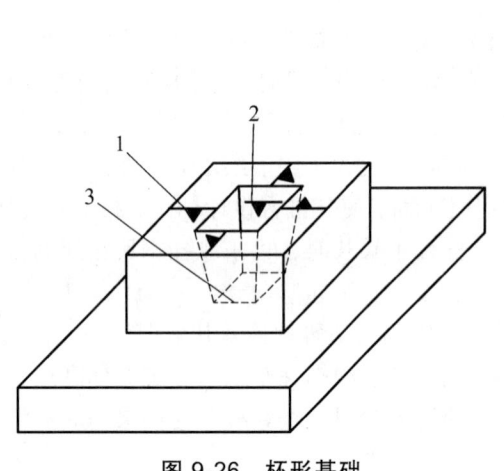

图 9-26　杯形基础

1—柱中心线；2—60 cm标高线；3—杯底

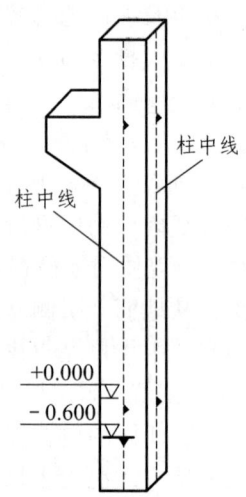

图 9-27　柱身弹线

③ 柱子安装测量。目的是保证柱子平面和高程符合设计要求，使柱身铅直。具体方法为：a. 将预制的钢筋混凝土柱子插入杯口，并使柱子三面的中心线与杯口中心线对齐，如图9-29（a）所示，用木楔或钢楔临时固定，使其立稳。b. 用水准仪检测柱身上的±0.000 m标高线，其容许误差为±3 mm。c. 用两台经纬仪，分别安置在柱基纵、横轴线上，离柱子的距离不小于柱高的1.5倍，先用望远镜瞄准柱底的中心线标志，固定照准部后，再缓慢抬高望远镜观察柱子偏离十字丝竖丝的方向，指挥用钢丝绳拉直柱子，直至从两台经纬仪中观测到的柱子中心线都与十字丝竖丝重合为止。d. 在杯口与柱子的缝隙中浇入混凝土，以固定柱子的位置。e. 实际安装时，一般是一次把许多柱子都竖起来，然后进行垂直校正。这时，可把两台经纬仪分别安置在纵横轴线的一侧，一次可校正几根柱子，如图9-28（b）所示；但仪器偏离轴

线的角度,须在15°以内。

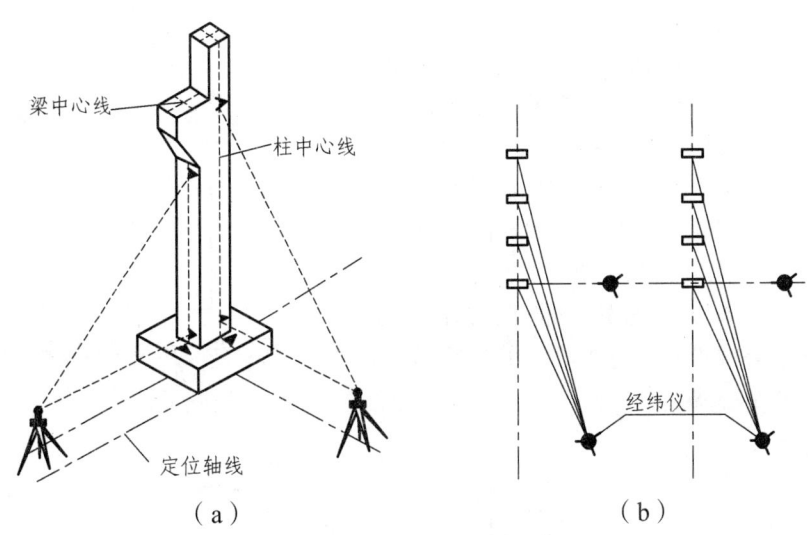

图 9-28 柱子垂直度校正测量

④ 柱子安装测量的注意事项。所使用的经纬仪必须严格校正,操作时,应使照准部水准管气泡严格居中。校正时,除注意柱子垂直外,还应随时检查柱子中心线是否对准杯口柱列轴线标志,以防柱子安装就位后产生水平位移。在校正变截面的柱子时,经纬仪必须安置在柱列轴线上,以免产生差错。在日照下校正柱子的垂直度时,应考虑日照使柱顶向阴面弯曲的影响,为避免此影响,宜在早晨或阴天进行校正。

(2)钢柱的安装测量。

当钢柱起吊后将柱身插入杯口内时,先检查柱身三面中心线是否与杯口中心线重合,并进行调整,直至两线的偏差值在柱子安装允许误差范围内,才可进入下道安装工序。等柱子立稳后,用事先安置好的水准仪检查柱身点±0.000 m 标高是否符合规范要求,否则予以校正,最后用钢楔子作粗略固定。

当柱子初步就位后,接着就进行柱垂直度校正。设置两台 DJ$_2$ 型经纬仪于离柱子约为柱高的 1.5 倍处的柱纵横中心线上,先照准柱下部的中心线点,然后仰视柱顶部中心线点,检查柱身上中下中线点是否重合,其偏差值即为柱子垂直度。当垂直度超过规范允许值时,则予以校正。由于有些主厂房为特大型钢结构工业厂房,有一半钢柱采用分节制作和吊装,因此多节钢柱的校正方法如下:第 1 节与一般柱子校正方法相同,吊装第 2 节时将该节下端中心线点对准第 1 节上端中心线点,然后以第 1 节下端中心线点为基准对第 2 节中心线进行垂直度校正。第 2 节校正焊接后再吊装第 3 节,以第 3 节中心线点对准第 2 节上端中心线点,然后仍以第 1 节下端中心线点为基准对第 3 节中心线点进行垂直度校正。

2. **吊车梁安装测量**

吊车梁安装测量的主要任务是保证吊车梁中线位置和吊车梁的标高满足设计要求。

(1)吊车梁安装前的准备工作。

吊车梁安装前的准备工作主要有:① 在柱面上量出吊车梁顶面标高。根据柱子上的±0.000 m 标高线,用钢尺沿柱面向上量出吊车梁顶面设计标高线,作为调整吊车梁面标高的依据。② 在吊车梁上弹出梁的中心线。如图 9-29 所示，在吊车梁的顶面和两端面上，用墨线弹出梁的中心线，作为安装定位的依据。③ 在牛腿面上弹出梁的中心线。根据厂房中心线，在牛腿面上投测出吊车梁的中心线，投测方法是：如图 9-30（a）所示，依据厂房中心线 A_1A_1 和设计轨道间距，在地面上测设出吊车梁中心线（也是吊车轨道中心线）$A'A'$ 和 $B'B'$。在吊车梁中心线的一个端点 A'（或 B'）上安置经纬仪，瞄准另一个端点 A'（或 B'），固定照准部，抬高望远镜，即可将吊车梁中心线投测到每根柱子的牛腿面上，并用墨线弹出梁的中心线。

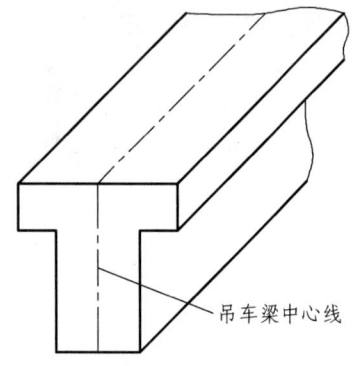

图 9-29　在吊车梁上弹出梁的中心线

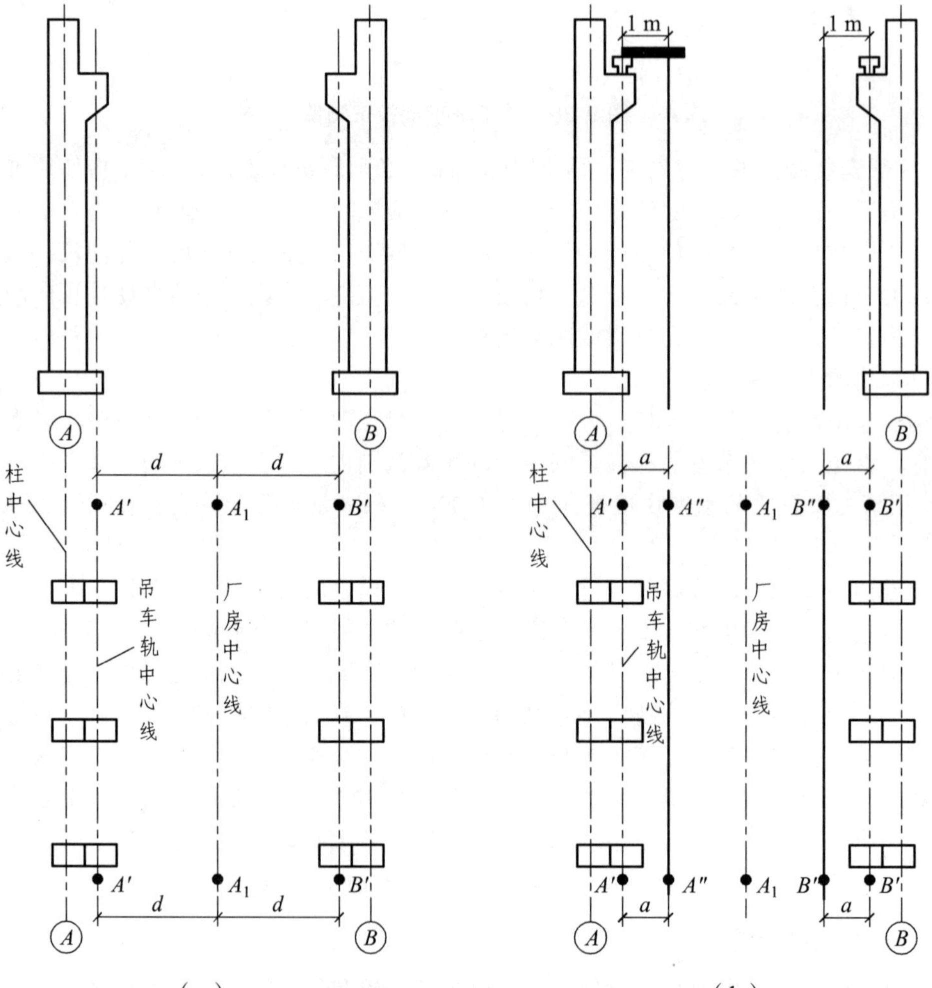

图 9-30　吊车梁的安装测量

（2）吊车梁的安装测量。

吊车梁安装时，使吊车梁两端的梁中心线与牛腿面梁中心线重合，使吊车梁初步定位。

然后用平行线法对吊车梁的中心线进行检测、校正，方法如下：① 如图 9-30（b）所示，在地面上，从吊车梁中心线向厂房中心线方向量出长度 a（1 m），得到平行线 $A''A''$ 和 $B''B''$。② 在平行线一端点 A''（或 B''）上安置经纬仪，瞄准另一端点 A''（或 B''），固定照准部，抬高望远镜进行测量。③ 此时，安排人在梁上移动横放的木尺，当视线正对准尺上 1m 刻划线时，尺的零点应与梁面上的中心线重合。若不重合，可用撬杠移动吊车梁，使吊车梁中心线到 $A''A''$（或 $B''B''$）的间距等于 1 m 为止。吊车梁安装就位后，先按柱面上定出的吊车梁设计标高线对吊车梁面进行调整，然后将水准仪安置在吊车梁上，每隔 3 m 测一点高程，并与设计高程比较，误差应在 3 mm 以内。

3. 屋架安装测量

（1）屋架安装前的准备工作。

屋架吊装前，用经纬仪或其他方法在柱顶面上，测设出屋架定位轴线。在屋架两端弹出屋架中心线，以便进行定位。

（2）屋架的安装测量。

屋架吊装就位时，应使屋架的中心线与柱顶面上的定位轴线对准，允许误差为 5 mm。屋架的垂直度可用垂球或经纬仪进行检查。用经纬仪检校方法是：① 如图 9-31 所示，在屋架上安装三把卡尺，一把卡尺安装在屋架上弦中点附近，另两把卡尺分别安装在屋架的两端。自屋架几何中心沿卡尺向外量出一定距离，一般为 500 mm，做出标志。② 在地面上距屋架中线同样距离处安置经纬仪，观测三把卡尺的标志是否在同一竖直面内，若屋架竖向偏差较大，则应用机具校正，校正后将屋架固定。垂直度允许偏差：薄腹梁为 5 mm；桁架为屋架高的 1/250。

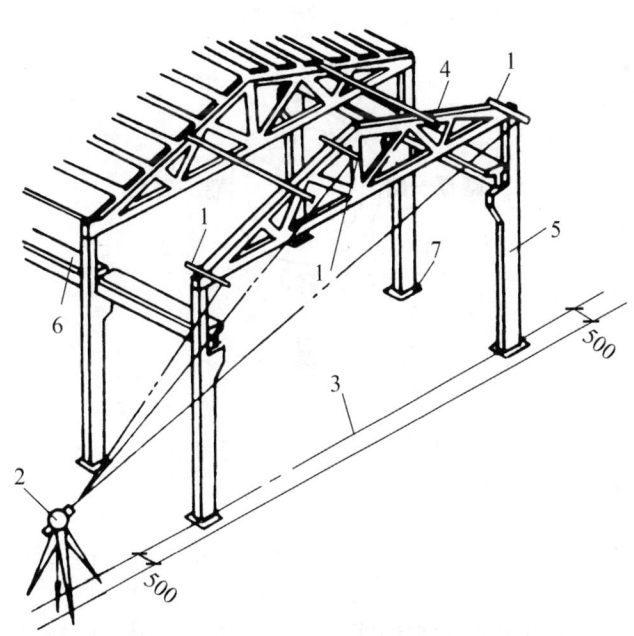

图 9-31　屋架安装测量

1—卡尺；2—经纬仪；3—定位轴线；4—屋架；5—柱；6—吊车梁；7—柱基

9.5.5 烟囱、水塔施工测量

烟囱和水塔的筒身都是圆形的且高耸。烟囱和水塔有砖结构和钢混结构两种，其中钢混结构多采用滑模施工。其特点是基础小，主体高。烟囱和水塔施工过程基本一样，需严格控制中心位置，保证中心轴线的垂直。施工测量的主要任务是：定位与放线，基础施工测量，筒体施工测量。此处以烟囱为例说明如下：

1. 烟囱的定位与放线

（1）烟囱的定位。

烟囱的定位主要是定出基础中心的位置。定位方法是：① 按设计要求，利用与施工场地已有控制点或建筑物的尺寸关系，在地面上测设出烟囱的中心位置 O（即中心桩）。② 如图 9-32 所示，在 O 点安置经纬仪，任选一点 A 作后视点，并在视线方向上定出 a 点，倒转望远镜，通过盘左、盘右分中投点法定出 b 和 B；然后，顺时针测设 90°，定出 d 和 D，倒转望远镜，定出 c 和 C，得到两条互相垂直的定位轴线 AB 和 CD。③ A、B、C、D 四点至 O 点的距离为烟囱高度的 1~1.5 倍。a、b、c、d 是施工定位桩，用于修坡和确定基础中心，应设置在尽量靠近烟囱而不影响桩位稳固的地方。

（2）烟囱的放线。

以 O 点为圆心，以烟囱底部半径 r 加上基坑放坡宽度 s 为半径，在地面上用皮尺画圆，并撒出灰线，作为基础开挖的边线。

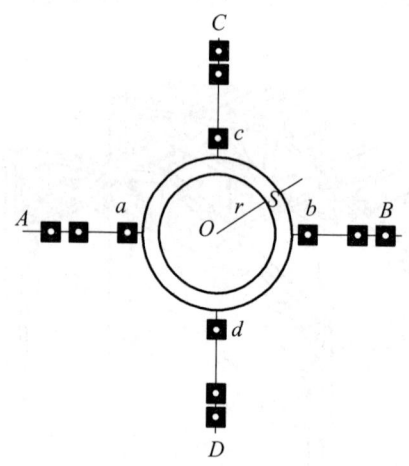

图 9-32　烟囱的定位与放线

2. 烟囱的基础施工测量

（1）当基坑开挖接近设计标高时，在基坑内壁测设水平桩，作为检查基坑底标高和打垫层的依据。

（2）坑底夯实后，从定位桩拉两根细线，用垂球把烟囱中心投测到坑底，钉上木桩，作为垫层的中心控制点。

（3）浇灌混凝土基础时，应在基础中心埋设钢筋作为标志，根据定位轴线，用经纬仪把烟囱中心投测到标志上，并刻上"+"字，作为施工过程中控制筒身中心位置的依据。

3. 烟囱的筒身施工测量

（1）引测烟囱中心线。

在烟囱施工中，应随时将中心点引测到施工的作业面上。具体要求有以下几点：

① 吊垂线法。

吊垂线法适用于 100 m 以下的烟囱施工。在烟囱施工中，一般每砌一步架或每升模板一次，就应采用吊垂线法引测一次中心线，以检核该施工作业面的中心与基础中心是否在同一铅垂线上。如图 9-33 所示，在施工作业面上固定一根枋子，在枋子中心处悬挂 8~12 kg 的垂球，逐渐移动枋子，直到垂球对准基础中心为止。此时，枋子中心就是该作业面的中心位置。

烟囱每砌筑完 5 m~10 m，必须用经纬仪复核一次，并以经纬仪投测中心为准。其方法是：分别在控制桩 A、B、C、D 上安置经纬仪，瞄准相应的控制点 a、b、c、d，将轴线点投测到作业面上，并作出标记。然后，按标记拉两条细绳，其交点即为烟囱的中心位置，并与垂球引测的中心位置比较，以作校核。烟囱的中心偏差一般不应超过砌筑高度的 1/1 000。

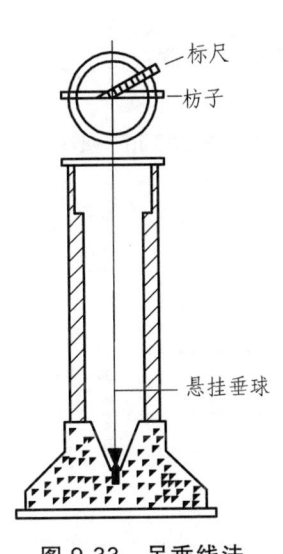

图 9-33　吊垂线法

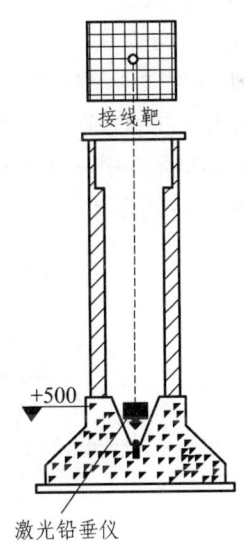

图 9-34　激光导向法

② 激光导向法。

激光导向法适用于 100 m 以上的烟囱施工。对于高大的钢筋混凝土烟囱，烟囱模板每 25~30 cm 滑浇灌一次混凝土，滑升前后都应采用激光铅垂仪进行一次烟囱的铅直定位。方法是：如图 9-34 所示，在烟囱底部的中心标志上，安置激光铅垂仪，在作业面中央安置接收靶。在接收靶上，显示的激光光斑中心即为烟囱的中心位置。

（2）检查烟囱壁的位置。

在检查中心线的同时，以引测的中心位置为圆心，以施工作业面上烟囱的设计半径为半径，用木尺画圆，以检查烟囱壁的位置。

（3）烟囱外筒壁收坡控制。

烟囱筒壁的收坡，是用靠尺板来控制的。靠尺板两侧的斜边应严格按设计的筒壁斜度制作。使用时把斜边贴靠在筒体外壁上，若垂球线恰好通过下端缺口，说明筒壁的收坡符合设计要求。

（4）烟囱筒体高程测量。

一般是先用水准仪，在烟囱底部的外壁上，测设出+0.500 m（或任一整分米数）的标高线。以此标高线为准，用钢尺直接向上量取高度。

思考与练习题

1. 建筑施工测量与地形测量的异同点是什么？
2. 房屋基础放线和抄平测量的工作方法及步骤如何？
3. 龙门板的作用是什么？如何设置？
4. 新建筑物与原建筑物的相对位置关系（墙厚37 cm，轴线偏里）如图（a）所示，试说明放样新建筑物的方法与步骤。

（2）图（b）所示为框架结构楼房，已知 A 点高程 H_A，欲求二、三层楼 B_1、B_2 高程，试问用什么方法？画出观测示意图，写出计算公式。

（3）在坑道内要求把高程从 A 传递到 C，已知 $H_A = 78.267$ m，要求 $H_C = 78.363$ m，观测结果如图（c）所示。试问在 C 点应有的前视读数是多少？

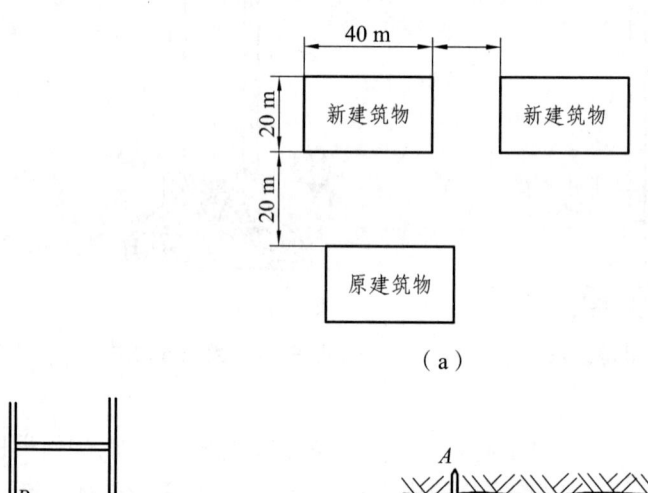

（a）

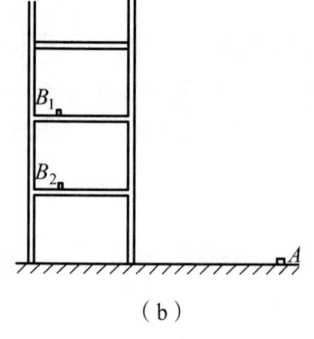

（b）

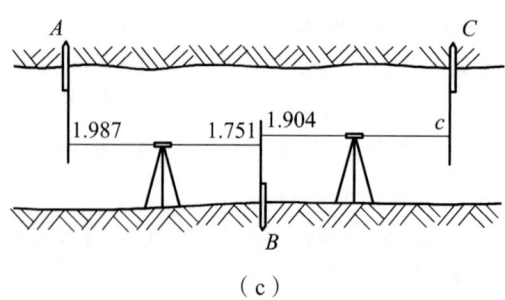

（c）

题 4 图

第10章 管道工程测量

> **学习目标**
>
> 熟悉管道工程测量的概念和主要任务；掌握管道中线测量、纵横断面图测绘及施工测量的内容和方法；熟悉管道竣工测量的基本知识。

10.1 中线测量

管道工程多属地下工程，且种类很多，主要有给排水、电信、输油、天然气管等。在城市建设中经常会涉及管道工程建设。将为各种管道设计和施工所进行的测量工作称为管道工程测量。其测量精度应满足设计和施工要求。

管道工程测量的主要任务是：① 为管道工程的设计提供地形图和断面图等必要资料。② 按设计要求，将管道位置施测于实地，指导施工。

管道工程测量主要包括以下几个内容：① 收集资料；② 踏勘定线；③ 中线测量；④ 纵横断面的测绘；⑤ 管道施工测量；⑥ 管道竣工测量。

管道中线测量就是将已确定的管道中线位置测设于实地，并用木桩标定。其主要任务是测设管道的主点、管道转向角测量、中桩测设以及里程桩手簿的绘制。

10.1.1 管道主点的测设

通常将管道的起点、转向点、终点等称为管道的主点。主点的位置及管道方向在设计时确定。

1. 主点测设数据的准备

（1）图解法。当管道规划设计图的比例较大，管道主点附近有较为可靠的地物点时，可直接从设计图上量取数据。图解法受图解精度的影响，一般用于对管道中线精度要求不太高的情况。

如图 10-1 所示，C、D 为原有管道的检修井，1、2、3 为设计管道的主点，欲用距离交会法在地面上测定主点的位置，可依比例尺在图上量出 S_1、S_2、S_3、S_4、S_5，即为主点的测设数据。

（2）解析法。当管道规划设计图上已给出管道主点坐标，而且主点附近有测量控制点，可以用解析法求出测设所需数据。当管道中线精度要求较高时，可采用解析法确定测设数据。

如图 10-2 中，E、F、G…等为测量控制点，1、2、3…等为管道规划的主点，根据控制点和主点的坐标，可以利用坐标反算公式计算出用极坐标法测设主点所需的距离和角度。

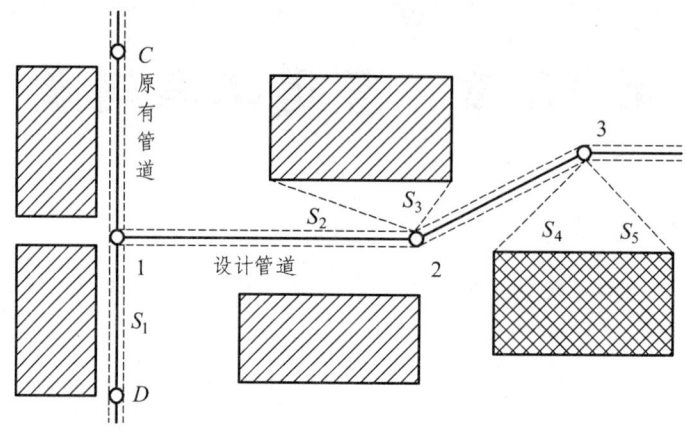

图10-1 图解法确定主点测设数据

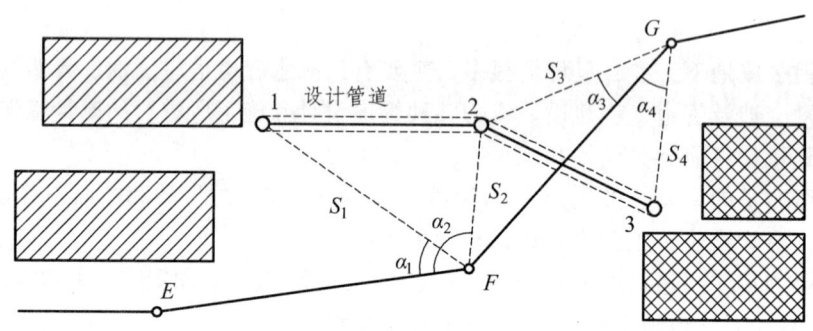

图10-2 解析法确定主点测设数据

2. 主点的测设

管道主点测设是利用上述准备好的数据，采用直角坐标法、极坐标法、角度交会法和距离交会法等将管道主点在现场确定下来。具体测设时，各种方法可独立使用，也可相互配合。

主点测设完毕，必须进行校核工作。校核的方法是：通过主点的坐标，计算出相邻主点间的距离，然后实地进行量测，看其是否满足工程的精度要求。

在管道建筑规模不大且无现成地形图可供参考时，也可由工程技术人员现场直接确定主点位置。

10.1.2 管道转向角测量

管道主点测设完后，除了检查其位置的正确性外，还应测定管道转向角。

管道改变方向时，转变后的方向与原方向之间的夹角称为转向角（或称偏角），以 α 表示。转向角有左、右之分，偏转后的方向位于原来方向右侧时，称为右转向角；偏转后的方向位于原来方向左侧时，称为左转向角。

转向角 α 的测定方法：如图10-3所示，JD_1 处的转折角为 α_1，即 AB 的延长线和 BC 线的夹角。JD_2 处的转折角为 α_2，JD_3 处的转折角为 α_3。将经纬仪置于 JD_1 点上，对中整平，倒镜

（盘右）后视 A 点，度盘置 $0°00'00''$，照准部不动正镜（盘左）得 AB 的延长线，松开照准部再照准前视点 C（JD_2）水平度盘的读数 L 即为转折角 α_1 的角值。同法可测得 α_2、α_3 等转折角的角值。

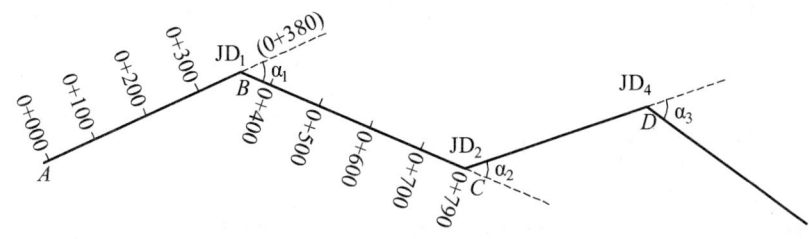

图 10-3　管道转向角测量

注意：图中 α_1、α_3 为右转向角，α_2 为左转向角。左转向角 α_2 用上述方法测定其角值时，$\alpha_2 = 360° - L$。式中 L 为照准前视方向的水平度盘读数。

转折角 α 的观测精度要求如表 10-1 所示。

表 10-1　转折角测量精度表

仪器	转折角测回数	测回中误差/″	半测回差/″	测回差/″
DJ_2	2 个半测回	30	18	24
DJ_6	2 个测回			

10.1.3　管道中桩测设

当管道路线选定后，首要工作就是在实地标定其中线的位置，并实地打桩。中线的标定是利用花杆或经纬仪进行定线的。在定线过程中，一边定线一边沿着所标定的方向进行丈量。从管道的起点开始，沿中线设置整桩和加桩，这项工作称为中桩测设。每隔某一整数设置一桩，这种桩叫整桩。整桩间距为 20 m、30 m 或 50 m。在整桩间如有地面坡度变化以及重要地物（铁路、公路、桥梁、旧有管道等），都应增设加桩。

整桩和加桩的桩号是它距离管道起点的里程，管道起点桩的桩号为 0+000，如某一加桩距管道起点的距离为 1 250 m，则其桩号为 1+250（"+"号前面的数字是公里数，"+"号后面的是米数，即桩号为"公里数+米数"）。

不同管道的起点不同：给水管道以水源为起点；排水管道以下游出水口为起点；电力、电信管道以电源为起点；煤气、热力等管道以来气方向为起点。

无论是整桩还是加桩均用直径 5 cm、长 30 cm 左右的木桩打入地下，应注意露出地面 5~10 cm。桩头一侧削平，并朝向起点，以便注记桩号。桩号一般用红油漆写在木桩的侧面。注记形式如图 10-4 所示。

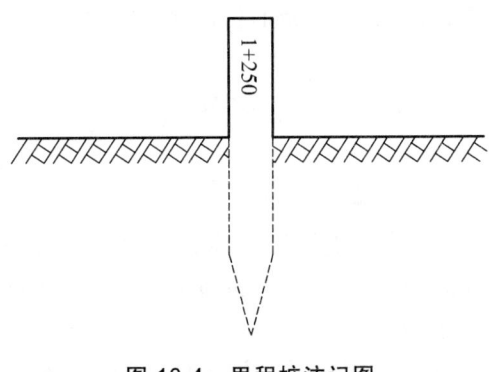

图 10-4　里程桩注记图

在中线测量过程中，如遇局部改线、计算错误或分段测量，均会造成里程桩号的不连续，这种现象叫做断链。桩号重叠叫长链，桩号间断叫短链。发生断链时，应在测量成果和有关文件中注明，并在实地打断链桩。断链桩不宜设在圆曲线上，桩上应注明路线来向和去向的里程及应增减的长度。一般在等号前后分别注明来向、去向里程，如 3+870.42 = 3+900，短链 29.58 m。

10.1.4 绘制管线里程桩图

所测管道较长时，在中桩测设和转向角测量的同时，应将管线情况标绘在已有的地形图上。如无现成地形图，应将管道两侧带状地区的情况绘制成草图，这种图称为里程桩图（或里程桩手簿）。

用一条直线表示中线，在中线上用小黑点表示里程桩的位置，点旁写桩号。转弯处用箭头指出转向角方向，注明转向角值。沿线的地形、建筑物、村庄等用目测勾绘下来并注记地质、水位、植被等情况，以便为绘制断面图和设计、施工提供依据，如图 10-5 所示。

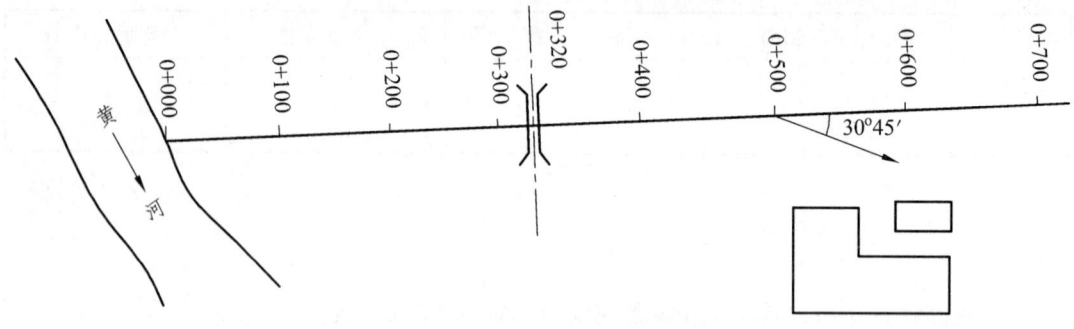

图 10-5　管线里程桩图

10.2　纵横断面图测绘

中线标定后，即可进行纵横断面测绘。纵横断面测量的目的在于了解管道沿线具有一定宽度范围内的地形起伏情况，并为管道的坡度设计、计算工程量提供依据。

10.2.1　纵断面图测绘

1. 水准点的布设

（1）一般在管道沿线每隔 1～2 km 设置一永久性水准点，作为全线高程的主要控制点；中间每隔 300～500 m 设置一临时性水准点，作为纵断面水准测量分别附合和施工时引测高程的依据。

（2）水准点应布设在便于引点、便于长期保存，且在施工范围以外的稳定建（构）筑物上。

（3）水准点的高程可用附合（或闭合）水准路线自高一级水准点，按四等水准测量的精度和要求进行引测。

2. 纵断面水准测量

纵断面测量是用水准测量方法进行的，高程计算采用视线高法。它的任务是测出管道中线上各里程桩及加桩的高程，为绘制断面图、计算管道上各桩的填挖高度提供依据。

纵断面测量通常以相邻两水准点为一测段，从一个水准点出发，逐点测量各中桩的高程，再附合到另一水准点上，进行校核。实际测量中，可采用中间点法。由于转点起传递高程的作用，故转点上读数应读至毫米；中间点读数只是为了计算本点的高程，读数至厘米即可。

如图10-6所示，该管道每隔100 m打一里程桩，在坡度变化的地方设有加桩0+070、0+250、0+350等。先将仪器安置于水准点BM_{II1}和0+000桩之间，整平仪器，后视水准点BM_{II1}上的水准尺，其读数为1.123，记入表10.2中第3栏，旋转仪器照准前视尺（0+000桩）读数为1.201，计入表格第5栏内，这样就可以根据水准点BM_{II1}的高程求得视线高。

视线高＝后视点高程＋后视尺读数＝72.123＋1.123＝73.246（m）

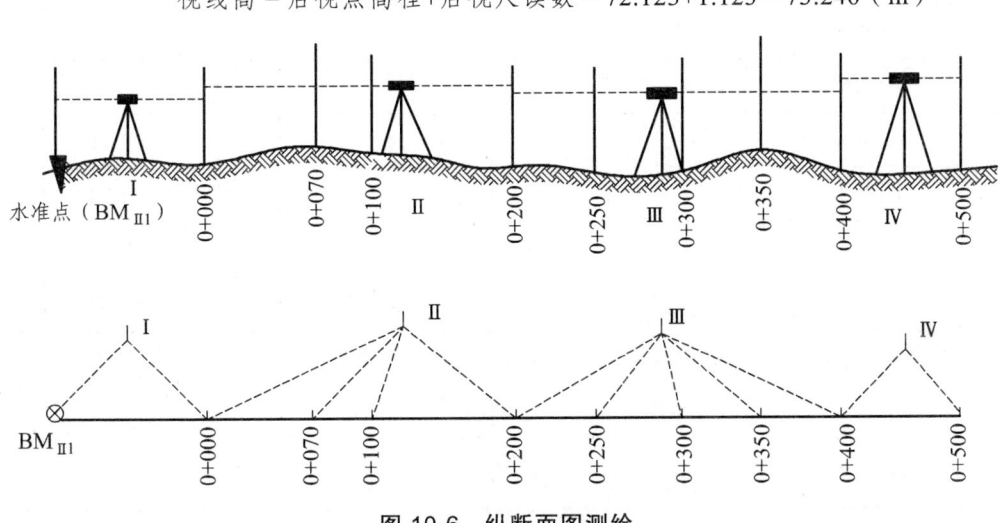

图10-6 纵断面图测绘

将此数计入表中第4栏内，视线高减取前视尺读数1.201得0+000桩高程即73.246-1.201 ＝72.045（m），计入表中第7栏内，但要与0+000桩号对齐。

第一站测完后，将仪器迁至0+100桩与0+200之间，此时以0+000桩上的尺为后视尺，照准后视尺读数为2.113，记入与0+000桩号对齐的第3栏内，并计算视线高：72.045+2.113 ＝74.158 m，记入相应栏内。转动仪器照准立在0+200桩上的前视尺，读数为1.985，记入表格第5栏内，并与0+200桩对齐。为了加快观测速度，仪器不迁站紧接着读0+070、0+100桩上立的水准尺，读数分别为0.94、1.21，记入表格第6栏内，应分别与各自的桩号对齐。前视读数由于传递高程必须读至毫米，0+070、0+100这些桩为中间桩，不传递高程，可读至厘米，又称间视点。

前视桩0+200，中间桩0+070、0+100的高程计算分别为：

0+070 的高程 = 74.158 − 0.94 = 73.22 m
0+100 的高程 = 74.158 − 1.21 = 72.95 m
0+200 的高程 = 74.158 − 1.985 = 72.173 m

将上述高程分别计入表格第 7 栏内，并与各自的桩号对齐。

依照上述步骤，逐站施测，随记随算，测至适当的距离与水准点联测，以便检查所测成果是否合乎限差。

表 10-2　纵断面测量记录手簿

测站	测点桩号	后视读数	视线高	前视读数	间视	高程	备注
1	2	3	4	5	6	7	
Ⅰ	BM$_{II1}$	1.123	73.246			72.123	已知
Ⅱ	0+000	2.113	74.158	1.201		72.045	
	0+070				0.94	73.22	
	0+100				1.21	72.95	
	0+200	2.653	74.826	1.985		72.173	
Ⅲ	0+250				2.70	72.13	
	0+300				2.72	72.11	
	0+350				0.85	73.98	
	0+400	1.424	74.562	1.688		73.138	
Ⅳ	0+500	1.103	74.224	1.441		73.121	
Ⅴ	BM$_{II2}$			1.087		73.137	已知
检核		$\sum a = 8.416$		$\sum b = 7.402$		$\sum a - \sum b = 1.014$	

已知点 BM$_{II1}$、BM$_{II2}$ 的高差之差 73.140 − 72.123 = 1.017（m）

$f_h = 1.014 − 1.017 = −0.003$（m），$f_{h允} = ±28$ mm

3. 纵断面图的绘制

一般绘制在毫米方格纸上，横坐标表示管道的里程，纵坐标则表示高程。里程比例尺有 1∶5 000、1∶2 000 和 1∶1 000 几种，一般高程比例尺比里程比例尺大 10 或 20 倍。纵断面图分为上、下两部分。图的上半部绘制原有地面线和管道设计线；下半部分则填写有关测量及管道设计的数据，如图 10-7 所示。

管道纵断面图绘制步骤是：① 打格制表；② 填写数据；③ 绘地面线；④ 标注设计坡度线；⑤ 计算管底设计高程；⑥ 绘制管道设计线；⑦ 计算管道埋深；⑧ 在图上注记有关资料。

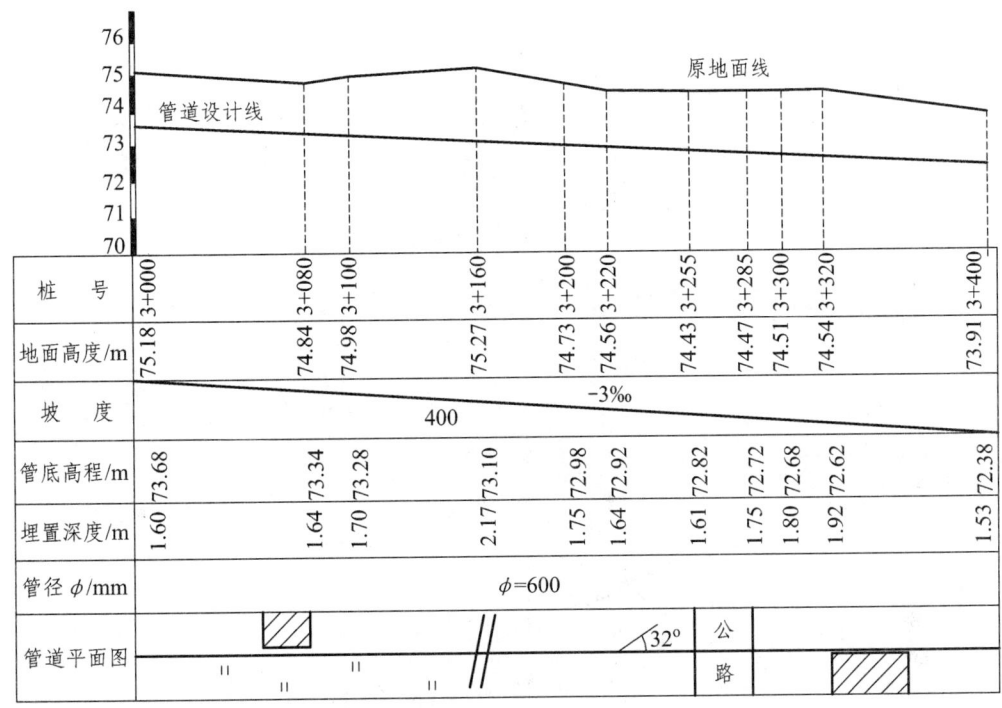

图 10-7 管道纵断面图示例

10.2.2 横断面图测绘

横断面就是垂直于中线方向的断面。在中线各整桩和加桩处，垂直于中线的方向，测出两侧地形变化点至管道中线的距离和高差，依此绘制的断面图，称为横断面图。横断面反映的是垂直于管道中线方向的地面起伏情况，它是计算土石方和施工时确定开挖边界等的依据。

1. 横断面测量

进行横断面测量时，首先应确定出横断面的方向，再以中心线为依据向两边施测，施测的方法有：花杆皮尺法、水准仪配合皮尺法及经纬仪视距法等。

下面介绍水准仪配合皮尺法。如图 10-8 所示，将水准仪架在 0+000—0+100 桩之间，两断面方向用十字架标定。十字架如图 10-9 所示。若横断面宽度不超过 50 m，可用目测方法标定断面方向。0+000 桩上立尺，水准仪后视该尺，读数记入表 10.3 的后视栏内。然后水准仪分别照准地面坡度变化的立尺点左 $_{1.0}$、左 $_{2.0}$、左 $_{3.0}$、右 $_{1.0}$、右 $_{2.0}$、右 $_{3.0}$ 等，将其读数依次计入相应的间视栏内。各立尺点的高程计算采用了视线高法，记录详见表 10-3。注意：面向管道前进方向，中心桩左边的地形点记为"左"，中心桩右边的地形点记为"右"。"左 $_{1.0}$"或"右 $_{2.0}$"等中的下标数字表示地形点距中心桩的距离。为了加快测设速度，架设一次仪器可以测 1~4 个断面。水准仪配合皮尺法测量断面，虽说精度较高，但它只局限于平坦地区。

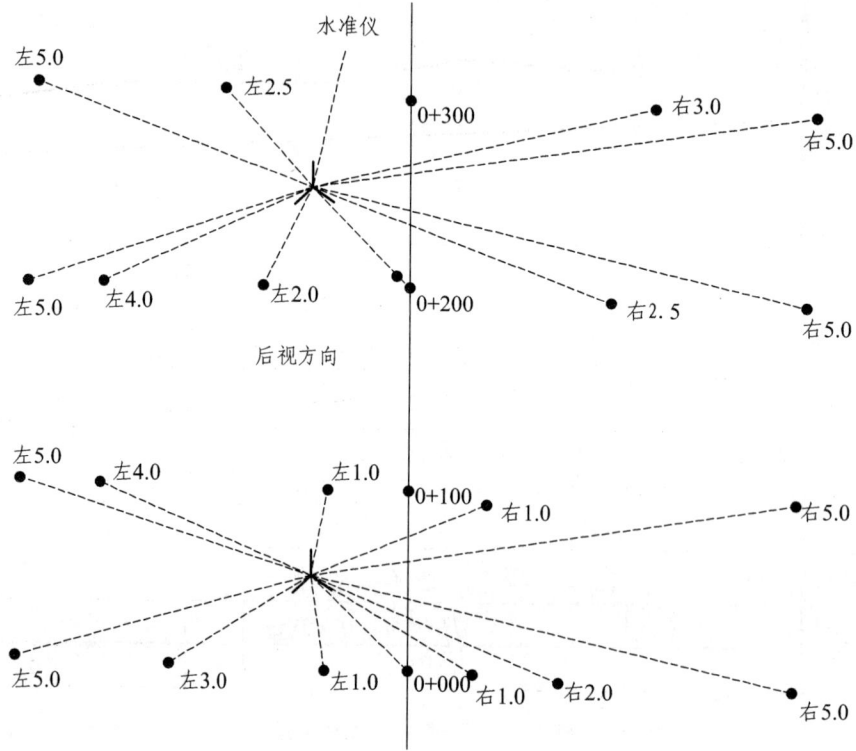

图 10-8 横断面测量示意图

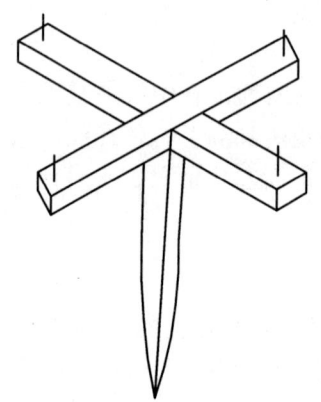

图 10-9 十字架

表 10-3 横断面测量记录

测站	桩号	后视	前视	间视	视线高	高程	备注
1	0+000 左 1.0 左 3.0 左 5.0 右 1.0 右 2.0 右 5.0	1.42		1.32 1.03 1.50 1.30 1.25 1.54	73.465	72.045 72.14 72.43 71.96 72.16 72.22 71.93	

续表

测站	桩号	后视	前视	间视	视线高	高程	备注
2	0+100 左 1.0 左 2.0 左 5.0 右 1.0 右 5.0	1.56		1.21 1.43 0.89 1.53 1.33	74.47	72.91 73.26 73.03 73.58 72.94 73.14	
3	0+200 左 1.0 左 5.0 右 1.0 右 5.0	1.51		1.32 1.06 1.44 1.57	73.68	72.17 72.36 72.62 72.24 72.11	

2. 横断面图的绘制

横断面图一般绘制在毫米方格纸上。为了方便计算面积，横断面图的距离和高差采用相同的比例尺，通常为 1∶100 或 1∶200。绘图时，先在适当的位置标出中桩，注明桩号；然后，由中桩开始，按规定的比例分左、右两侧按测定的距离和高程，逐一展绘出各地形变化点，用直线把相邻点连接起来，即绘出管道的横断面图。见图 10-10。

依据纵断面的管底埋深、纵坡设计以及横断面上的中线两侧地形起伏，可以计算出管道施工时的土石方量。

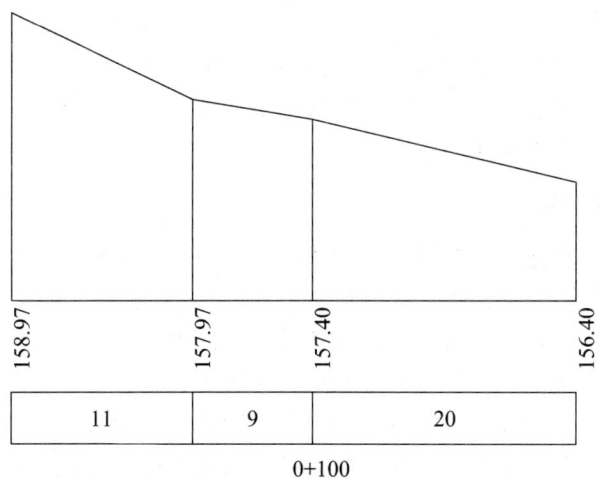

图 10-10 横断面图示例

10.3 管道施工测量

管道施工测量是根据图纸设计要求,将管道的开挖线以及各种施工标志测设出来,以便施工人员随时掌握管线方向和高程位置。

管道测量的精度主要取决于工程的性质和施工方法,在实际工作中通常是以满足设计要求为准。

10.3.1 施工前的准备工作

1. 熟悉图纸并现场勘察

因为管道工程属地下工程,种类繁多,且上下穿插、纵横交错,若管道施工稍有偏差,将会产生管道的相互干扰,影响施工进度,甚至还会造成重大损失。因此,在施工前测量人员必须亲临现场,进行勘察,做好原有管道的普查工作。另外,测量人员还必须认真研究图纸,了解设计意图,掌握管道中线位置和各种附属物的位置等,并从中找出相关的施测数据及相关关系等。

2. 加密施工临时水准点

为了在施工中引测高程方便,应沿中线方向加测临时水准点,其精度要求应根据施工性质和有关规范要求而定。

在引测水准点时,应校正管道出入口及与其他管线交叉的高程,如果与设计高程不符,应立即与设计部门取得联系,不得私自更改其高程。

3. 恢复中线测量

管道中线测量中所测设的里程桩、交点桩等,到施工时难免有丢失现象发生,为确保中线位置的准确可靠,施工前必须进行恢复中线测量,将丢失、碰动的桩重新补上。具体测量方法与中线测量相似,不再复述。

4. 施工控制桩的测设

中线桩(里程桩)在施工中有可能被挖掉,为了在施工中控制中线和附属物的位置,应在不受施工干扰、易保存桩位、易引测的地方,测设施工控制桩。施工控制桩分两种:① 中线控制桩。如果管道中线直线段较短,应在各段中线的延长线上钉设两个控制桩。如果管道中线较长,可在中线一侧测设一条与中线平行的轴线桩,作为控制桩(一般情况下各桩距中心线不宜太远,以 20 m 为宜)。② 附属物位置控制桩。在附属物所处的位置上,作垂直于中线方向的垂线,然后在该垂线上钉两个控制桩,恢复附属物的位置时,通过两控制桩拉一条线,则该线与中线的交点就是附属物的中心位置。

5. 槽口放线

槽口放线就是按设计要求的埋深和土质情况、管径大小等计算出开槽宽度,并在地面上定出槽边线位置,撒出白灰线,以便开挖施工。

10.3.2 明挖管道的施工测量

1. 设置坡度板及测设中线钉

管道施工中的测量工作主要是控制管道中线设计位置和管底设计高程。为此,需设置坡度板。如图 10-11 所示,坡度板跨槽设置,间隔一般为 10~20 m,编以板号。根据中线控制桩,用经纬仪把管道中心线投测到坡度板上,用小钉作标记,称作中线钉,以控制管道中心的平面位置。

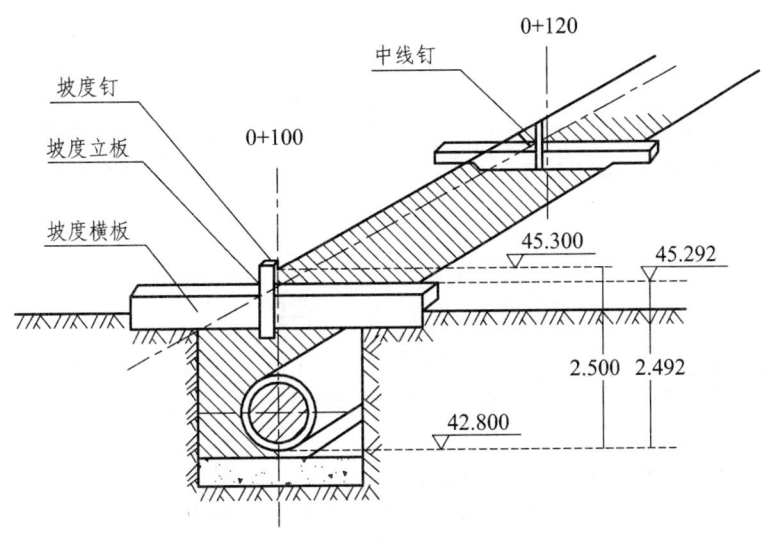

图 10-11 坡度板的设置

2. 测设坡度钉

为了控制沟槽的开挖深度和管道的设计高程,还需要在坡度板上测设设计坡度。为此,在坡度横板上设一坡度立板,一侧对齐中线,在竖面上测设一条高程线,其高程与管底设计高程相差一整分米数,称为下反数。在该高程线上横向钉一小钉,即坡度钉,使各坡度钉的连线平行于管道设计坡度线,以控制沟底挖土深度和管子的埋设深度。如图 10-9 所示,用水准仪测得桩号为 0+100 处的坡度板中线处的板顶高程为 45.292 m,管底的设计高程为 42.800 m,从坡度板顶向下量 2.492 m,即为管底高程。为了使下反数为一整分米数,坡度立板上的坡度钉应高于坡度板顶 0.008 m,使其高程为 45.300 m。这样,由坡度钉向下量 2.5 m,即为设计的管底高程。

施工过程中,应随时检查槽底是否挖到设计高程,如挖深超过设计高程,绝不允许回填土,只能加高垫层。

10.3.3 顶管施工测量

当地下管道需要穿越其他建筑物时,不能用开槽方法施工,应采用顶管施工法。即在管道的一端和一定的长度内,先挖好工作坑,在坑内安置好导轨(铁轨或方木),将管材放在导轨上，然后用顶镐将管材沿所要求的方向顶进土中，并挖出管内的泥土。顶管施工比开槽施工要复杂、精度要求也高，测量的主要任务是控制好管道中线方向、高程和坡度。

1. 中线测设

如图 10-12 所示，先挖好顶管工作坑，根据地面上标定的中线控制桩，用经纬仪或全站仪将顶管中心线引测到坑底，在前后坑底和坑壁设置中线标志。将经纬仪安置于靠近后壁的中线点上，后视前壁上的中线点，则经纬仪视线即为顶管的设计中线方向。在顶管内前端水平放置一把直尺，尺上标明中心点，该中心点与顶管中心一致。每顶进一段（0.5~1 m）距离，用经纬仪在直尺上读出管中心偏离设计中线方向的数值，据此校正顶进方向。

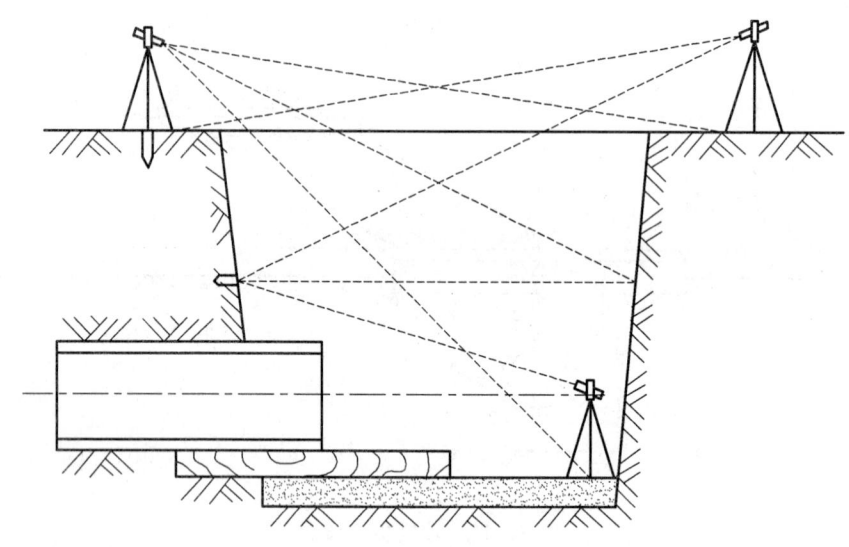

图 10-12 顶管中线测设

若使用激光经纬仪或激光准直仪，则沿中线发射一条可见光束，使管道顶进中的校正更为直观和方便。

2. 高程测设

先在工作基坑内设置临时水准点，将水准仪安置于坑内，后视临时水准点，前视立于管内各测点的短标尺，即可测得管底各点的高程。将测得的管底高程与管底设计高程进行比较，即可得到顶管高程和坡度的校正数据。

若将激光经纬仪或激光准直仪的安置高度和视准轴的倾斜坡度与设计的管道中心线相符合，则可以同时控制顶管作业中的方向和高程。

10.4 管道竣工测量

管道工程竣工后，为了准确地反映管道的位置，评定施工的质量，同时也为了给以后管道的管理、维修和改建提供可靠的依据，必须及时整理并编绘竣工资料和竣工图。管道竣工测量包括管道竣工平面图和管道竣工纵断面图的测绘。

竣工平面图主要测绘管道的起点、转折点和终点，检查井的位置及附属构筑物的平面位置和高程。如管道及其附属构筑物等与附近重要、明显地物（道路、高压电线杆、永久性房屋等）的平面位置关系，管道转折点及重要构筑物的坐标等。平面图的测绘宽度依需要而定，一般应至道路两侧第一排建筑物外 20 m，比例尺一般为 1∶500～1∶2 000。

管道竣工纵断面图反映管道及其附属物的高程和坡度，应在管道回填土之前进行，用水准测量测定检查井口和管顶的高程。管底高程由管顶高程、管径及管壁厚度计算求得，检修井之间的距离可用钢尺丈量。

思考与练习题

1. 什么是管道的中线测量？中线测量的主要任务是什么？
2. 说明管道中线转向角的确定方法。
3. 简述管道纵横断面的测定方法。
4. 如表所示，已知管道起点 0+000 的管底高程为 28.250 m，管道坡度为 −5‰ 的下坡，在表中计算出各坡度板处的管底设计高程，再根据选定的下返数计算出各坡度钉高程及改正数。

题 4 表　坡度钉测设手薄

桩号	距离/m	设计坡度	管底设计高程/m	坡度钉下返数/m	坡度钉高程/m	坡度板高程/m	改整数/m
1	2	3	4	5	6 = 4+5	7	8 = 6 − 7
0+000						30.267	
0+010						30.205	
0+020	1	−5‰	28.250	1.900		30.015	
0+030						29.987	
0+040						30.006	
0+050						29.774	

第 11 章　建筑物的竣工测量与变形观测

> **学习目标**

通过本章的学习，主要掌握竣工测量的主要任务、作用及编绘竣工总平面图的方法；掌握建筑物变形观测的内容、基本方法；了解观测资料整理的方法和步骤。

11.1　建筑物的竣工测量

建筑物的竣工测量是指建筑工程竣工、验收时所进行的测量工作，竣工测量的主要成果是竣工总平面图及附件。竣工测量的主要任务及其测量目的如下：

（1）主要任务。

将设计变更的实际情况、直接在现场指定施工部分及资料不完整无法查对的部分通过现场实测、补测到竣工总平面图上；将地下管网等隐蔽工程测绘到竣工总平面图上。

（2）测量目的。

为了全面反映设计总平面图经过施工以后的实际情况；为工程质量检查和验收提供重要依据；为工程竣工后的检查和维修管理等提供准确的定位；为日后工程改建、扩建提供重要的基础技术资料。

11.1.1　竣工测量

在每个单项工程完成后，应由施工单位进行竣工测量，提出工程的竣工测量成果。其内容如下：

（1）工业厂房及一般建筑物。包括房角坐标，各种管线进出口的位置和高程，并附房屋编号、结构层数、面积和竣工时间等资料。

（2）铁路和公路。包括起止点、转折点、交叉点的坐标，曲线元素，桥涵等构筑物的位置和高程。

（3）地下管网。窨井、转折点的坐标，井盖、井底、沟槽和管顶等的高程，并附注管道及窨井的编号、名称、管径、管材、间距、坡度和流向。

（4）架空管网。包括转折点、结点、交叉点的坐标，支架间距，基础面高程。

（5）其他。竣工测量完成后，应提交完整的资料，包括工程的名称、施工依据、施工成果，作为编绘竣工总平面图的依据。

竣工测量的基本测量方法与地形测量相似，但其图根控制点的密度一般要大于地形测量图的图根控制点的密度；其测量精度要高于地形测量的测量精度；其测量内容比地形测量更丰富，不仅包括地面的地物和地貌，还要测地下的隐蔽管线等。

11.1.2 竣工总图的编绘

新建项目竣工总平面图的编绘，最好是与工程的陆续竣工同步进行。一边准备竣工，一边利用竣工测量成果编绘竣工总平面图。如发现地下管线的位置有问题，应及时到现场查对，使竣工总平面图能真实地反映实际情况。竣工总平面图的编绘，包括室外实测和室内资料编绘两方面的内容。

竣工总平面图上应包括施工控制点、建筑方格网点、主轴线点、矩形控制网点、水准点和厂房、辅助设施、生活福利设施、架空及地下管线、铁路等建筑物或构筑物的坐标和高程，以及厂区内空地和本建区的地形。有关建筑物、构筑物的符号应与设计图例相同，有关地形图的图例应使用国家地形图图式符号。

厂区地上和地下所有建筑物、构筑物绘在一张竣工总平面图上时，如果线条过于密集而不方便看，则可采用分类编图，如综合竣工总平面图、交通运输竣工总平面图和管线竣工总平面图等。比例尺一般采用 1∶1 000，工程密集部分可采用 1∶500 的比例尺。

图纸编绘完毕，应附必要的说明及图表，连同原始地形图、地址资料、设计图纸文件、设计变更资料、验收记录等合编成册。

有条件的施工单位，最好采用数字测图软件测制与编绘电子竣工总平面图。电子竣工总平面图是三维的，其建筑物与管网均可以按实际高程绘制；各种地物按规范要求分层存储，可以将单项工程的各类竣工图都测绘到一个 dwg 格式图形文件中，根据需要控制各图层的开关就可以输出各类竣工总平面图。

11.2 建筑物的变形观测

11.2.1 概述

变形观测是测定工程建筑物及其地基基础在自身荷载和外力作用下随时间而变形的工作，其主要内容包括工程建筑物的垂直位移观测、水平位移观测、倾斜观测、裂缝观测等。变形观测是监测工程建筑物在各种应力作用下是否安全的重要手段，是验证设计理论和检验施工质量的重要依据，也是建筑物在施工、使用和运行中安全的保证。另外，变形监测还可以为建筑物的设计、施工、管理及科学研究提供可靠的分析资料，以分析变形的原因和规律，改进设计理论和施工方法。

工程建筑物在其施工建设和运营管理过程中，都会产生变形。这种变形在一定的限度内是正常现象，但如果超过规定的限度，就会影响工程建筑物的正常使用，甚至会危及工程建筑物的安全。因此，在工程建筑物的施工建设和运营管理阶段，必须对其进行变形观测。

1. 变形观测的意义和特点

变形观测的意义主要表现在以下两个方面：

（1）保障工程安全。

监测各种工程建筑物的地质构造变化，及时发现异常现象，对稳定性、安全性做出判断，以便采取措施及时处理，避免事故的发生。

（2）积累监测分析资料。

通过分析大量的监测资料，能更好地解释变形的机理，验证变形的假说，检验工程设计是否合理。

2. 变形观测的内容与观测周期

工程建筑物变形观测按其观测对象可分为建筑物地基、基础变形观测和建筑物上部变形观测；按其观测方法主要分为垂直位移观测、水平位移观测、倾斜观测及裂缝观测等。

变形观测的任务是周期性地对观测点进行重复观测，求得其在两个观测周期间的变化量。而为了求得瞬时变形，则应采用各种自动记录仪器记录其瞬时位置。观测频率取决于工程建筑物及其基础变形值大小、变形速度及观测目的，通常要求观测的次数既能反映出变化过程，又不遗漏变化的时刻。观测时间应根据工程的性质、施工进度、地质情况、荷载增加情况以及工程建筑物变形速度来确定观测时间。例如，工业与民用建筑在施工期间增加较大荷载前后都应进行观测，如基础回填土、上部结构每层施工等。因故停工时和复工后都应进行观测；工程竣工后，一般每月观测一次；变形速度减慢后，可改为每2~3个月观测一次，直至变形稳定为止。

3. 变形观测的基本要求

（1）大型或重要工程建筑物、构筑物在工程设计阶段，应对变形测量统筹安排，施工开始时，即应进行变形观测。

（2）变形观测的精度要求应根据建筑物的性质、结构、重要性、对变形的灵敏程度等因素确定。

（3）变形观测应使用精密仪器施测，每次观测前，对所使用的仪器设备应进行检测。

（4）每次观测时，应在基本相同的环境和条件下工作，即采用相同的路线和观测方法、使用同一仪器和设备、使用固定的观测人员等。

（5）变形观测的周期应根据观测对象、变形值的大小及变形速度、工程地质情况等因素来考虑。

（6）变形观测结束后，应根据工程需要整理以下资料：变形值成果表、观测点布置图、变形曲线图及变形分析等。在观测过程中，还要根据变形量的变化情况，适当调整观测周期。

4. 变形观测的精度

变形观测精度要求取决于该工程建筑物预计的允许变形值的大小和进行观测的目的。能否达到预定目的，受诸多因素影响。其中，最基本的因素是观测方案的设计，基准点、工作基点和观测点的布设，观测的精度和频率，每次观测的时间及所处的环境等。

对于不同类型的工程建筑物，变形观测的精度要求差别很大；同类工程建筑物，由于其结构形式和所处的环境不同，变形观测的精度要求也有差异；即便是同一工程建筑物，不同部位变形观测的精度要求也不尽相同。原则上要求：为了使变形值不超过某一允许的数值而确保建筑物的安全，其观测中误差应小于允许变形值的1/10；如果变形是为了了解变形过程，则其观测中误差应比这个数值小得多。可结合观测环境、技术条件和设备等实际情况来考虑。从实用的角度出发，高程观测点的高程中误差可取±1 mm；平面观测点的点位中误差可取±2 mm。

11.2.2 沉降观测

在建筑物施工过程中，随着上部结构的逐步建成、地基荷载的逐步增大，建筑物将会产生下沉现象。建筑物的下沉是逐渐产生的，并将延续到竣工交付使用后的相当长一段时期。测定工程建筑物上所埋设观测点的高程随时间而变化的工作称为垂直位移观测，也叫沉降观测。由于垂直位移量等于重复观测的高程与首期观测高程之差，故可采用精密水准测量方法，也可采用液体静力水准测量的方法进行观测。

1. 精密水准测量法

（1）水准基点的布设。

水准基点是确认固定不动且作为沉降观测高程的基准点，因此水准基点的布设应满足以下要求：① 有足够的稳定性。水准基点必须设置在沉降影响范围以外，冰冻地区水准基点应埋设在冰冻线以下 0.5 m；设在墙上的水准基点应埋在永久性建筑物上，且离开地面高度约为 0.5 m。② 具备检核条件。为了保证水准基点高程的正确性，水准基点最少应布设 3 个，以便相互检核。对建筑面积大于 5 000 m 或高层建筑，则应适当增加水准基点的个数。③ 满足一定的观测精度。水准基点和观测点之间的距离应适中，相距太远会影响观测精度，一般应在 100 m 范围内。

水准基点的标志构造，必须根据埋设地区的地质条件、气候情况及工程的重要程度进行设计。对于一般建筑物及深基坑沉降监测，可参照水准测量规范中二、三等水准的规定进行标志设计与埋设；对于高精度的变形监测，需设计和选择专门的水准基点标志。

（2）沉降观测点的布设。

沉降观测点是布设在变形体上，且能反映其变形的特征点。沉降观测点的位置和数量应根据工程地质情况、基础周边环境和工程建筑物的荷载情况而定。沉降观测点应布设在能全面反映建筑物沉降情况的部位，如以下情况：① 布置在深基坑及建筑物本身沉降变化较显著的地方，并要考虑到在施工期间和竣工后，能顺利进行监测的地方。② 应均匀布置，各观测点间的距离一般为 10～20 m。深基坑支护结构的沉降观测点应埋设在锁口梁上，一般间距 10～15 m。③ 在建筑物四周角点、中点及内部承重墙（柱）上均需埋设监测点，并应沿房屋周长每间隔 10～12 m 设置一个监测点。④ 在高层和低层建筑物、新老建筑物连接处，以及在相接处的两边都应布设监测点。

沉降观测点的布设形式如图 11-1 所示。

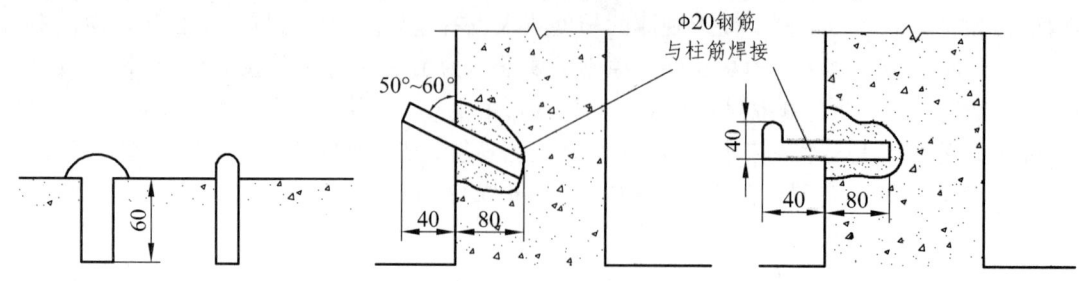

图 11-1 沉降观测点的布设形式

（3）沉降观测。

① 观测周期。

应根据工程建筑物的性质、施工进度、观测精度、工程地质情况及基础荷载的变化情况而定。当埋设的沉降观测点稳固后，在建筑物主体开工前，进行第一次观测；在建（构）筑物主体施工过程中，一般每施工 1～2 层观测一次。如中途停工时间较长，应在停工时和复工时进行观测；当发生大量沉降或严重裂缝时，应立即或几天一次连续观测；建筑物封顶或竣工后，一般每月观测一次，如果沉降速度减缓，可改为 2～3 个月观测一次，直至沉降稳定为止。

② 观测方法及精度要求。

一般性高层建筑和深基坑开挖的沉降观测，通常按二等精密水准测量，其水准路线的闭合差不应超过 $\pm 0.6\sqrt{n}$ mm（n 为测站数）。沉降观测的水准路线应布设为闭合水准路线。对于观测精度较低的多层建筑物的沉降观测，其水准路线的闭合差不应超过 $\pm 1.4\sqrt{n}$ mm（n 测站数）。

③ 工作要求。

沉降观测是一项长期、连续的工作，为了保证观测成果的正确性，应尽可能做到"四固定"，即固定观测人员，使用固定的水准仪和水准尺，使用固定的水准基点，按固定的实测路线和测站进行。

2. 液体静力水准测量

液体静力水准测量广泛用于工程建筑物和各种设备的垂直位移观测，它是根据静止的液体在重力作用下保持同一水平面的原理，来测定观测点高程的变化，从而得到沉降量。观测的基本原理如图 11-2 所示。

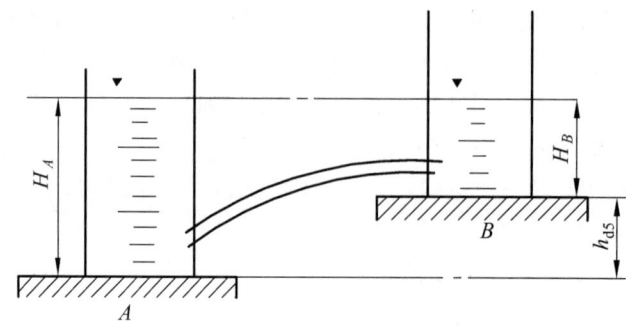

图 11-2 液体静力水准测量

当注入液体液面静止后,两液面高度之差即为高差,即

$$h_{AB} = H_A - H_B \tag{11-1}$$

设首次观测时测得 A、B 上的读数分别为 a_1 和 b_1,则首次观测高差为 $h_1 = a_1 - b_1$,设第 i 次观测时测点 A、B 上的读数分别为 a_i 和 b_i,该期观测高差为 $h_i = a_i - b_i$,则至第一期观测时两点间相对沉降量为

$$\Delta h_i = h_i - h_1 = (a_i - a_1) - (b_i - b_1) \tag{11-2}$$

如果 A 为稳定的基准点,则上式(11-2)算得的即为观测点 B 的绝对沉降量。

为保证观测精度,观测时要将连通管内的空气排尽,保持水质干净。对于不同型号的液体静力水准仪,其确定液面位置的方法不同,但结构形式基本相同。

11.2.3　倾斜观测

测定工程建筑物倾斜度随时间而变化的工作叫倾斜观测。建筑物产生倾斜的原因主要是地基承载力的不均匀、建筑物体型复杂形成不同荷载及受外力风荷载、地震等影响引起建筑物基础的不均匀沉降。倾斜观测一般是用水准仪、经纬仪、垂球或其他专用仪器来测量建筑物的倾斜度 i。

1. 水准仪观测法

建筑物的基础倾斜观测一般采用精密水准测量的方法,定期测出基础两端点的沉降量差值 Δh,如图 11-3 所示,再根据两点间的距离 L,即可计算出基础的倾斜度:

$$i = \tan\alpha = \frac{\Delta h}{L} \tag{11-3}$$

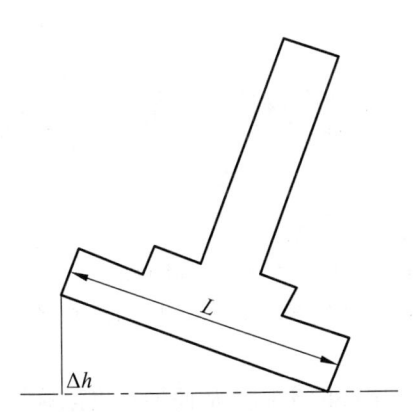　　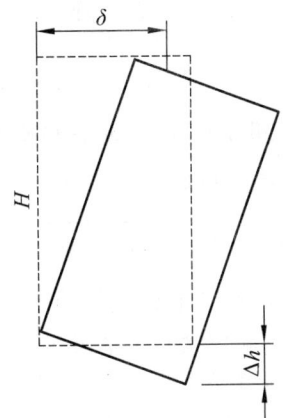

图 11-3　一般基础倾斜观测　　图 11-4　整体刚度较好的建筑物基础倾斜观测

对整体刚度较好的建筑物的倾斜观测,亦可采用基础沉降量差值,推算主体偏移值。如图 11-4 所示,用精密水准测量测定建筑物基础两端点的沉降量差值 Δh,再根据建筑物的宽度 L 和高度 H,推算出该建筑物主体的偏移值 δ,即

$$\delta = iH = \frac{\Delta h}{L}H \tag{11-4}$$

2. 经纬仪观测法

常采用纵横距投影法和角度前方交会法。

（1）纵横距投影法。

建筑物主体的倾斜观测，应测定建筑物顶部观测点相对于底部观测点的偏移值，再根据建筑物的高度，按公式（11-3）计算建筑物主体的倾斜度。具体观测方法如下：

① 将经纬仪安置在固定测站上，该测站到建筑物的距离为建筑物高度的 1.5 倍以上。瞄准建筑物 x 墙面上部的观测点 M，用盘左、盘右分中投点法，定出下部的观测点 N。用同样的方法，在与 x 墙面垂直的 y 墙面上定出上观测点 P 和下观测点 Q。M、N 和 P、Q 即为所设观测标志。

② 相隔一段时间后，在原固定测站上，安置经纬仪，分别瞄准上观测点 M 和 P，用盘左、盘右分中投点法，得到 N' 和 Q'。如果 N 与 N'、Q 与 Q' 不重合，如图 11-5 所示，说明建筑物发生了倾斜。

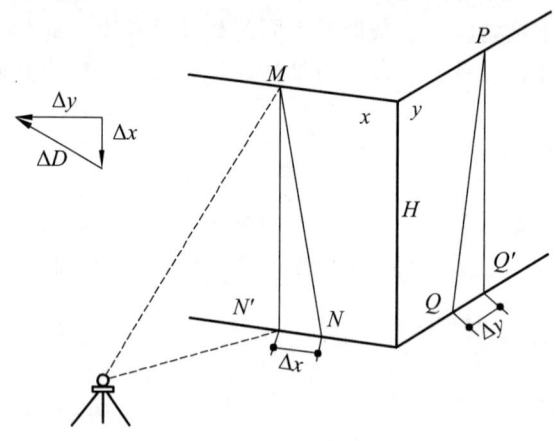

图 11-5　一般建筑物的倾斜观测

③ 用尺子量出在 x、y 墙面的偏移值 Δx、Δy，然后用矢量相加的方法，计算出该建筑物的总偏移值 ΔD，即

$$\Delta D = \sqrt{\Delta x^2 + \Delta y^2} \tag{11-5}$$

根据总偏移值 ΔD 和建筑物的高度 H，用公式（11-4）即可计算出其倾斜度 i。

另外，亦可采用激光铅垂仪或悬吊垂球的方法，直接测定建（构）筑物的倾斜量。

（2）角度前方交会法。

可用前方交会法测量工程建筑物上下两处水平截面中心的坐标，从而推算出建筑物在两个坐标轴方向的倾斜值。此法常用于水塔、烟囱等高耸构筑物的倾斜观测，如图 11-6 所示。

首先在圆形建筑物周围标定 A、B、C 三个基准点，观测转角和边长，可求得三个基准点在此坐标系中的坐标，然后分别在 A、B、C 三个基准点上架设仪器，观测圆形建筑物底部两侧切线与基准线间的夹角，并取两侧观测值的平均值，则可得圆形建筑物底部圆心。同理，观测圆形建筑物的顶部，可得三个测站上顶部圆心 O' 方向线与基准线间的水平角，设为 β_1、β_2、β_3、β_4。按角度前方交会原理，可算得圆形建筑物底部圆心 O 和顶部圆心 O' 在此坐标系中的坐标，设为 $O(x_0, y_0)$ 和 $O'(x_0', y_0')$，则偏距 e 可计算为

$$e = \sqrt{(x_0' - x_0)^2 + (y_0' - y_0)^2} \tag{11-6}$$

建筑物的倾斜度：

$$i = \tan \alpha = \frac{e}{h} \tag{11-7}$$

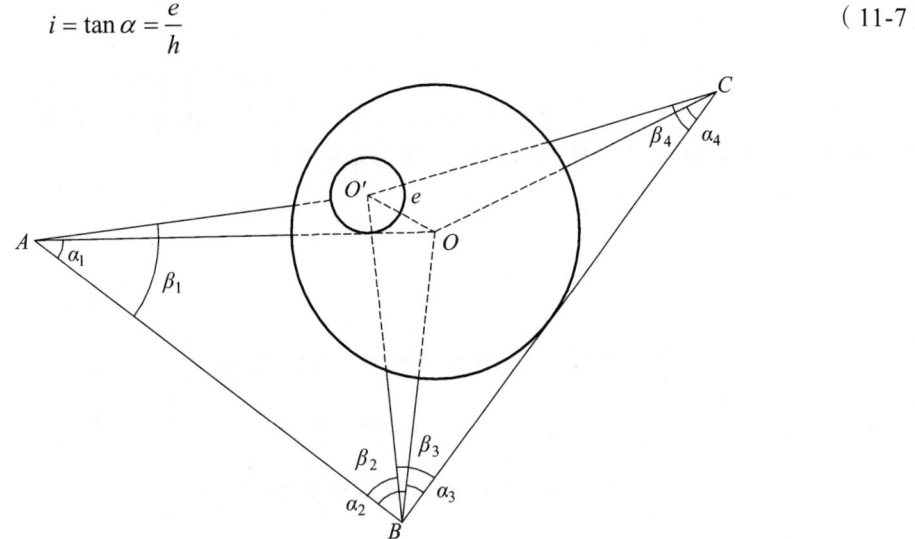

图 11-6　角度前方交会法测倾斜位移

11.2.4　位移观测

工程建筑物平面位置随时间而发生的移动称为水平位移。水平位移观测是测定工程建筑物、构筑物的平面位置随时间变化的移动量。首先要在工程建筑物附近埋设测量控制点，再在建筑物上设置位移观测点，在控制点上设置仪器对位移观测点进行观测。水平位移观测常用的方法有以下几种：

1. 基准线法

有时只要求测定工程建筑物在某特定方向上的位移量，如大坝在水压力方向上的位移量、桥梁在垂直于桥轴线方向上的位移量，这种情况可采用基准线法进行水平位移观测。其原理是在与水平位移垂直的方向上建立一条固定不变的基准线，测定各观测点相对基准线的铅垂面的距离变化，从而求得水平位移量。

基准线法按其作业方法和所用工具的不同，又可分为视准线法和测小角法。

（1）视准线法。

A、B 为在变形区域以外稳定不动的点，AB 连线即为视准轴，在工程建筑物上埋设一些观测标志，定期测量观测标志偏离基准线的距离，就可了解建筑物随时间的位移情况。如图 11-7 所示，观测时将经纬仪安置于一端工作基点 A 上，瞄准另一端工作基点 B，确定基准线

方向，通过测量观测点偏离视线的距离变化，求得水平位移值。

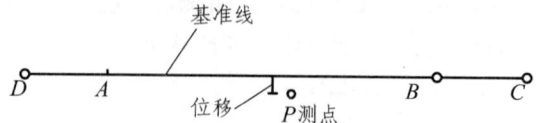

图 11-7 基准线法测水平位移

（2）测小角法。

如图 11-8 所示，先在位移方向的垂直方向上建立一条基准线，A、B 为测量控制点，M 为基准线方向上的观测标志。只要定期测量观测点 M 与基准线 AB 的角度变化值 $\Delta\beta$，即可测定水平位移量，$\Delta\beta$ 测量方法如下：在 A 点安置经纬仪，第一次观测水平角 $\angle BAM = \beta$，第二次观测水平角 $\angle BAM' = \beta'$，两次观测水平角的角值之差：

$$\Delta\beta = \beta' - \beta \tag{11-8}$$

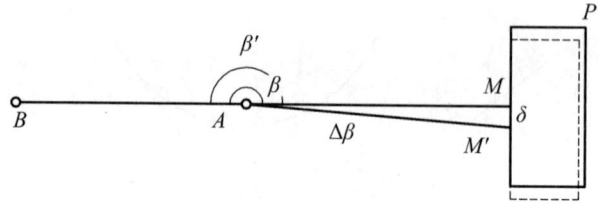

图 11-8 测小角法观测水平位移

其水平位移量为

$$\delta = D_{AM}\frac{\Delta\beta}{\rho} \tag{11-9}$$

式中，$\rho = 206\,265''$；D_{AM} 为 A、M 之间的距离。

2. 角度前方交会法

如果工程施工现场环境复杂，则不能采用基准线法，可利用前方交会法对观测点进行角度观测。交会角应控制在 $60°\sim120°$，最好采用三点交会。由此可测得观测点的坐标，将每次测出的坐标值与前一次测出的坐标值进行比较，利用两次之间的坐标差值$(\Delta x, \Delta y)$，计算该点的水平位移量 $\delta = \sqrt{\Delta x^2 + \Delta y^2}$。

3. 导线测量法

对于非直线形工程建筑物的水平位移观测，如拱坝、曲线桥梁，应采用导线法测量，以便同时测定变形体上某观测点在两个方向上的位移量。观测时一般采用光电测距仪或全站仪测量边长。

11.2.5 裂缝观测

裂缝观测是定期测定建筑物上裂缝的变化情况，产生裂缝的原因主要与建筑物的不均匀沉降有关。因此，裂缝观测通常与沉降观测同步进行，以便于综合分析，及时采取工程措施，确保建筑物的安全。

当建（构）筑物多处产生裂缝时，应进行裂缝观测。裂缝观测应测定建筑物上的裂缝分布位置以及裂缝的走向、长度、宽度及其变化程度。观测数量视需要而定，主要的或变化大的裂缝应进行观测。

裂缝观测周期应视裂缝变化速度而定。通常开始可半月测一次，以后一月左右测一次。当发现裂缝加大时，应增加观测次数，直至几天或逐日一次的连续观测。

1. 裂缝观测标志

对需要观测的裂缝应统一编号，每条裂缝至少应布设两组观测标志，一组在裂缝最宽处，另一组在裂缝末端。每组观测标志由裂缝两侧各一个标志组成。

裂缝观测标志，应具有可供量测的明晰端面或中心。观测期较短或要求不高时，可采用油漆平行标志或建筑胶粘贴的金属片标志；观测期较长时，可采用嵌或埋入墙面的金属标志、金属杆标志或楔形板标志。要求较高、需要测出裂缝纵横向变化值时，可采用坐标方格网板标志。使用专用仪器设备观测的标志，可按具体要求另行设计。

图 11-9（a）为在裂缝两侧用油漆绘两个平行标志；通过测定各组标志点的间距 d_1、d_2、d_3 的变化量来描述裂缝宽度的扩展情况。图 11-9（b）为在裂缝上用一块厚 10 mm、宽 50～80 mm 的石膏板覆盖在裂缝上，与裂缝两侧牢固地连接在一起，当裂缝扩展时，裂缝上的石膏板也随之开裂，进而观测裂缝的大小及其扩展情况。如图 11-9（c）所示，用两块厚约 0.5 mm 的薄铁片，将尺寸为 150 mm×150 mm 的正方形铁片固定在裂缝一侧，并使其一边与裂缝边缘对齐，喷以白油漆；将尺寸为 200 mm×50 mm 的矩形铁片固定在裂缝的另一侧，并使其部分跨越裂缝并搭盖在正方形铁片之上且与裂缝方向垂直，待白油漆干后再对两块铁片喷以红油漆。当裂缝扩展时，两铁片将被拉开，其搭盖处现出白底，量取所现白底的宽度，宽度的变化反映了裂缝的发展情况。如图 11-9（d）所示，将刻有十字丝标志的金属棒埋设于裂缝两侧，定期测定两标志点之间距离 d 的变化量来掌握裂缝宽度的扩展情况。

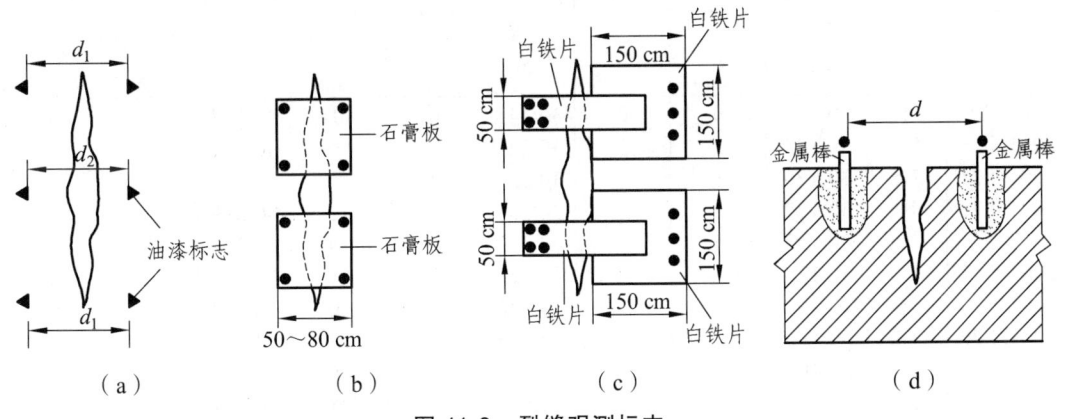

图 11-9　裂缝观测标志

2. 裂缝观测的工具与方法

对于数量不多、易于量测的裂缝，可视标志形式的不同，用比例尺、小钢尺或游标卡尺等工具定期丈量标志间的距离，以求得裂缝变位值，或用方格网板定期读取"坐标差"计算裂缝变化值；对于较大面积且不便于人工量测的众多裂缝，可采用近景摄影测量方法；当需连续监测裂缝变化时，裂缝宽度数据应量取至 0.1 mm，每次观测应绘出裂缝的位置、形态和尺寸，注明日期，并附上必要的照片资料。

3. 裂缝观测的成果资料

裂缝观测结束后，应提供裂缝分布位置图、裂缝观测成果表、观测成果分析说明资料等；当建筑物裂缝与基础沉降同时观测时，可选择典型剖面绘制两者的关系曲线。

11.2.6 观测资料的整编

变形观测成果的整理和分析是建立在比较多期重复观测结果基础上的，对各期观测结果进行比较，可以对变形随时间的发展情况做出定性的认识和定量的分析。其成果是检验工程质量的重要资料，据此研究变形的原因和规律，以改进设计理论和施工方法。

每次观测结束，应及时整理观测资料。资料整理的主要内容包括：① 收集工程资料（如工程概况、观测资料及有关文件）；② 检查收集的资料是否齐全、审核数据是否有误或精度是否符合要求，检查平时分析的结论意见是否合理；③ 将审核过的数据资料分类填入成果统计表，绘制曲线图；④ 编写整理观测情况、观测成果分析说明。

下面以高层建筑物沉降观测为例说明观测资料整理的方法和步骤。

1. 垂直位移观测资料的整理

（1）校核各项原始记录。检查各次变形观测值的计算是否有误。

（2）计算沉降量。把各次观测点的高程、沉降量、累计沉降量列入沉降观测成果表 11-1 中。

表 11-1 沉降观测成果表

观测日期	荷重 /(t/m²)	观测点								
		1			2			3		
		高程 /m	本次沉降 /mm	累计沉降 /mm	高程 /m	本次沉降 /mm	累计沉降 /mm	高程 /m	本次沉降 /mm	累计沉降 /mm
2001.4.5	4	30.125	0	0	30.246	0	0	30.217	0	0
2001.4.13	5.5	30.123	2	2	30.243	3	3	30.215	2	2
2001.4.21	7.5	30.120	3	5	30.239	4	7	30.212	4	6
2001.4.27	10	30.127	3	8	30.235	4	12	30.219	2	8
2001.5.5	12	30.123	4	12	30.232	3	14	30.207	2	10
2001.5.12	14	30.120	3	15	30.228	4	18	30.205	2	12
2001.5.20	16	30.108	2	17	30.226	2	20	30.202	3	15
2001.5.26	18	30.106	2	19	30.223	3	23	30.200	2	17
2001.6.2	19	30.105	1	20	30.220	3	26	30.199	1	18
2001.6.12	20	30.104	1	21	30.218	2	28	30.197	2	20
2001.6.30	21	30.102	2	23	30.217	1	29	30.196	1	21
2001.7.30	22	30.101	1	24	30.216	1	30	30.195	1	22
2001.9.30	22	30.100	1	25	30.216	0	30	30.194	1	23
2001.12.28	22	30.099	1	26	30.215	1	31	30.194	0	23
2002.3.25	22	30.099	0	26	30.215	0	31	30.194	0	23

（3）画出各观测点的荷载、沉降量、观测时间关系曲线图。如图 11-10 所示，在曲线图上可更清楚地表示出沉降、荷载和时间三者之间的关系。

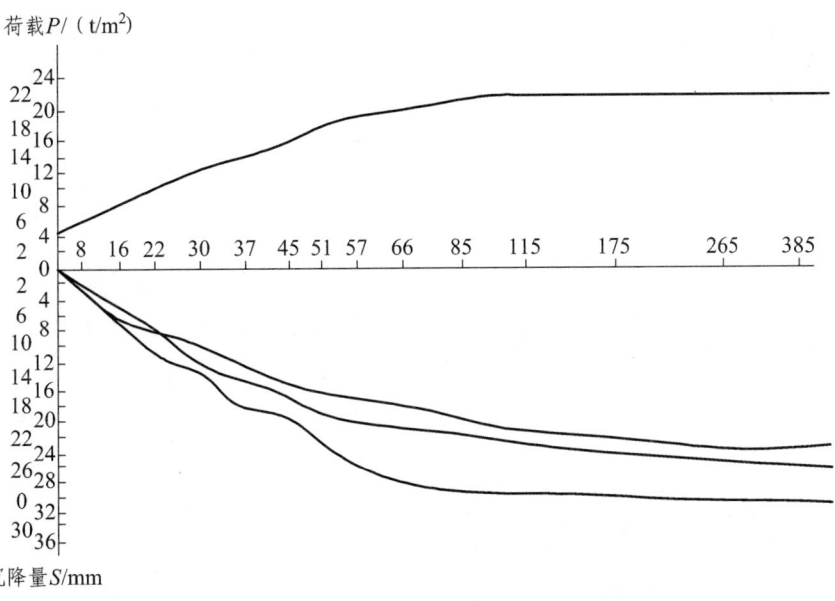

图 11-10　工程建筑物沉降、荷载、时间关系曲线图

2. 垂直位移资料的分析

观测资料的分析是根据工程建筑物的设计理论、施工经验和有关的基本理论和专业知识进行的。分析成果资料可指导施工和运行，同时也是进行科学研究、验证和提高设计理论和施工技术的基本资料。

常用的分析方法有：作图分析、统计分析、对比分析、建模分析等。

3. 提交成果资料

每项变形观测结束后，应提交以下综合成果资料：① 变形观测技术设计书及施测方案；② 变形观测控制网及控制点平面布置图；③ 观测点埋设位置图；④ 仪器的检校资料；⑤ 原始观测记录；⑥ 变形观测成果表；⑦ 各种变形关系曲线图；⑧ 编写变形观测分析报告及质量评定资料。

思考与练习题

1. 为什么要进行竣工测量？其主要成果是什么？如何测绘竣工总平面图？
2. 为什么要进行工程建筑物变形观测？变形观测主要包括哪些内容？
3. 垂直位移观测的步骤是什么？每次观测为什么要保持仪器、观测人员和水准路线不变？

4. 简述视准线法、测小角法和前方交会法的基本原理。
5. 试述工程建筑物倾斜观测的方法。
6. 试述工程建筑物裂缝的观测方法。
7. 变形观测资料的整理和分析的主要内容包括哪些?

参考文献

[1] 李生平. 建筑工程测量[M]. 北京：高等教育出版社，2002.
[2] 李勇. 测量学[M]. 沈阳：东北大学出版社，2011.
[3] 鲁纯. 测量学[M]. 沈阳：东北大学出版社，2013.
[4] 高小六，江新清. 工程测量[M]. 武汉：武汉理工大学出版社，2012.
[5] 马真安，吴文波. 地形测量技术[M]. 武汉：武汉大学出版社，2011.
[6] 伊晓东. 道路工程测量[M]. 大连：大连理工大学出版社，2008.
[7] 宋文. 公路施工测量[M]. 北京：人民交通出版社，2002.
[8] 王治明. 道路曲线测设[M]. 昆明：云南科技出版社，1988.
[9] 谷云香. 建筑工程测量[M]. 北京：中国水利水电出版社，2013.
[10] CJJ/T8—2011 城市测量规范[S]. 北京：中国标准出版社，2011.
[11] GB50026—2007 工程测量规范[S]. 北京：中国计划出版社，2007.